개정판

# PRECALCULUS
# 대학기초수학

박춘성 · 안수엽 지음

KYOWOOSA
教友社

대학수학기초

# 머리말 P/R/E/F/A/C/E

지난 3월 교육과학기술부는 2012년을 수학교육 선진화를 위한 원년(元年)으로 삼고, 「2012년 수학교육의 해」 선포식을 개최하였다. “수학을 알면, 생각이 열립니다.”라는 캐치프레이즈 하에 지금까지의 수학교육을 되돌아보고 앞으로의 수학교육 비전을 담은 ‘수학교육의 해 선언문’을 발표하였다. 이를 2014년 국제수학자대회(ICM-2014)까지 계승・발전시킴으로써 수학교육의 꾸준한 발전을 위한 토대를 형성해 나갈 계획이라니 반가운 일이 아닐 수 없다.

수학(數學)은 양, 구조, 공간, 변화 등의 개념을 다루는 기초과학의 학문이다. 오늘날의 수학은 과학기술뿐만 아니라 정치・경제, 문화・예술 등 우리 생활 전반에 접목되는 기초학문으로서 그 외연을 확대하고 있다. 그 뿐 아니라, 21C 지식정보화 시대의 기본역량인 논리적인 사고 및 추론과 같은 수학적 능력은 사회 구성원의 합리성을 높임으로써 선진사회 실현에도 중요한 역할을 하는 등 수학의 가치와 위상은 갈수록 커지고 있는 추세이다.

이러한 점에서 볼 때, 누구든지 간단한 수학적 지식을 통해 자신에게 유용한 정보를 도출하고, 일상생활에 응용할 수 있는 지혜를 배울 수 있다면 매우 보람된 일이 아닐 수 없을 것이다.

이 책은 수학을 처음 접하는 학생들이 재미있게 학습할 수 있도록 기본적인 개념들을 알기 쉽게 정리하였으며, 각 수학적 개념들을 다양한 분야에 응용할 수 있도록 가능한 한 실생활을 바탕으로 다양한 예제를 다루었다. 또한 연습문제는 본문의 내용을 충분히 이해하고 있는지 여부를 진단하기 위해 단계별로 기본문제와 심화문제를 제시하였으며, 풀이를 추가하여 독자 스스로 학습하는데 도움이 되도록 하였다.

이 책을 탈고하면서 많은 서적들 중에 또 하나의 보잘 것 없는 책이 만들어지는 것이 아닌지 많은 부끄러움을 느낍니다. 그러나 독자의 눈높이에 맞춘 책을 통해 누구든지 쉽게 수학적 지식을 이해하고 여러 분야에 활용하는데 조금이나마 도움이 될 수 있다면 이것이 바로 책을 출판하는 이유일 것입니다.

수학을 공부하는 초보자라 하더라도 처음부터 한 장 한 장 읽다보면 수학의 숨겨진 의미를 느낄 수 있고, 마지막 장을 덮을 때에는 조금이나마 수학이라는 하나의 숲을 이해하는 안목을 가질 것이라고 믿습니다. 그리고 책을 집필하면서 다소 부족했던 설명과 오류들은 지속적으로 보완될 것입니다.

본 교재의 출판을 위하여 시간과 노력을 아끼진 않으신 교우사의 오판근 사장님과 편집부 여러분께 감사의 말씀을 드립니다.

저자 일동

대학기초수학

# 차례 C/O/N/T/E/N/T/S

## 제 8 장 미분법 / 175



## 제 9 장 적분법 / 197

# 제 1 장

# 수와 식



정확한 과학의 목적은 수를 이용해 양(量)을 결정함으로써 자연의 문제를 줄여가는 일이다.

– Clerk Maxwell –

# Chapter 01 수와 식

## 1.1 실수의 체계

실수 중에는 $\frac{1}{2}$, $0.\dot{2}\dot{3} = \frac{23}{99}$ 과 같이 정수와 0이 아닌 정수의 비로 나타낼 수 있는 유리수와 $\sqrt{2}$, $\pi$ 와 같이 유리수가 아닌 무리수가 있다. 실수를 분류하면 다음과 같다.

- 실수
  - 유리수
    - 정수
      - 양의 정수(자연수)
      - 0
      - 음의 정수
    - 정수가 아닌 유리수
      - 유한소수
      - 순환소수
  - 무리수: 순환하지 않는 무한소수

어느 방송사에서 $A$ 후보 지지도 $48.3\%$, $B$ 후보 지지도 $43.5\%$ 로 $95\%$ 신뢰수준에서 표본오차는 $\pm 3.1\%$ 포인트'라고 여론조사 결과를 발표하였다. 여기서 $48.3\%$, $43.5\%$ 와 같이 유리수는 소수로 나타낼 수 있으며 $0.483 = 483/1000$ 과 같이 분수로 나타낼 수 있는 수이다.

카메라에는 빛의 양을 조절하는 조리개의 값이 렌즈 바깥 쪽 둘레에 적혀있다. 그 값을 보면 $1.4, 2, 2.8, 4, 5.6, 8, 11, 16$ 등이다. 여기서 이 값들은 전혀 규칙 없는 숫자를 늘어놓은 것처럼 보이지만 재미있는 규칙이 있다. 첫 번째 1.4 는 $\sqrt{2}$ 의 근삿값이며, 두 번째 2 는 $\sqrt{2}$ 를 두 번 곱한 값, 세 번째 2.8 은 $\sqrt{2}$ 를 세 번 곱한 것의 근삿값이다. 여기서 $\sqrt{2} = 1.4147...$ 는 순환하지 않는 무한소수이다. 이와 같은 수를 무리수라고 한다.

**예제 1-1**

$\sqrt{2}$ 는 유리수가 아님을 증명하여라.

**풀이** $\sqrt{2}$ 를 유리수라고 가정하면 $\sqrt{2}=\dfrac{a}{b}$ $(b\neq 0)$ 인 서로소인 정수 $a$ , $b$ 가 존재한다.

$\sqrt{2}=\dfrac{a}{b}$ 의 양변을 제곱하면 $2=\dfrac{a^2}{b^2}$ 이므로

$$a^2=2b^2 \qquad \cdots\cdots \text{①}$$

이때 $a^2$ 이 짝수이므로 $a$ 도 짝수이다. $a=2k$ ($k$ 는 정수)로 놓고 ①에 대입하면

$$(2k)^2=2b^2 \quad \therefore\ b^2=2k^2$$

그런데 $b^2$ 이 짝수이므로 $b$ 도 짝수이다. 이것은 $a$ , $b$ 가 서로소라는 가정에 모순이므로 $\sqrt{2}$ 는 유리수가 아니다. ■

임의의 두 자연수 $a, b$ 에 대하여 $a+b$ 와 $ab$ 는 자연수이다. 이와 같이 공집합이 아닌 집합 $S$ 의 임의의 두 원소 $a, b$ 에 대하여 어떤 연산 $\circ$ 을 한 결과가 항상 $S$ 의 원소일 때, 즉

$$a\circ b\in S$$

일 때, 집합 $S$ 는 그 연산 $\circ$ 에 대하여 닫혀있다고 한다. 따라서 자연수 전체의 집합은 덧셈, 곱셈에 대하여 각각 닫혀 있다. 그러나 $3-5=-2$, $2\div 3=\dfrac{2}{3}$ 와 같이 두 자연수의 뺄셈, 나눗셈의 결과는 자연수가 아닌 경우도 있다. 즉, 자연수 전체의 집합은 뺄셈과 나눗셈에 대하여 닫혀 있지 않다.

이제 정수 전체의 집합, 유리수 전체의 집합, 실수 전체의 집합은 덧셈, 뺄셈, 곱셈, 나눗셈 중 어느 연산에 대하여 닫혀 있는지 알아보자.

정수 전체의 집합 $Z=\{\cdots,-2,-1,0,1,2,\cdots\}$ 의 임의의 두 원소 $a, b$ 에 대하여 $a+b$ , $a-b$ , $ab$ 는 정수이다. 즉

$$a+b\in Z,\ a-b\in Z,\ ab\in Z$$

이다. 그러나 $3\div 2=\dfrac{3}{2}\notin Z$ 와 같이 $a\div b$ 는 정수가 아닌 경우도 있다. 따라서 정수

전체의 집합은 덧셈, 뺄셈, 곱셈에 대하여 닫혀 있고, 나눗셈에 대하여 닫혀 있지 않다. 한편 유리수 전체의 집합 $Q=\left\{\frac{q}{p}\,\middle|\, p,\ q\text{는 정수이고 } p\neq 0\right\}$의 임의의 두 원소 $a, b$ 에 대하여

$$a+b\in Q\ ,\ a-b\in Q\ ,\ ab\in Q\ ,\ a\div b\in Q\quad (b\neq 0)$$

이므로 유리수 전체의 집합은 덧셈, 뺄셈, 곱셈에 대하여 닫혀 있고, 0 으로 나누는 것을 제외하면 나눗셈에 대하여도 닫혀 있다. 또한 실수 전체의 집합 $R$ 에서도 마찬가지이다.

| 수의집합 \ 연산 | 덧셈 | 뺄셈 | 곱셈 | 나눗셈 |
|---|---|---|---|---|
| 자연수 | ○ | × | ○ | × |
| 정수 | ○ | ○ | ○ | × |
| 유리수 | ○ | ○ | ○ | ○ |
| 실수 | ○ | ○ | ○ | ○ |

**예제 1-2**

$\sqrt{2}$ 가 무리수임을 이용하여 $a$ 가 유리수일 때, $a+\sqrt{2}$ 는 무리수임을 증명하여라.

**풀이** $a+\sqrt{2}$ 가 유리수라고 가정하고 모순된 결과를 유도한다.(귀류법)

$a+\sqrt{2}$ 를 유리수라고 가정하고 $a+\sqrt{2}=b$ 라고 놓으면 $b$ 는 유리수이고 $\sqrt{2}=b-a$ 이다. 유리수 전체의 집합은 뺄셈에 대하여 닫혀 있으므로 $\sqrt{2}$ 는 유리수이다. 그러나 $b-a$ 는 유리수이므로 이것은 모순이다. 따라서 $a+\sqrt{2}$ 는 무리수이다. ■

**예제 1-3**

집합 $A=\{2n+1\,|\,n\text{은 정수}\}$ 는 사칙연산 중에서 어느 연산에 대하여 닫혀 있는지 조사하여라.

**풀이** 집합 $A=\{2n+1\,|\,n\text{은 정수}\}$ 는 홀수의 집합이다.

(i) 홀수+홀수=짝수

(ii) 홀수−홀수=짝수

(iii) 홀수×홀수=홀수

(iv) 홀수÷홀수는 유리수이므로 $A$의 원소가 아니다.

■

**예제 1-4**

집합 $A=\{a+b\sqrt{2}\mid a, b는\ 유리수\}$는 사칙연산(0으로 나누는 것은 제외) 중에서 어느 연산에 대하여 닫혀 있는지 조사하여라.

**풀이** 집합 $A$의 임의의 두 원소 $a+b\sqrt{2}$, $c+d\sqrt{2}$ ($a, b, c, d$는 유리수)에 대하여

$$(a+b\sqrt{2})+(c+d\sqrt{2})=(a+c)+(b+d)\sqrt{2}\in A$$
$$(a+b\sqrt{2})-(c+d\sqrt{2})=(a-c)+(b-d)\sqrt{2}\in A$$
$$(a+b\sqrt{2})(c+d\sqrt{2})=(ac+2bd)+(ad+bc)\sqrt{2}\in A$$

이다. 또 $c+d\sqrt{2}\neq 0$이면

$$\frac{a+b\sqrt{2}}{c+d\sqrt{2}}=\frac{(a+b\sqrt{2})(c-d\sqrt{2})}{(c+d\sqrt{2})(c-d\sqrt{2})}$$
$$=\frac{ac-2bd}{c^2-2d^2}+\frac{bc-ad}{c^2-2d^2}\sqrt{2}\in A$$

이다. 따라서 집합 $A$는 모든 사칙연산(0으로 나누는 것은 제외)에 대하여 닫혀 있다.

■

일반적으로 실수 전체의 집합 $R$의 임의의 세 원소 $a, b, c$에 대하여 다음과 같은 연산법칙이 성립한다.

| 연산법칙 \ 연산 | 덧셈 | 곱셈 |
|---|---|---|
| 교환법칙 | $a+b=b+a$ | $ab=ba$ |
| 결합법칙 | $(a+b)+c=a+(b+c)$ | $(ab)c=a(bc)$ |
| 분배법칙 | $a(b+c)=ab+ac$, $(a+b)c=ac+bc$ | |

실수를 수직선 위에 나타낼 때 각 실수는 수직선 위의 단 하나의 점에 대응된다. 이때 수직선에서 양수는 원점의 오른쪽에 있는 점에, 음수는 원점의 왼쪽에 있는 점에 대응된다.

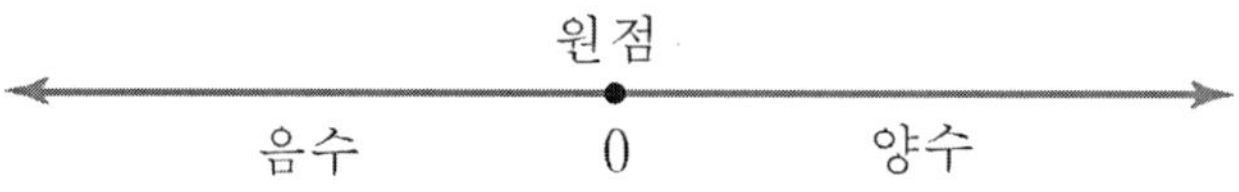


따라서 실수는 양수, 0, 음수로 분류되고, 실수 $a$가 양수, 0, 음수임을 각각

$$a > 0, \ a = 0, \ a < 0$$

과 같이 나타낸다.

**실수의 성질**

(1) 임의의 실수 $a$에 대하여 다음 중 반드시 어느 하나만 성립한다.

$$a > 0, \ a = 0, \ a < 0$$

(2) $a > 0, b > 0$ 이면 $a + b > 0, ab > 0$

(3) $a > 0$ 이면 $-a < 0$ 이고, $a < 0$ 이면 $-a > 0$

**예제 1-5**

임의의 실수 $a$에 대하여 $a^2 \geq 0$임을 증명하여라.

**풀이** 임의의 실수 $a$에 대하여 다음 중 어느 하나만 성립한다.

$$a > 0, \ a = 0, \ a < 0$$

(i) $a > 0$ 이면 $a^2 = a \cdot a > 0$

(ii) $a = 0$ 이면 $a^2 = a \cdot a = 0$

(iii) $a < 0$ 이면 $-a > 0$ 이므로 $a^2 = (-a) \cdot (-a) > 0$

따라서 임의의 실수 $a$에 대하여 $a^2 \geq 0$ 이다.

■

두 실수 $a, b$에 대하여 $a-b$도 실수이므로

$$a-b>0,\ a-b=0,\ a-b<0$$

중에 반드시 어느 하나만 성립한다. 이때

$$a-b>0 \Leftrightarrow a>b$$
$$a-b=0 \Leftrightarrow a=b$$
$$a-b<0 \Leftrightarrow a<b$$

로 정한다. 따라서 두 실수 $a, b$에 대하여 다음 중 반드시 어느 하나만 성립한다.

$$a>b,\ a=b,\ a<b$$

**예제 1-6**

$a>b>0$일 때, 다음 중 옳은 것을 찾으시오.

(1) $ab-b>0$

(2) $-\dfrac{1}{a}>-\dfrac{1}{b}$

(3) $-a>-b$

**풀이** (1) $a=\dfrac{1}{2}, b=\dfrac{1}{4}$이면 $a>b>0$이지만 $ab-b=-\dfrac{1}{8}$, $ab-b<0$이다.

(3) $a=2, b=1$이면 $a>b>0$이지만 $-a=-3, b=-1$, $-a<-b$이다.

따라서 옳은 것은 (2)뿐이다.

수직선 위에서 실수 $a$를 나타내는 점과 원점과의 거리를 $a$의 절댓값이라 하고, 기호로 $|a|$와 같이 나타낸다. 절댓값의 정의에 의하여 다음이 성립한다.

$$|a|=\begin{cases} a & (a \geq 0) \\ -a & (a<0) \end{cases}$$

**예제 1-7**

$a=\sqrt{7}$ 일 때, $|a-1|+|a-2|+|a-3|+|a-4|$ 의 값을 구하여라.

풀이 $\sqrt{7}-1>0$, $\sqrt{7}-2>0$, $\sqrt{7}-3<0$, $\sqrt{7}-4<0$ 이므로

$$(\text{주어진 식})=|\sqrt{7}-1|+|\sqrt{7}-2|+|\sqrt{7}-3|+|\sqrt{7}-4|$$
$$=(\sqrt{7}-1)+(\sqrt{7}-2)-(\sqrt{7}-3)-(\sqrt{7}-4)$$
$$=4$$

■

**예제 1-8**

$-5<a<3$ 일 때, $|a+5|-|3-a|$를 간단히 하여라.

풀이 $a>-5$ 에서 $a+5>0$ 이므로 $|a+5|=a+5$

$a<3$ 에서 $3-a>0$ 이므로 $|3-a|=3-a$

$$\therefore\ |a+5|-|3-a|=(a+5)-(3-a)=2a+2$$

■

일반적으로 절댓값은 다음과 같은 성질을 가진다.

**절댓값의 성질**

임의의 실수 $a$에 대하여

(1) $|a|\geq 0$ (2) $|a|=|-a|$

(3) $|a|^2=a^2$ (4) $|a|\geq a$

**예제 1-9**

임의의 실수 $a$에 대하여 $|a|^2=a^2$ 임을 증명하여라.

풀이 임의의 실수 $a$는 $a\geq 0$ 또는 $a<0$ 이다.

(i) $a\geq 0$ 일 때, $|a|=a$ 이므로 $|a|^2=a^2$

(ii) $a<0$일 때, $|a|=-a$ 이므로 $|a|^2=(-a)^2=a^2$

따라서 임의의 실수 $a$에 대하여 $|a|^2=a^2$ 이다.

■

## 1.2 인수분해

하나의 다항식을 상수가 아닌 두 개 이상의 다항식의 곱의 형태로 나타내는 것을 인수분해(factorization)라고 하며, 이때 곱을 이루는 각 다항식을 그 다항식의 인수라고 한다.

$$x^2+x-6 \underset{\text{전개}}{\overset{\text{인수분해}}{\rightleftarrows}} (x+3)(x-2)$$

다음은 다항식 $x^2+3x+2$를 인수분해하는 과정이다. 오른쪽 그림과 같이 가로, 세로의 길이가 각각 $x+2$, $x+1$ 인 직사각형의 넓이는 $(x+2)(x+1)$ 이고, 이 직사각형은 넓이가 $x^2$ 인 정사각형과 넓이가 $x$ 인 직사각형 3개와 넓이가 1 인 정사각형 2개를 합한 것과 같으므로

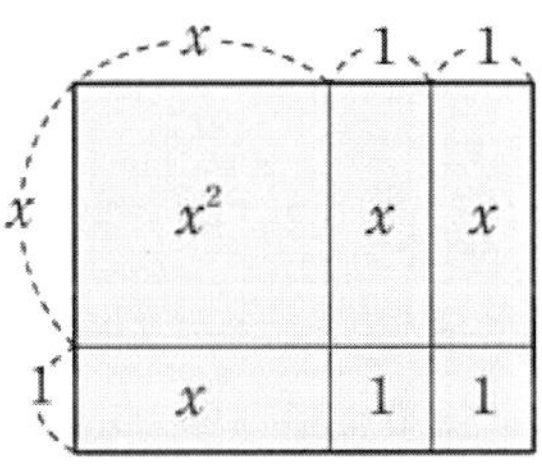


$$x^2+3x+2=(x+2)(x+1)$$

인수분해는 다항식을 전개하는 곱셈공식을 역으로 생각하면 된다. 따라서 곱셈공식으로부터 다음과 같은 인수분해 공식을 얻는다.

**인수분해 공식**

(1) $a^2+2ab+b^2=(a+b)^2$, $a^2-2ab+b^2=(a-b)^2$

(2) $a^2-b^2=(a+b)(a-b)$

(3) $x^2+(a+b)x+ab=(x+a)(x+b)$

(4) $a^3+3a^2b+3ab^2+b^3=(a+b)^3$, $a^3-3a^2b+3ab^2-b^3=(a-b)^3$

(5) $a^3+b^3=(a+b)(a^2-ab+b^2)$, $a^3-b^3=(a-b)(a^2+ab+b^2)$

(6) $a^2+b^2+c^2+2ab+2bc+2ca=(a+b+c)^2$

**예제 1-10**

다음을 계산하여라.

$$2001^2 - 2002^2 + 2003^2 - 2004^2 + \cdots + 2013^2 - 2014^2$$

**풀이** (준식) $= (2001-2002)(2001+2002) + (2003-2004)(2003+2004)$

$+ \cdots + (2013-2014)(2013+2014)$

$= -(2001+2002+2003+\cdots+2013+2014)$

$= -(2000\times 14+105)$

$= -28{,}105$

**예제 1-11**

다음 다항식을 인수분해하여라.

(1) $8a^3 - 27b^3$ (2) $x^3 - 6x^2y + 12xy^2 - 8y^3$

**풀이** (1) $8a^3 - 27b^3 = (2a)^3 - (3b)^3$

$= (2a-3b)(4a^2+6ab+9b^2)$

(2) $x^3 - 6x^2y + 12xy^2 - 8y^3$

$= x^3 - 3x^2(2y) + 3x(2y)^2 - (2y)^3 = (x-2y)^3$

공통부분이 있는 다항식의 인수분해는 공통부분을 하나의 문자로 치환한다.

**예제 1-12**

다항식 $(x+2)^2 + 5(x+2) + 6$ 을 인수분해하여라.

**풀이** $(x+2)^2 + 5(x+2) + 6 = X^2 + 5X + 6$ ⬅ $x+2 = X$ 로 치환

$= (X+2)(X+3)$

$= (x+2+2)(x+2+3)$ ⬅ $X = x+2$

$= (x+4)(x+5)$

차수가 짝수인 항만 있는 다항식의 인수분해는 $X^2 - Y^2$ 형태로 고친다. 또는 복이차식인 경우에는 $x^2 = X$로 치환한다.

**예제 1-13**

다음 다항식을 인수분해하여라.

(1) $x^4 + 3x^2 + 4$ (2) $x^4 - 5x^2 + 4$

**풀이** (1) $x^4 + 3x^2 + 4 = x^4 + 4x^2 + 4 - x^2$

$$= (x^2 + 2)^2 - x^2$$

$$= (x^2 + x + 2)(x^2 - x + 2)$$

(2) $x^2 = X$로 놓으면

$$x^4 - 5x^2 + 4 = X^2 - 5X + 4 = (X - 1)(X - 4)$$

여기서 $X$에 $x^2$을 대입하면

$$x^4 - 5x^2 + 4 = (x^2 - 1)(x^2 - 4)$$

$$= (x + 1)(x - 1)(x + 2)(x - 2)$$

■

두 개 이상의 문자가 포함된 다항식의 인수분해는 차수가 가장 낮은 문자에 대하여 정리하고, 동차식일 때에는 어느 하나의 문자에 관하여 내림차순으로 정리한다.

**예제 1-14**

$a^3 - ab^2 - b^2c + a^2c$를 인수분해하여라.

**풀이** 식의 문자 $a, b, c$에서 차수가 가장 낮은 문자 $c$에 대하여 정리한다.

$$a^3 - ab^2 - b^2c + a^2c = c(a^2 - b^2) + a(a^2 - b^2)$$

$$= (a^2 - b^2)(c + a)$$

$$= (a + b)(a - b)(c + a)$$

■

여러 가지 문자를 포함하고 있는 식의 인수분해는
(1) 차수가 가장 낮은 문자에 대해 내림차순으로 정리한다.
(2) 공통부분이 있는 경우는 그것을 하나의 문자로 치환한다.

삼각형의 세 변의 길이 $a, b, c$ 사이에 $a^3+b^3+c^3=3abc$ 인 관계가 있을 때, 이 삼각형은 어떤 삼각형일까? 먼저 $a^3+b^3+c^3-3abc$ 의 인수분해에 대하여 알아보자.

$a^3+b^3=(a+b)^3-3ab(a+b)$ 이므로

$$\begin{aligned}
a^3+b^3+c^3-3abc &= (a+b)^3-3ab(a+b)+c^3-3abc \\
&= (a+b)^3+c^3-3ab(a+b+c) \\
&= (a+b+c)^3-3(a+b)c(a+b+c)-3ab(a+b+c) \\
&= (a+b+c)\{(a+b+c)^2-3(a+b)c-3ab\} \\
&= (a+b+c)(a^2+b^2+c^2-ab-bc-ca) \\
&= \frac{1}{2}(a+b+c)\{(a-b)^2+(b-c)^2+(c-a)^2\}
\end{aligned}$$

$a, b, c$ 는 삼각형의 세 변의 길이이므로 $a+b+c \neq 0$ 이므로

$$(a-b)^2+(b-c)^2+(c-a)^2=0 \quad \therefore a=b=c$$

따라서 세 변의 길이가 모두 같으므로 정삼각형이다.

**예제 1-15**

삼각형의 세 변의 길이 $a, b, c$ 에 대하여 다음과 같은 관계가 성립할 때, 어떤 삼각형인지 설명하여라.

$$ab(a+b)-bc(b+c)-ca(c-a)=0$$

**풀이** 주어진 식의 좌변을 $a$ 에 대하여 내림차순으로 정리하면

$$\begin{aligned}
a^2b+ab^2-b^2c-bc^2-c^2a+ca^2 &= (b+c)a^2+(b^2-c^2)a-bc(b+c) \\
&= (b+c)\{a^2+(b-c)a-bc\} \\
&= (b+c)(a+b)(a-c)=0
\end{aligned}$$

삼각형의 세 변의 길이 $a, b, c$는 양수이므로

$$b+c>0,\ a+b>0,\ a-c=0$$

$$\therefore\ a=c$$

따라서 $a=c$인 이등변삼각형이다.

■

## 1.3 나머지 정리와 조리제법

$x$에 대한 다항식 $P(x)$를 일차식 $x-a$로 나눈 몫을 $Q(x)$, 나머지를 $R$이라 하면, $R$은 상수이고

$$P(x)=(x-a)Q(x)+R$$

이 항등식에 $x=a$를 내입하면

$$P(a)=R$$

따라서 다음과 같은 나머지 정리가 성립한다.

**나머지 정리**

$x$에 대한 다항식 $P(x)$를 일차식 $x-a$로 나누었을 때의 나머지를 $R$이라고 하면

$$R=P(a)$$

나머지 정리를 이용하면 다항식을 일차식으로 나눈 나머지를 직접 나눗셈을 하지 않고도 쉽게 구할 수 있다.

**예제 1-16**

다항식 $P(x)=2x^3+x^2-4x+1$을 일차식 $x+1$으로 나눌 때의 나머지를 구하여라.

**풀이** 다항식 $P(x)$를 $x+1$로 나눌 때의 나머지는 $P(-1)$이므로

$$P(-1)=2(-1)^3+(-1)^2-4(-1)+1=4$$

■

**예제 1-17**

다항식 $P(x)$를 일차식 $ax+b$로 나눈 나머지는 $P\left(-\frac{b}{a}\right)$임을 보여라.

**풀이** 다항식 $P(x)$를 일차식 $ax+b$로 나눈 몫을 $Q(x)$, 나머지를 $R$이라고 하면

$$P(x)=(ax+b)Q(x)+R=a\left(x+\frac{b}{a}\right)Q(x)+R$$

$R$은 다항식 $P(x)$를 일차식 $x+\frac{b}{a}$로 나눈 나머지와 같으므로

$$R=P\left(-\frac{b}{a}\right)$$

따라서 다항식 $P(x)$를 일차식 $ax+b$로 나눈 나머지는 $P\left(-\frac{b}{a}\right)$이다.

■

**예제 1-18**

다항식 $P(x)$를 두 일차식 $x+1$, $x-2$로 나눈 나머지가 각각 $-2, 6$일 때, $P(x)$를 $(x+1)(x-2)$로 나눈 나머지를 구하여라.

**풀이** $P(x)$를 $(x+1)(x-2)$로 나눈 몫을 $Q(x)$, 나머지를 $ax+b$라고 하면

$$P(x)=(x+1)(x-2)Q(x)+ax+b$$

이 식은 항등식이므로 $x=-1$, $x=2$를 각각 대입하고, 나머지 정리를 적용하면

$$P(-1)=-a+b=-2,\ P(2)=2a+b=6$$

이 식을 풀면 $a=\frac{8}{3}$, $b=\frac{2}{3}$이다. 따라서 구하는 나머지는 $\frac{8}{3}x+\frac{2}{3}$이다.

■

나머지 정리로부터 $P(a)=0$이면 다항식 $P(x)$는 $x-a$로 나누어 떨어지고, 그 역도 성립함을 알 수 있다. 따라서 다음과 같은 인수정리를 얻는다.

### 인수정리

$x$에 대한 다항식 $P(x)$가 일차식 $x-a$로 나누어 떨어지기 위한 필요충분조건은 $P(a)=0$이다.

**예제 1-19**

다항식 $P(x)=x^3+ax^2+bx-10$을 $x-2$로 나누면 나누어 떨어지고, $x+1$로 나누면 나머지가 $-3$이 되도록 상수 $a, b$의 값을 구하여라.

**풀이** 인수정리에 의하여 $P(2)=0$, 나머지 정리에 의하여 $P(-1)=-3$이므로

$P(2)=(2)^3+a\cdot(2)^2+b\cdot(2)-10=0$에서

$$2a+b=1 \quad \cdots\cdots ①$$

$P(-1)=(-1)^3+a\cdot(-1)^2+b\cdot(-1)-10=-3$에서

$$a-b=8 \quad \cdots\cdots ②$$

①, ②를 연립하여 풀면 $a=3,\ b=-5$이다. ■

다항식을 일차식으로 나눈 나머지는 나머지 정리를 이용하면 쉽게 구할 수 있으나, 몫을 구하려면 직접 나눗셈을 해야 한다. 이제 다항식을 일차식으로 나눈 몫과 나머지를 편리하게 구할 수 있는 조리제법에 대하여 알아보자.

예를 들어, 나눗셈 $(2x^3-9x^2+7x+7)\div(x-3)$을 계산하여 보자.

| | | | |
|---|---|---|---|
| $2x^2-3x-2$ | ← | | 몫 |
| $x-3\,\overline{)\,2x^3-9x^2+7x+7}$ | ← | $2$ | $\cdots$ $x^2$의 계수 |
| $2x^3-6x^2$ | | | |
| $-3x^2+7x+7$ | ← | $-9+2\times3=-3$ | $\cdots$ $x$의 계수 |
| $-3x^2+9x$ | | | |
| $-2x+7$ | ← | $7+(-3)\times3=-2$ | $\cdots$ 상수항 |
| $-2x+6$ | | | |
| $1$ | ← | $7+(-2)\times3=1$ | $\cdots$ 나머지 |

따라서 $2x^3-9x^2+7x+7$을 $x-3$으로 나눌 때의 몫은 $2x^2-3x-2$이고, 나머지는 1이다. 여기서 계수만을 사용하여 다음과 같이 몫과 나머지를 구할 수 있다.

**조립제법**

$(2x^3 \quad -9x^2 \quad +7x \quad +7) \div (x-3)$

$$\begin{array}{c|cccc} 3 & 2 & -9 & 7 & 7 \\ & & \times 3 \;\; 6 & \times 3 \;\; -9 & \times 3 \;\; -6 \\ \hline & 2 & -3 & -2 & \boxed{1} \end{array}$$

몫 : $2x^2-3x-2$ 나머지 : 1

위와 같이 방법으로 다항식을 일차식으로 나눌 때 계수만을 사용하여 몫과 나머지를 구하는 것을 조립제법(synthetic division)이라고 한다.[1)]

**예제 1-20**

다항식 $4x^3-3x+2$를 일차식 $2x-1$로 나누었을 때의 몫과 나머지를 구하여라.

풀이 아래와 같이 조립제법을 이용하면

$$\begin{array}{c|cccc} \frac{1}{2} & 4 & 0 & -3 & 2 \\ & & 2 & 1 & -1 \\ \hline & 4 & 2 & -2 & \boxed{1} \end{array}$$

$$\begin{aligned} 4x^3-3x+2 &= \left(x-\frac{1}{2}\right)(4x^2+2x-2)+1 \\ &= (2x-1)(2x^2+x-1)+1 \end{aligned}$$

따라서 몫은 $2x^2+x-1$이고 나머지는 1이다.

■

1) 조립제법 계산기
http://www.thecraftycanvas.com/library/synthetic-division-of-polynomials.html

## 1.4 유리식과 무리식

두 다항식 $A, B\,(B \neq 0)$ 에 대하여 $\dfrac{A}{B}$ 의 꼴로 나타내어지는 식을 유리식이라고 한다. 특히, $B$가 0이 아닌 상수이면 $\dfrac{A}{B}$ 는 다항식이므로 다항식도 유리식이다. 한편, 유리식 중에서 다항식이 아닌 유리식을 분수식이라고 한다. 특히, 분자와 분모가 서로소인 분수식을 기약분수식이라고 한다.

유리수의 경우와 마찬가지로, 유리식에 대해서도 다음 성질이 성립한다.

**유리식의 성질**

다항식 $A, B, C, D$ 에 대하여

(1) $\dfrac{A}{B} = \dfrac{A\times C}{B\times C},\ \dfrac{A}{B} = \dfrac{A\div C}{B\div C}$ (단, $B\neq 0, C\neq 0$)

(2) $\dfrac{A}{B}+\dfrac{C}{B} = \dfrac{A+C}{B},\ \dfrac{A}{B}-\dfrac{C}{B} = \dfrac{A-C}{B}$ (단, $B\neq 0$)

(3) $\dfrac{A}{B}\times\dfrac{C}{D} = \dfrac{A\times C}{B\times D}$ (단, $B\neq 0, D\neq 0$)

(4) $\dfrac{A}{B}\div\dfrac{C}{D} = \dfrac{A}{B}\times\dfrac{D}{C} = \dfrac{A\times D}{B\times C}$ (단, $B\neq 0, C\neq 0, D\neq 0$)

**예제 1-21**

$x=3$ 일 때, $\dfrac{x^3-1}{x^2+3x}\times\dfrac{x^2-2x}{x^2+x+1}$ 의 값을 구하여라.

**풀이**

$$\frac{x^3-1}{x^2+3x}\times\frac{x^2-2x}{x^2+x+1} = \frac{(x-1)(x^2+x+1)}{x(x+3)}\times\frac{x(x-2)}{x^2+x+1}$$

$$= \frac{(x-1)(x-2)}{x+3} = \frac{2\times 1}{6} = \frac{1}{3}$$

■

**예제 1-22**

다음 식을 계산하여라.

(1) $\dfrac{\dfrac{1}{x+1}-\dfrac{1}{x-1}}{\dfrac{1}{x+1}+\dfrac{1}{x-1}}$ (2) $1-\dfrac{1}{1-\dfrac{1}{1-\dfrac{1}{x}}}$

**풀이** (1) 주어진 식의 분자와 분모를 정리하면

$$\frac{1}{x+1}-\frac{1}{x-1}=\frac{(x-1)-(x+1)}{(x+1)(x-1)}=\frac{-2}{(x+1)(x-1)}$$

$$\frac{1}{x+1}+\frac{1}{x-1}=\frac{(x-1)+(x+1)}{(x+1)(x-1)}=\frac{2x}{(x+1)(x-1)}$$

이므로

$$\therefore \frac{\dfrac{1}{x+1}-\dfrac{1}{x-1}}{\dfrac{1}{x+1}+\dfrac{1}{x-1}}=\frac{-2}{2x}=-\frac{1}{x}$$

(2) $1-\dfrac{1}{1-\dfrac{1}{x}}=1-\dfrac{1}{\dfrac{x-1}{x}}=1-\dfrac{x}{x-1}=-\dfrac{1}{x-1}$ 이므로

$$\therefore 1-\frac{1}{1-\dfrac{1}{1-\dfrac{1}{x}}}=1-\frac{1}{-\dfrac{1}{x-1}}=1+(x-1)=x$$

**예제 1-23**

유리수 $\dfrac{1}{2}, \dfrac{1}{6}, \dfrac{1}{12}$ 은 다음과 같은 규칙이 있다.

$$\frac{1}{1\cdot 2}=\frac{1}{1}-\frac{1}{2},\ \frac{1}{2\cdot 3}=\frac{1}{2}-\frac{1}{3},\ \frac{1}{3\cdot 4}=\frac{1}{3}-\frac{1}{4},\ \cdots$$

이를 이용하여 다음 식을 간단히 하여라.

$$\frac{1}{x(x+1)}+\frac{1}{(x+1)(x+2)}+\cdots+\frac{1}{(x+99)(x+100)}$$

풀이 $\dfrac{1}{x(x+1)}=\dfrac{1}{x}-\dfrac{1}{x+1}$, $\dfrac{1}{(x+1)(x+2)}=\dfrac{1}{x+1}-\dfrac{1}{x+2}$, $\cdots$ 이므로

$$(\text{준식})=\left(\frac{1}{x}-\frac{1}{x+1}\right)+\left(\frac{1}{x+1}-\frac{1}{x+2}\right)+\cdots+\left(\frac{1}{x+99}-\frac{1}{x+100}\right)$$

$$=\frac{1}{x}-\frac{1}{x+100}$$

$$=\frac{100}{x(x+100)}$$

■

**예제 1-24**

$x:y=3:2$ 일 때, $\dfrac{2x+y}{x-2y}$ 의 값을 구하여라.

풀이 $x=3k,\ y=2k\ (k\neq 0)$ 이라 하면

$$\frac{2x+y}{x-2y}=\frac{6k+2k}{3k-4k}=-8$$

■

생물학적 지표(biological index)는 수질오염의 정도를 특정 생물을 대상으로 하여 수량적으로 표시하는 지표의 하나로서, 수질판정의 기준으로 사용된다. 일반적으로 조류(유색생물)는 청정한 수역에 많고, 단세포의 원생동물(무색생물)은 오염된 수역에 많이 살고 있는 사실로부터 전체 생물에 대한 무색생물의 비율에 의해 오염의 정도를 나타내는 것이다. 지수치는 청정한 하천에서는 $0\sim 2$, 오염된 수역에서는 $10\sim 20$, 하수 등의 오・폐수에서는 $70\sim 100$을 나타낸다. 즉 무색생물의 수가 많을수록 지표는 높게 나타난다.

**예제 1-25**

수질 오염 정도를 나타내는 생물학적 지표는 유색생물의 수가 $a$, 무색생물의 수가 $b$ 일 때, 다음과 같이 정의된다고 한다.

$$(\text{생물학적 지표}) = \frac{b}{a+b} \times 100\,(\%)$$

어느 하천의 유색생물의 수와 무색생물의 수의 비가 $3:1$일 때, 이 하천의 생물학적 지표를 구하여라.

**풀이** 유색생물의 수와 무색생물의 수의 비가 $3:1$이므로 $a=3k, b=k$ ($k$는 실수)로 놓으면

$$(\text{생물학적 지표}) = \frac{k}{3k+k} \times 100 = \frac{k}{4k} \times 100 = 25\,(\%)$$

■

**예제 1-26**

$a:b=c:d=e:f$, 즉 $\frac{a}{b}=\frac{c}{d}=\frac{e}{f}$ 일 때, 다음 등식이 성립함을 증명하여라.

$$\frac{a}{b}=\frac{c}{d}=\frac{e}{f}=\frac{a+c+e}{b+d+f}=\frac{pa+qc+re}{pb+qd+rf}$$

단, $b+d+f \neq 0$, $pb+qd+rf \neq 0$ 이다.

**풀이** $\frac{a}{b}=\frac{c}{d}=\frac{e}{f}$이므로 이 비의 값을 $k$라고 하면 $a=bk$, $c=dk$, $e=fk$

$$\frac{a+c+e}{b+d+f}=\frac{bk+dk+fk}{b+d+f}=\frac{(b+d+f)k}{b+d+f}=k$$

$$\therefore \frac{a}{b}=\frac{c}{d}=\frac{e}{f}=\frac{a+c+e}{b+d+f}$$

■

위 예제처럼 비례식에서는 분자, 분모끼리 각각 더해도 그 값이 변함이 없다. 이와 같이, 비를 더할 때 성립하는 성질을 가비(加比)의 리(理)라고 부른다.

근호 안에 문자가 들어 있는 식 중에서 유리식으로 나타낼 수 없는 식을 무리식이라 한다. 예를 들어, $\frac{2}{x-\sqrt{2}}$ 은 유리식이지만, $\sqrt{x-1}$, $\sqrt{x}+\sqrt{2}$, $\frac{1}{\sqrt{x^2-1}}$ 은 무리식이다. 이때, 무리식에서 그 값이 실수가 되려면 근호 안의 값이 $0$ 이상이어야 한다.

임의의 실수 $a$에 대하여 $a^2 \geq 0$이므로 $\sqrt{a^2}$은 항상 실수이다. 이때, $a \geq 0$이면 $\sqrt{a^2}=a$이고, $a<0$이면 $\sqrt{a^2}=-a$이다. 즉,

$$\sqrt{a^2}=|a|$$

**예제 1-27**

$-2 \leq a \leq 2$일 때, $\sqrt{(a+2)^2}+\sqrt{(a-2)^2}$을 간단히 하여라.

**풀이** $-2 \leq a \leq 2$에서 $a+2 \geq 0$, $a-2 \leq 0$이므로

$$\begin{aligned}\sqrt{(a+2)^2}+\sqrt{(a-2)^2} &= |a+2|+|a-2| \\ &= (a+2)+(2-a)=4\end{aligned}$$

■

무리식의 계산은 무리수의 계산과 같은 방법으로 한다. 특히, 분모에 근호가 있을 때에는 분모를 유리화하여 계산한다.

**예제 1-28**

다음의 식을 간단히 하여라.

(1) $\dfrac{1}{\sqrt{1+x}-\sqrt{x}}$ (2) $\dfrac{x}{\sqrt{x}+\sqrt{x-1}}+\dfrac{x}{\sqrt{x}-\sqrt{x-1}}$

**풀이** (1) (준식) $=\dfrac{(\sqrt{1+x}+\sqrt{x})}{(\sqrt{1+x}-\sqrt{x})(\sqrt{1+x}+\sqrt{x})}=\dfrac{\sqrt{1+x}+\sqrt{x}}{(1+x)-x}$

$=\sqrt{1+x}+\sqrt{x}$

(2) (준식)

$$=\frac{x(\sqrt{x}-\sqrt{x-1})}{(\sqrt{x}+\sqrt{x-1})(\sqrt{x}-\sqrt{x-1})}+\frac{x(\sqrt{x}+\sqrt{x-1})}{(\sqrt{x}-\sqrt{x-1})(\sqrt{x}+\sqrt{x-1})}$$

$$=\frac{x(\sqrt{x}-\sqrt{x-1})+x(\sqrt{x}+\sqrt{x-1})}{x-(x-1)}=2x\sqrt{x}$$

■

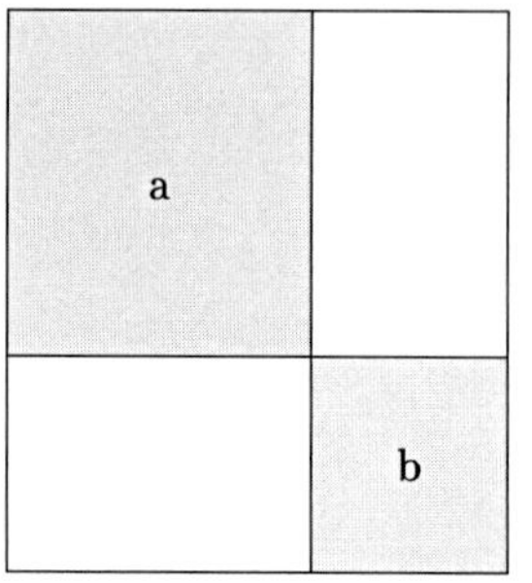


오른쪽 그림과 같이 정사각형을 넓이가 각각 $a, b$인 두 개의 정사각형과 두 개의 직사각형으로 나누었다.

큰 정사각형의 넓이는 $a+b+2\sqrt{ab}$ 이고, 한 변의 길이는

$$\sqrt{a+b+2\sqrt{ab}}$$

이와 같이 근호 안에 근호가 들어 있는 식, 즉

$$\sqrt{a+b\sqrt{c}}$$

와 같은 식을 이중근호(double radical sign)를 가진 식이라고 한다.

이중근호를 가진 식 중에서 밖의 근호를 없애 식을 간단히 하는 방법을 알아보자.

실수 $a, b$에 대하여 $a>0$이고 $b>0$일 때

$$(\sqrt{a}+\sqrt{b})^2 = a+b+2\sqrt{ab}$$
$$(\sqrt{a}-\sqrt{b})^2 = a+b-2\sqrt{ab}$$

이고 $a>b$이면 $\sqrt{a}-\sqrt{b}>0$이므로, 이중근호를 가진 식은 다음과 같이 간단히 나타낼 수 있다.

**이중근호**

$a>0$이고 $b>0$일 때

$$\sqrt{(a+b)+2\sqrt{ab}} = \sqrt{a}+\sqrt{b}$$
$$\sqrt{(a+b)-2\sqrt{ab}} = \sqrt{a}-\sqrt{b} \quad (\text{단, } a \ge b)$$

**예제 1-29**

$x=\sqrt{3+2\sqrt{2}}$, $y=\sqrt{3-2\sqrt{2}}$ 일 때, $x^2-y^2$의 값을 구하여라.

**풀이** $x=\sqrt{3+2\sqrt{2}} = \sqrt{(2+1)+2\sqrt{2\cdot 1}} = \sqrt{2}+1$

$y=\sqrt{3-2\sqrt{2}} = \sqrt{(2+1)-2\sqrt{2\cdot 1}} = \sqrt{2}-1$

$x+y=(\sqrt{2}+1)+(\sqrt{2}-1)=2\sqrt{2}$, $x-y=(\sqrt{2}+1)-(\sqrt{2}-1)=2$

$$\therefore\ x^2-y^2=(x+y)(x-y)=4\sqrt{2}$$

■

**예제 1-30**

$\sqrt{2+\sqrt{3}}$ 을 간단히 하여라.

풀이 $\sqrt{2+\sqrt{3}} = \sqrt{\dfrac{4+2\sqrt{3}}{2}} = \dfrac{\sqrt{4+2\sqrt{3}}}{\sqrt{2}}$

$$= \frac{\sqrt{(3+1)+2\sqrt{3\cdot 1}}}{\sqrt{2}} = \frac{\sqrt{3}+1}{\sqrt{2}}$$

$$= \frac{(\sqrt{3}+1)\cdot\sqrt{2}}{\sqrt{2}\cdot\sqrt{2}} = \frac{\sqrt{6}+\sqrt{2}}{2}$$

■

**예제 1-31**

고대 인도의 수학자 바스카라(Bhaskara, 1114~1185)는 다음과 같은 식을 사용하였다.

$$\sqrt{a+\sqrt{b}} = \sqrt{\frac{a+\sqrt{\square}}{2}} + \sqrt{\frac{a-\sqrt{\square}}{2}}$$

빈칸 □ 안에 알맞은 식을 구하여라. 단, $a \geq b \geq 1$ 이다.

풀이 주어진 등식의 양변을 제곱하면

$$a+\sqrt{b} = \frac{a+\sqrt{\square}}{2} + 2\sqrt{\frac{a+\sqrt{\square}}{2}}\sqrt{\frac{a-\sqrt{\square}}{2}} + \frac{a-\sqrt{\square}}{2}$$

$$= a + \sqrt{a+\sqrt{\square}}\sqrt{a-\sqrt{\square}}$$

그러므로 $\sqrt{b} = \sqrt{a+\sqrt{\square}}\sqrt{a-\sqrt{\square}}$ 이고, 양변을 제곱하면

$$b = (a+\sqrt{\square})(a-\sqrt{\square}) = a^2 - \square$$

따라서 $\square = a^2 - b$

■

## 연습문제

**1.** 다음 두 가지 사실을 이용하여 $2\sqrt{3}$ 이 무리수임을 증명하여라.

(i) $\sqrt{3}$ 은 무리수이다.

(ii) 유리수 전체의 집합은 0 으로 나누는 것을 제외하면 사칙연산에 대하여 닫혀 있다.

**2.** 문제1의 (i)과 (ii)를 이용하여 두 유리수 $a, b$ 에 대하여 $a+b\sqrt{3}=0$ 이면 $a=0, b=0$ 임을 증명하여라.

**3.** 무리수 전체의 집합은 사칙연산 중 어느 연산에 대하여 닫혀 있는지 말하여라.

**4.** 집합 $A=\left\{\frac{1}{n} \mid n\text{은 정수}, n \neq 0\right\}$ 은 사칙연산 중 어느 연산에 대하여 닫혀 있는지 알아보아라.(단, 0 으로 나누는 것은 제외한다.)

**5.** 두 실수 $a, b$ 에 대하여 $a>b$ 일 때, 다음 중 옳은 것을 모두 고르시오.

(1) $ab>0$　　(2) $-a<-b$　　(3) $a^2>b^2$

(4) $\frac{1}{a}>\frac{1}{b}$　　(5) $a-1>b-1$　　(6) $|a|>|b|$

**6.** 임의의 실수 $a$ 에 대하여 $|a| \geq a$ 임을 증명하여라.

**7.** $a-b>0, ab<0$ 일 때, $||a|+|b||$ 를 간단히 하여라.

**8.** 임의의 두 실수 $a, b$ 에 대하여 $\left|\dfrac{a}{b}\right| = \dfrac{|a|}{|b|}$ $(b \neq 0)$ 이 성립함을 보여라.

**9.** 다음은 한 변의 길이가 $a$ 인 정육면체에서 한 변의 길이가 $b(a > b)$ 인 정육면체를 떼어낸 입체도형의 부피를 구하기 위한 그림이다. 이것은 어떤 인수분해 공식을 유도하는 과정인지 설명하여라.

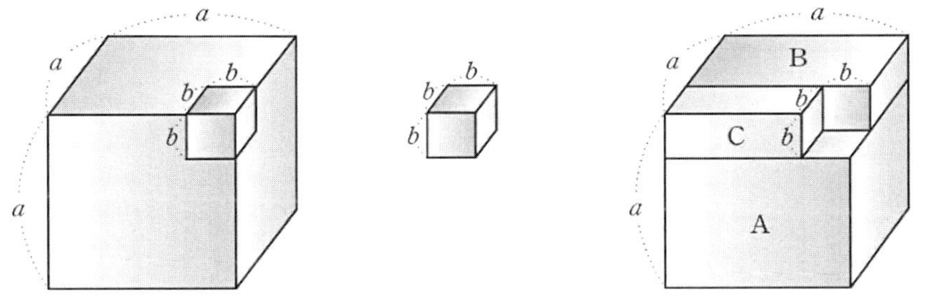


(가) (나) (다)

**10.** 준수와 지희는 $999^2$ 을 곱셈공식과 인수분해공식을 이용하여 다음과 같이 계산하였다. 두 자연수 $A, B$ 의 값을 구하여라.

| |
|---|
| (준수) $999^2 = (1000-1)^2 = 1000000 - (\ A\ ) + 1$ |
| (지희) $999^2 - (\ B\ )^2 = (999+1)(999-1) = 1000 \times 998 = 998000$ |
| 따라서 $999^2 = 998000 + (\ B\ )^2$ |

**11.** $(3-1)(3+1)(3^2+1)(3^4+1) = 3^8 + \square$ 일 때, $\square$ 안에 알맞은 수를 구하여라.

**12.** 다음 다항식을 인수분해하여라.

(1) $27x^3 - 54x^2y + 36xy^2 - 8y^3$

(2) $4a^2 + b^2 + c^2 - 4ab + 2bc - 4ca$

(3) $(x+1)(x-2)(x+3)(x-4) + 24$

(4) $x^4 - 3x^2 + 2$

(5) $x^4 - 29x^2 + 4$

**13.** 다항식 $3x^2+2xy-y^2-5x+3y-2$ 를 인수분해하여, $(x+ay+b)(x+cy+d)$ 이 될 때, $a, b, c, d$ 의 값을 구하여라.

**14.** 인수분해를 이용하여 $\sqrt{20\cdot 22\cdot 24\cdot 26+16}$ 의 값을 구하여라.(도움말: $x=20$ 으로 치환하여라)

**15.** 삼각형의 세 변의 길이 $a$, $b$, $c$ 사이에 다음 등식이 성립할 때, 이 삼각형은 어떤 삼각형인가?

$$(a-b-c)(a-b+c)=(c-b-a)(a+b+c)$$

**16.** 다항식 $P(x)=2x^3-ax^2-1$ 을 $x+2$ 로 나누었을 때의 나머지가 $-1$ 이 되도록 실수 $a$ 의 값을 정하여라.

**17.** 다항식 $P(x)$를 $x+2$ 으로 나눈 나머지가 2014 일 때, 다항식 $P(x+2013)$를 $x+2015$ 로 나눈 나머지를 구하여라.

**18.** 3차 이상의 다항식 $P(x)$를 $x-2013$ 와 $x-2014$ 로 나눈 나머지는 각각 2013 과 2014 이다. $P(x)$를 $(x-2013)(x-2014)$ 로 나눈 나머지를 구하여라.

**19.** 최고차항의 계수가 1 인 $x$ 에 대한 3 차 다항식 $P(x)$ 가

$$P(1)=P\left(\frac{1}{2}\right)=P\left(\frac{1}{3}\right)=0$$

을 만족할 때, $P(3)$ 의 값을 구하여라.

**20.** 다음 그림은 다항식 $f(x)$가 입력되면 $f(x)$를 $x-2$로 나눈 몫 $Q(x)$와 나머지 $R$이 나오는 연산장치이다.

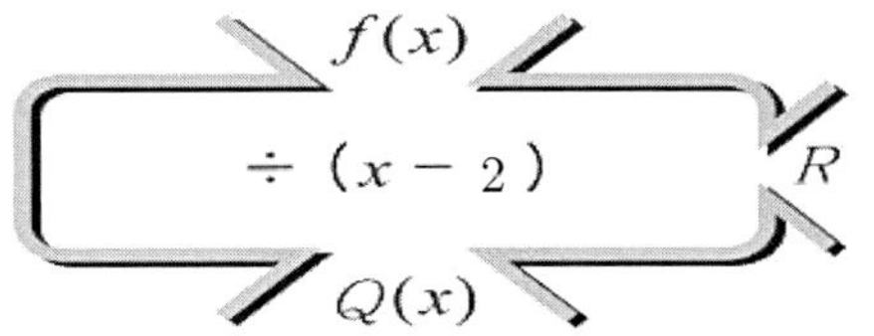


예를 들면, 다항식 $f(x)=x^2-4x+1$을 그림의 연산장치에 입력하면 다음과 같다.

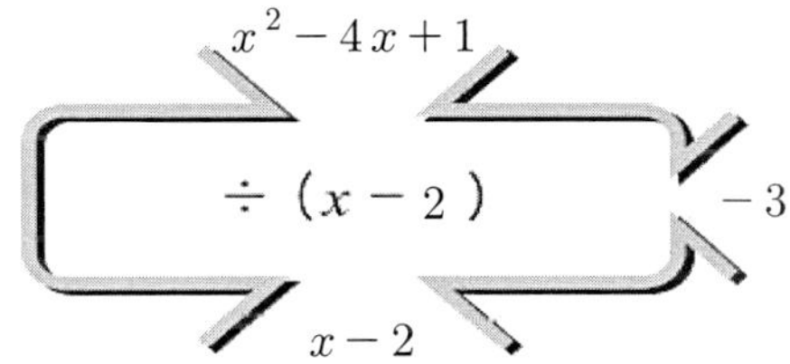


다항식 $x^3-2x^2-5x+3$을 그림의 연산장치에 입력하여 나온 몫을 다시 연산장치에 입력할 때 나오는 나머지를 구하여라.

**21.** 다항식 $3x^3-9x^2+8x+2$를 조립제법을 반복 사용하여 $x-1$의 거듭제곱의 형태로 변형하는 과정이다.

| | | | | |
|---|---|---|---|---|
| 1 | 3 | -9 | 8 | 2 |
| | | 3 | -6 | 2 |
| 1 | 3 | -6 | 2 | 4 |
| | | 3 | -3 | |
| 1 | 3 | -3 | -1 | |
| | | 3 | | |
| | 3 | 0 | | |

$3x^3-9x^2+8x+2=a(x-1)^3+b(x-1)^2+c(x-1)+d$이 성립하도록 상수 $a$, $b$, $c$, $d$를 구하여라.

**22.** 실수 $a, b, c$ 에 대하여 $\dfrac{a+2}{3} = b-2 = \dfrac{c}{2} \neq 0$ 일 때, $\dfrac{4c}{a+b}$ 의 값을 구하여라.

**23.** $x = 2014$ 일 때, $\dfrac{1+\dfrac{1}{x}}{1-\dfrac{1}{x^2}}$ 의 값을 구하여라.

**24.** 우리나라의 14 세 이하의 유년 인구수를 $P_1$, 15 세 이상 64 세 이하의 생산가능 연령인구수를 $P_2$, 65 세 이상의 노인 인구수를 $P_3$ 이라 하면 이 나라의 총 부양비, 유년 부양비, 유년인구가 부양해야 하는 고령인구 비중을 나타내는 고령화 지수는 각각 다음과 같다.

$$(\text{총 부양비}) = \frac{P_1 + P_3}{P_2} \times 100\ \% \qquad (\text{유년 부양비}) = \frac{P_1}{P_2} \times 100\ \%$$

$$(\text{노년 부양비}) = \frac{P_3}{P_2} \times 100\ (\%) \qquad (\text{고령화 지수}) = \frac{P_3}{P_1} \times 100\ \%$$

우리나라의 총 부양비와 유년 부양비가 각각 $a\%$, $b\%$ 일 때, 우리나라의 고령화 지수를 $a$, $b$ 를 사용하여 나타내어라.

**25.** 소금물의 농도는

$$\frac{(\text{소금의 질량})}{(\text{소금의 질량}) + (\text{물의 질량})} \times 100\ (\%)$$

로 나타낸다. 소금 $a\,g$ 과 물 $b\,g$ 을 합하여 농도가 5% 인 소금물을 만들었다. 이 소금물에 소금 $a\,g$ 과 물 $3b\,g$ 을 더 넣었을 때, 소금물의 농도는 약 몇 % 인가?

**26.** 다음은 '2011년도 국토의 계획 및 이용에 관한 연차보고서' 중 수자원 현황의 일부분을 발췌한 내용이다.

> 2003 년의 수자원 이용현황을 살펴보면 연평균 강수총량의 27% 인 물을 각종 용수로 이용하였다. 용도별로 살펴보면 농업용수가 총 용수이용량의 47% 로 가장 많고, 생활용수가 76 억$m^3$ 으로 23% 이며, 공업용수는 8% 를 사용하고 있는 것으로 나타났다. 한편 하천의 흐름을 유지하고 물고기 등 생물이 서식할 수 있도록 하천기능을 유지하게 하는 유지용수는 총 용수이용량의 22% 를 이용하고 있다.

위 사실에서 연평균 강수총량(억$m^3$)을 소수점 첫째자리까지 구하여라.

**27.** 어느 두 전자회사 $A, B$ 의 작년 1/4 분기 매출액의 합계는 210 억 원이었다. 두 회사 $A, B$ 의 올해 1/4 분기 매출액은 작년 1/4 분기에 비해 각각 $5\%, 10\%$ 씩 증가하였고, 두 회사 $A, B$ 의 매출액 증가량의 비는 $2:3$ 이라고 한다. 회사 $A$ 의 올해 1/4 분기 매출액을 구하여라.

**28.** 오른쪽 직육면체 모양의 상자에서 세 면 $A, B, C$의 넓이의 비가 $4:3:2$ 일 때, 세 모서리의 길이 $x, y, z$ 에 대하여 $x:y:z$ 를 구하여라.

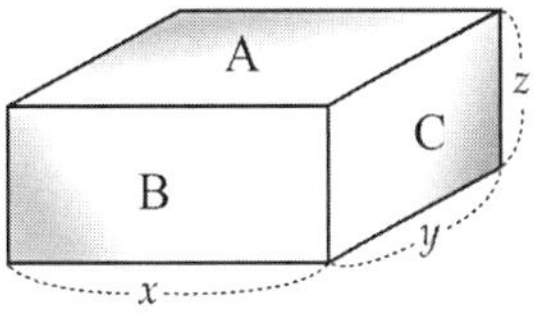


**29.** 서로 소인 두 자연수 $m, n\,(m > n)$에 대하여 유리수 $\frac{m}{n}$을 자연수 $a_0,\ a_1,\ \cdots,\ a_n$ 에 대하여 다음과 같이 나타낼 수 있으며

$$\frac{m}{n} = a_0 + \cfrac{1}{a_1 + \cfrac{1}{a_2 + \cfrac{1}{a_3 + \ddots + \cfrac{1}{a_n + \cfrac{1}{1}}}}}$$

이것을 기호로 $< a_0\,; a_1,\ a_2,\ a_3, \cdots,\ a_n, 1 >$으로 나타내기로 하자. 이와 같은 방법으로 $\frac{58}{15}$ 을 기호로 나타내면 $< 3\,; a,\ b,\ c, 1 >$ 이다. 이때, $a+b+c$의 값을 구하여라.

**30.** $x = \sqrt{3}$ 일 때, $\frac{\sqrt{x-1}}{\sqrt{x+1}} + \frac{\sqrt{x+1}}{\sqrt{x-1}}$ 의 값을 구하여라.

**31.** $a = 3 - \sqrt{7}$ , $b = \sqrt{5}$ 일 때, $\sqrt{(a+b)^2} + \sqrt{(a-b)^2}$ 의 값을 구하여라.

**32.** 두 실수 $a, b$ 가 $a>0$, $b<0$ 일 때, 다음 중 옳은 것을 모두 고르시오.

| I. $\sqrt{b^2}=b$ | II. $\sqrt{a}\sqrt{b}=\sqrt{ab}$ | III. $\dfrac{\sqrt{a}}{\sqrt{b}}=\sqrt{\dfrac{a}{b}}$ |
|---|---|---|

**33.** $x=\sqrt{2+\sqrt{3}}$ 일 때, $x-\dfrac{1}{x}$ 의 값을 구하여라.

**34.** $x=\dfrac{\sqrt{3}}{2}$ 일 때, $\dfrac{2x-1}{2(1+\sqrt{1-x})}$ 의 값을 구하여라.

**35.** $\sqrt{3+2\sqrt{2}}+\sqrt{5-2\sqrt{6}}$ 의 정수부분을 $a$, 소수부분을 $b$ 라 할 때, $a+\dfrac{2}{b}$ 의 값을 구하여라.

# 제 2 장

# 방정식과 부등식



인간의 어떠한 탐구도 수학적으로 보일 수 없다면 참된 과학이라 부를 수 없다.

– Leonardo da Vinci –

# Chapter 02 방정식과 부등식

미지의 값을 알려고 하는 것은 인간의 본능이다. 일차방정식의 해법은 고대 이집트인이나 바빌로니아인들의 기록에 나타나 있으며, 중국과 인도인들의 관심이기도 하였다. '파피루스(Papyrus)'[1]는 기원전 1650 년경 이집트의 아메스(Ahmes)가 그 당시까지 알려진 수학에 대한 지식을 기록한 가장 오래된 수학책이다. 이 책에는 일차방정식과 간단한 이차방정식의 문제를 다루고 있으며, 중국의 '구장산술'에서도 일차방정식과 비슷한 문제를 오늘날과 같은 방법으로 풀었다. 그러나 이차방정식의 근의 공식은 인도와 아라비아를 거치면서 16 세기에야 확립되었다. 인도의 브라마굽타(Brahmagupta, 598 ~ 665?)의 저서와 아라비아의 수학자 알콰리즈미(Alkhwarizmi, 780 ~ 850)의 저서에 오늘날의 공식과 비슷한 형태가 나타난다.

## 2.1 이차 방정식의 판별식

이차방정식의 근을 직접 구하지 않고도 그 근이 실근인지 허근인지를 판별하는 방법에 대하여 알아보자.

계수 $a, b, c$ 가 실수인 이차방정식 $ax^2 + bx + c = 0 \ (a \neq 0)$ 의 두 근은 다음과 같다.

$$x = \frac{-b \pm \sqrt{b^2 - 4ac}}{2a}$$

이때 $b^2 - 4ac \geq 0$ 이면 $x$ 는 실근이고, $b^2 - 4ac < 0$ 이면 $x$ 는 허근이다. 이와 같이 이차방정식 $ax^2 + bx + c = 0$ 의 해가 실근인지, 허근인지는 $b^2 - 4ac$ 의 부호에 따라

1) 파피루스란 이집트의 강변이나 습지에서 자라는 갈대와 비슷한 수초이다. 이집트인들은 이 파피루스를 지금의 종이와 같은 형태로 만들어서 그 위에 고대 이집트의 기하학, 산수 그리고 대수 등 이전부터 알려져 있던 수학에 관한 지식을 기록하였고, 이것을 수초의 이름을 따서 파피루스라고 불렀다. 현재 영어로 종이를 페이퍼(paper)라고 하는 어원도 이 파피루스(Papyrus)에서 나온 것이다.

결정된다는 의미에서 $b^2-4ac$ 를 이차방정식의 판별식이라 하고, $D$ 로 나타낸다. 즉 $D=b^2-4ac$ 이다. 특히 $D=0$ 일 때, 이차방정식은 중근을 가진다.

**이차방정식의 근의 판별**

계수 $a, b, c$ 가 실수인 이차방정식 $ax^2+bx+c=0$ 에서 $D=b^2-4ac$ 라고 하면

(1) $D>0 \Leftrightarrow$ 서로 다른 두 실근을 가진다.

(2) $D=0 \Leftrightarrow$ 중근을 가진다.

(3) $D<0 \Leftrightarrow$ 서로 다른 두 허근을 가진다.

**예제 2-1**

다음 이차방정식의 근을 판별하여라.

(1) $x^2+4x-1=0$ (2) $x^2+6x+9=0$ (3) $3x^2-2x+1=0$

**풀이** (1) $D=4^2-4\times1\times(-1)=20>0$

따라서 서로 다른 두 실근을 가진다.

(2) $D=6^2-4\times1\times9=0$

따라서 중근을 가진다.

(3) $D=(-2)^2-4\times3\times1=-8<0$

따라서 서로 다른 두 허근을 가진다.

■

**예제 2-2**

이차방정식 $x^2-2mx+3m=0$ 이 중근을 가지도록 실수 $m$ 의 값을 정하여라.

**풀이** 판별식 $D=0$ 일 때 중근을 가지므로

$$D=(2m)^2-4\times1\times3m=4m^2-12m=0,\ 4m(m-3)=0$$

$$\therefore\ m=0, m=3$$

■

참고 $m=0$일 때 주어진 이차방정식은 $x^2=0$이므로 근은 $x=0$으로 중근이고, $m=3$일 때 주어진 이차방정식은 $x^2-6x+9=0$에서 $(x-3)^2=0$이므로 근은 $x=3$으로 중근이다.

**예제 2-3**

이차방정식 $x^2-(2m+3)x+m^2=0$이 다음과 같은 근을 가질 때, 실수 $m$의 값 또는 그 값의 범위를 구하여라.

(1) 서로 다른 두 실근 (2) 중근 (3) 서로 다른 두 허근

풀이 $D=(2m+3)^2-4\cdot1\cdot m^2=12m+9$

(1) 서로 다른 두 실근을 가지려면 $12m+9>0$ $\therefore\ m>-\dfrac{3}{4}$

(2) 중근을 가지려면 $12m+9=0$ $\therefore\ m=-\dfrac{3}{4}$

(3) 서로 다른 두 허근을 가지려면 $12m+9<0$ $\therefore\ m<-\dfrac{3}{4}$

■

**예제 2-4**

계수 $a, b, c$가 실수인 이차방정식 $ax^2+bx+c=0$은 $ac<0$일 때, 항상 서로 다른 두 실근을 가짐을 설명하여라.

풀이 판별식 $D=b^2-4ac$에서 $ac<0$이면 $-4ac>0$이고, $b^2\geq0$이므로

$$D=b^2-4ac>0$$

이다. 따라서 $ax^2+bx+c=0$은 항상 서로 다른 두 실근을 가진다.

■

이차방정식에서도 그 계수들을 보고 두 근의 합과 곱을 알 수 있다. 이차방정식의 근과 계수의 관계를 알아보자.

이차방정식 $ax^2+bx+c=0\ (a\neq 0)$의 두 근을

$$\alpha=\frac{-b+\sqrt{b^2-4ac}}{2a},\quad \beta=\frac{-b-\sqrt{b^2-4ac}}{2a}$$

로 놓으면 $\alpha$와 $\beta$의 합과 곱은 각각 다음과 같다.

$$\alpha+\beta=\frac{-b+\sqrt{b^2-4ac}}{2a}+\frac{-b-\sqrt{b^2-4ac}}{2a}$$
$$=-\frac{2b}{2a}=-\frac{b}{a}$$

$$\alpha\beta=\frac{-b+\sqrt{b^2-4ac}}{2a}\times\frac{-b-\sqrt{b^2-4ac}}{2a}$$
$$=\frac{b^2-(b^2-4ac)}{4a^2}=\frac{4ac}{4a^2}=\frac{c}{a}$$

따라서 이차방정식의 근과 계수 사이에는 다음 관계가 성립한다.

**이차방정식의 근과 계수의 관계**

이차방정식 $ax^2+bx+c=0$의 두 근을 $\alpha, \beta$라 하면

$$\alpha+\beta=-\frac{b}{a},\quad \alpha\beta=\frac{c}{a}$$

**예제 2-5**

이차방정식 $2x^2+3x-1=0$의 두 근을 $\alpha, \beta$라 할 때, 다음 식이 값을 구하어라.

(1) $\frac{1}{\alpha}+\frac{1}{\beta}$　　　(2) $\alpha^2+\beta^2$

**풀이** 이차방정식의 근과 계수의 관계에서 $\alpha+\beta=-\frac{3}{2},\ \alpha\beta=-\frac{1}{2}$

(1) $\frac{1}{\alpha}+\frac{1}{\beta}=\frac{\alpha+\beta}{\alpha\beta}=\frac{-\frac{3}{2}}{-\frac{1}{2}}=3$

(2) $\alpha^2+\beta^2=(\alpha+\beta)^2-2\alpha\beta=\left(-\frac{3}{2}\right)^2-2\times\left(-\frac{1}{2}\right)=\frac{13}{4}$

■

## 2.2 부등식

실수의 대소 관계와 마찬가지로 다음과 같은 부등식의 기본 성질이 성립한다.

**부등식의 기본 성질**

세 실수 $a, b, c$에 대하여

(1) $a > b$, $b > c$이면 $a > c$

(2) $a > b$이면 $a+c > b+c$, $a-c > b-c$

(3) $a > b$, $c > 0$이면 $ac > bc$, $\frac{a}{c} > \frac{b}{c}$

(4) $a > b$, $c < 0$이면 $ac < bc$, $\frac{a}{c} < \frac{b}{c}$

위의 부등식의 기본 성질을 이용하면 간단한 부등식의 성질을 증명할 수 있다.

**예제 2-6**

실수 $a, b$에 대하여 $a > 0$, $b > 0$일 때, 다음이 성립함을 증명하여라.

$$a^2 > b^2 \Leftrightarrow a > b$$

**풀이** $a > 0$, $b > 0$이므로 $a+b > 0$

(i) $a^2 > b^2$이면 $a^2 - b^2 > 0$, $(a+b)(a-b) > 0$

이때, $a+b > 0$이므로 $a-b > 0$ $\therefore a > b$

(ii) $a > b$이면 $a-b > 0$

이때, $a+b > 0$이므로 $(a+b)(a-b) > 0$, $a^2 - b^2 > 0$ $\therefore a^2 > b^2$

■

절댓값을 포함한 부등식에 대하여 알아보자. 임의의 실수 $x$의 절댓값 $|x|$는 수직선 위의 원점으로부터 점 $x$까지의 거리이다. 이를테면, 부등식 $|x| < 3$는 $x$를 나타내는 점이 수직선 위의 두 점 $-3$과 $3$ 사이에 있음을 의미한다. 즉,

$$|x| < 3 \Leftrightarrow -3 < x < 3$$

일반적으로 $a>0$ 일 때, 다음 관계가 성립한다.

- $|x|<a \Leftrightarrow -a<x<a$

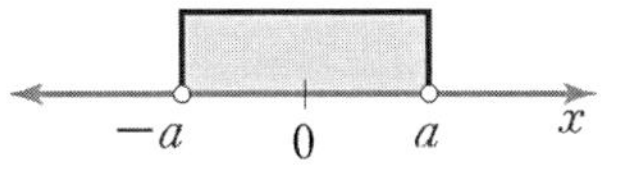


- $|x|>a \Leftrightarrow x<-a$ 또는 $x>a$

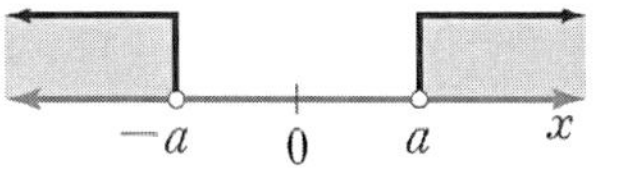


**예제 2-7**

부등식 $|x+1|+|x-3| \le 5$ 를 풀어라.

**풀이** 주어진 부등식에서

$$|x+1|=\begin{cases} x+1 & (x \ge -1) \\ -x-1 & (x<-1) \end{cases},\quad |x-3|=\begin{cases} x-3 & (x \ge 3) \\ -x+3 & (x<3) \end{cases}$$

이므로 $x$ 의 값의 범위를 $x<-1$, $-1 \le x<3$, $x \ge 3$ 의 세 경우로 나눈다.

(i) $x<-1$ 일 때, $|x+1|+|x-3|=-(x+1)-(x-3)=-2x+2$

$-2x+2 \le 5$ 에서 $x \ge -\dfrac{3}{2}$ $\quad \therefore -\dfrac{3}{2} \le x<-1$

(ii) $-1 \le x<3$ 일 때, $|x+1|+|x-3|=(x+1)-(x-3)=4$

$4 \le 5$ 에서 부등식은 항상 성립한다.

$$\therefore -1 \le x<3$$

(iii) $x \ge 3$ 일 때, $|x+1|+|x-3|=(x+1)+(x-3)=2x-2$

$2x-2 \le 5$ 에서 $x \le \dfrac{7}{2}$

$$\therefore 3 \le x \le \frac{7}{2}$$

(i), (ii), (iii)에서 주어진 부등식의 해는 $-\dfrac{3}{2} \le x \le \dfrac{7}{2}$ 이다. ■

이차부등식의 일반적인 풀이에 대하여 알아보자.

이차부등식의 풀이는 이차방정식 $ax^2+bx+c=0\ (a \ne 0)$ 의 판별식 $D=b^2-4ac$ 의 부호에 따라

$$D>0\,,\ D=0\,,\ D<0$$

의 세 가지 경우로 나누어 생각할 수 있다.

■ 이차방정식이 서로 다른 두 실근을 가질 때, 즉 $D=b^2-4ac>0$ 인 경우에 이차부등식의 해를 알아보자.

이차방정식 $ax^2+bx+c=0\ (a>0)$ 이 서로 다른 두 실근 $\alpha, \beta\ (\alpha<\beta)$ 를 가지면

$$ax^2+bx+c=a(x-\alpha)(x-\beta)$$

로 인수분해된다. 이때, $a>0$ 이므로 $ax^2+bx+c$ 의 부호와 $(x-\alpha)(x-\beta)$ 의 부호는 같다. 여기서 $(x-\alpha)(x-\beta)$ 의 부호를 조사하면 다음 표와 같다.

| $x$ | $x<\alpha$ | $x=\alpha$ | $\alpha<x<\beta$ | $x=\beta$ | $x>\beta$ |
|---|---|---|---|---|---|
| $x-\alpha$ | $-$ | 0 | $+$ | $+$ | $+$ |
| $x-\beta$ | $-$ | $-$ | $-$ | 0 | $+$ |
| $(x-\alpha)(x-\beta)$ | $+$ | 0 | $-$ | 0 | $+$ |

따라서 $D>0$ 일 때, 이차부등식의 해는 다음과 같다.

**이차부등식의 해**$(D>0)$

이차방정식 $ax^2+bx+c=0\ (a>0)$ 이 서로 다른 두 실근 $\alpha, \beta\ (\alpha<\beta)$ 를 가질 때

(1) $ax^2+bx+c>0$ 의 해는 $x<\alpha$ 또는 $x>\beta$

(2) $ax^2+bx+c<0$ 의 해는 $\alpha<x<\beta$

(3) $ax^2+bx+c\geq 0$ 의 해는 $x\leq\alpha$ 또는 $x\geq\beta$

(4) $ax^2+bx+c\leq 0$ 의 해는 $\alpha\leq x\leq\beta$

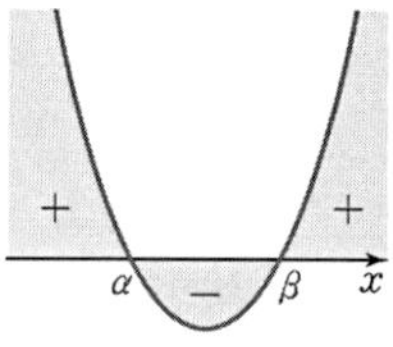


**예제 2-8**

다음 이차부등식을 풀어라.

(1) $x^2-2x-3>0$

(2) $3x^2-2x-1\leq 0$

**풀이** (1) 주어진 부등식의 좌변을 인수분해하면

$$(x+1)(x-3)>0$$

이때, $(x+1)(x-3)$의 부호는 두 인수 $x+1$, $x-3$의 부호를 조사하여 다음 표와 같이 결정할 수 있다.

| $x$ | $x<-1$ | $x=-1$ | $-1<x<3$ | $x=3$ | $x>3$ |
|---|---|---|---|---|---|
| $x+1$ | $-$ | 0 | $+$ | $+$ | $+$ |
| $x-3$ | $-$ | $-$ | $-$ | 0 | $+$ |
| $(x+1)(x-3)$ | $+$ | 0 | $-$ | 0 | $+$ |

이차부등식 $x^2-2x-3>0$의 해는 $(x+1)(x-3)$의 부호가 양인 $x$의 값의 범위이므로 위의 표에서 $x<-1$ 또는 $x>3$이다.

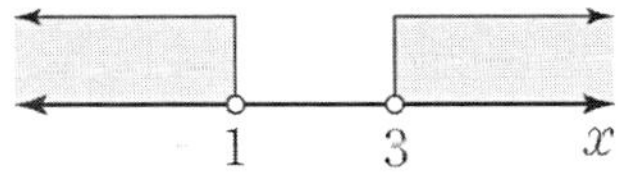


(2) 이차방정식 $3x^2-2x-1=0$에서 $(3x+1)(x-1)=0$이므로

$$x=-\frac{1}{3} \text{ 또는 } x=1$$

따라서 구하는 부등식의 해는

$$-\frac{1}{3}\le x\le 1$$

■ 이차방정식이 중근을 가질 때, 즉 $D=b^2-4ac=0$인 경우에 이차부등식의 해를 알아보자.

이차방정식 $ax^2+bx+c=0\ (a>0)$이 중근 $\alpha$를 가지면,

$$ax^2+bx+c=a(x-\alpha)^2$$

이때 $a>0$이므로 모든 실수 $x$에 대하여 $a(x-\alpha)^2\ge 0$이고, 특히 $x=\alpha$인 경우 $a(x-\alpha)^2=0$이다.

따라서 $D=0$일 때, 이차부등식의 해는 다음과 같다.

**이차부등식의 해($D=0$)**

이차방정식 $ax^2+bx+c=0\ (a>0)$ 이 중근 $\alpha$를 가질 때

(1) $ax^2+bx+c>0$ 의 해는 $x\neq\alpha$ 인 모든 실수

(2) $ax^2+bx+c<0$ 의 해는 없다.

(3) $ax^2+bx+c\geq 0$ 의 해는 모든 실수

(4) $ax^2+bx+c\leq 0$ 의 해는 $x=\alpha$

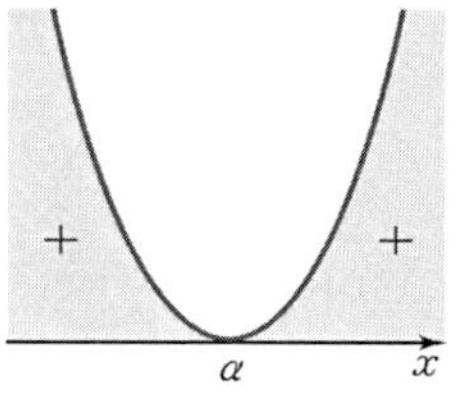


**예제 2-9**

다음 이차부등식을 풀어라.

(1) $x^2-4x+4>0$　　　　(2) $-9x^2+6x-1\geq 0$

**풀이** (1) 좌변을 인수분해하면 $x^2-4x+4>0 \Leftrightarrow (x-2)^2>0$

따라서 구하는 해는 $x\neq 2$ 인 모든 실수이다.

(2) 양변에 $-1$ 을 곱하면 $9x^2-6x+1\leq 0$

좌변을 인수분해하면 $(3x-1)^2\leq 0$

따라서 구하는 해는 $x=\dfrac{1}{3}$

■ 이차방정식이 서로 다른 두 허근을 가질 때, 즉 $D=b^2-4ac<0$ 인 경우에 이차부등식의 해를 알아보자.

이차방정식 $ax^2+bx+c=0\ (a>0)$ 이 허근을 가지면 판별식은 $D=b^2-4ac<0$ 이다.

$$ax^2+bx+c=a\left(x^2+\frac{b}{a}x\right)+c=a\left(x+\frac{b}{2a}\right)^2-\frac{b^2-4ac}{4a}$$

$$=a\left(x+\frac{b}{2a}\right)^2-\frac{D}{4a}>0$$

즉, 모든 실수 $x$에 대하여 $ax^2+bx+c>0$ 이다.

따라서 $D<0$ 일 때, 이차부등식의 해는 다음과 같다.

**이차부등식의 해$(D<0)$**

이차방정식 $ax^2+bx+c=0\ (a>0)$이 서로 다른 두 허근을 가질 때

(1) $ax^2+bx+c>0$의 해는 모든 실수

(2) $ax^2+bx+c<0$의 해는 없다.

(3) $ax^2+bx+c\geq 0$의 해는 모든 실수

(4) $ax^2+bx+c\leq 0$의 해는 없다.

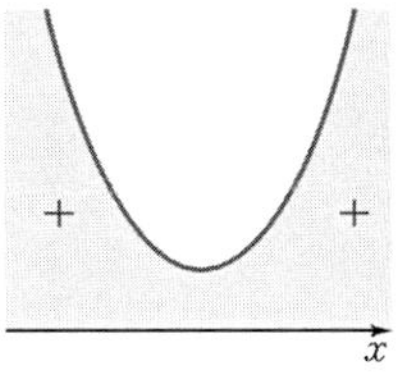


**예제 2-10**

다음 이차부등식을 풀어라.

(1) $x^2-3x+4>0$　　　(2) $-3x^2+x-1>0$

**풀이** (1) 이차방정식 $x^2-3x+4=0$에서

$$D=(-3)^2-4\cdot 1\cdot 4=-7<0$$

이고, $x^2$의 계수가 양수이므로 구하는 해는 모든 실수이다.

(2) 양변에 $-1$을 곱하면 $3x^2-x+1<0$, 이차방정식 $3x^2-x+1=0$에서

$$D=(-1)^2-4\cdot 3\cdot 1=-11<0$$

이고, $x^2$의 계수가 양수이므로 구하는 해는 없다.

■

**예제 2-11**

모든 실수 $x$에 대하여 이차부등식 $(x+1)(x-3)\geq k(x-3)$가 항상 성립하기 위한 실수 $k$의 조건을 구하여라.

**풀이** 주어진 부등식을 정리하면

$$x^2-(k+2)x+(3k-3)\geq 0$$

이 이차부등식이 항상 성립하기 위해서는

$$D=(k+2)^2-4(3k-3)\leq 0,$$

$$k^2-8k+16\leq 0,\ (k-4)^2\leq 0$$

$$\therefore\ k-4=0,\ k=4$$

■

## 2.3 절대부등식

부등식 $3x+1>2$는 특정한 범위의 실수 $x$의 값에 대해서만 성립하지만, 부등식 $x^2+1\ge 0$은 모든 실수 $x$에 대하여 항상 성립한다. 이와 같이, 문자에 어떤 실수를 대입하여도 항상 성립하는 부등식을 절대부등식이라 한다.

**예제 2-12**

$a>0,\ b>0$일 때, 부등식 $\dfrac{a+b}{2}\ge\sqrt{ab}\ge\dfrac{2ab}{a+b}$를 증명하여라.

풀이 (1) $\dfrac{a+b}{2}-\sqrt{ab}=\dfrac{a-2\sqrt{ab}+b}{2}$

$$=\frac{\sqrt{a}^2-2\sqrt{ab}+\sqrt{b}^2}{2}$$

$$=\frac{(\sqrt{a}-\sqrt{b})^2}{2}\ge 0$$

$\therefore\ \dfrac{a+b}{2}\ge\sqrt{ab}$ (단, 등호는 $a=b$일 때에만 성립)

(2) $\dfrac{1}{a}>0,\ \dfrac{1}{b}>0$이므로 $\dfrac{1}{a}+\dfrac{1}{b}\ge 2\sqrt{\dfrac{1}{a}\cdot\dfrac{1}{b}}$

$\therefore\ \dfrac{a+b}{2ab}\ge\dfrac{1}{\sqrt{ab}}\ \Leftrightarrow\ \sqrt{ab}\ge\dfrac{2ab}{a+b}$ (단, 등호는 $a=b$일 때에만 성립)

■

참고 두 양수 $a,b$에 대하여 $\dfrac{a+b}{2},\ \sqrt{ab},\ \dfrac{2ab}{a+b}$를 각각 $a,b$의 산술평균, 기하평균, 조화평균이라 한다.

파푸스(Pappus, A.D. 300)는 '수학의 집성(Mathematical Collection)'에서 "선분 $AB$ 위에 중점이 아닌 점 $H$를 잡고, $H$에서 $AB$에 수선을 올릴 때 그것이 $AB$를 직경으로 하고 중심이 $O$인 반원과 $P$에서 만나고, 또한 $H$에서 선분 $OP$에 내린 수선의 발을 $G$라 하면 $OP(=OA)$, $PH$, $PG$는 각각 두 선분 $AH$와 $BH$의 산술평균, 기하평균, 조화평균이다."라고 하였다.

**예제 2-13**

다음 그림을 활용하여 산술평균과 기하평균의 대소관계를 증명하여라.

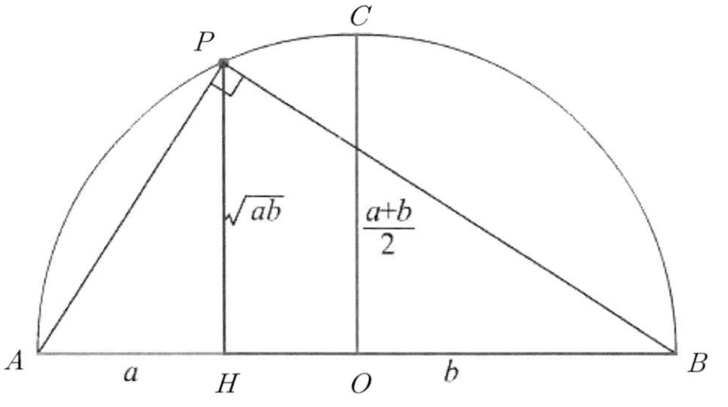


**풀이** 위의 그림은 $AB$를 지름으로 하고 중심이 $O$인 원이다. 선분 $AH$의 길이를 $a$, 선분 $BH$의 길이를 $b$라고 하면 선분 $OA$의 길이는 원의 반지름이므로 지름 $a+b$의 반인 $\frac{a+b}{2}$이다. 선분 $PH$는 점 $P$에서 내린 수선이고 $\triangle AHP \backsim \triangle PHB$이므로

$$PH : AH = BH : PH\,,\ PH^2 = AH \cdot BH = ab$$

가 성립하고 분명히 반지름 $OC \geq PH$이다. 이제 이들의 길이를 구해보면 반지름 $OC = \frac{a+b}{2}$이고 $PH = \sqrt{ab}$이다. 따라서 $\frac{a+b}{2} \geq \sqrt{ab}$가 성립하고 등호는 $PH = OC$일 때, 즉 $a = b$일 때 성립한다.

■

**예제 2-14**

어느 국가의 연간 경제성장률은 1년 동안 그 나라의 경제발전 동향을 한눈에 보여주는 지표로서, 기준년도 가격 국내총생산(GDP)의 전년 대비 증가율로 나타낸다. 예를 들어, 총 GDP가 1,000억 달러인 어떤 국가가 3.8%의 경제성장률을 달성했다고 하면, 1년 후 그 국가의 총 GDP는 $1,000 \times (1+0.038) = 1,038$억 달러이다. 아래의 도표는 우리나라 연도별 경제성장률 추이를 나타낸 그래프이다. 어느 언론매체의 보도에서 2006부터 2010까지 5년간 연평균 경제성장률은 산술평균을 적용한 3.82%라고 발표하였다. 이 보도의 적절성의 여부를 판단하고, 만약 적절하지 않을 경우 가장 합리적인 평균을 제시하여라.(단위: 전년 동기 대비, %) (자료: 연합뉴스)

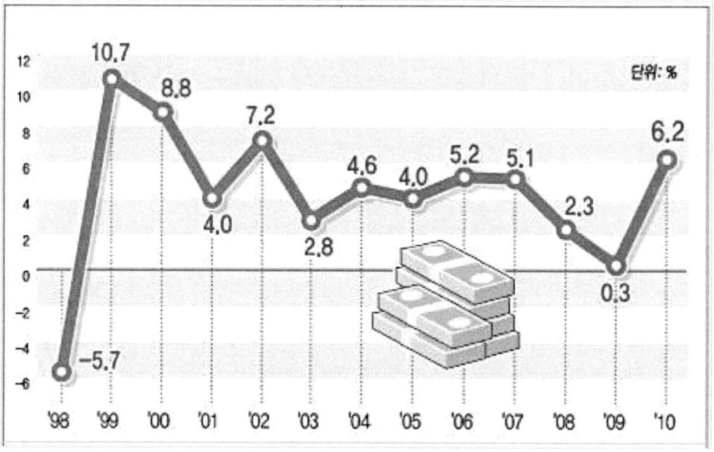


연도별 경제성장률 추이

**풀이** (1) 각 연도의 12 월 31 일을 기준으로 2005 년 우리나라의 GDP를 $Q$ 억 달러라 하면, 2010 년 경제성장률을 고려한 우리나라의 GDP는

$$(1+0.052)(1+0.051)(1+0.023)(1+0.003)(1+0.062)Q$$

억 달러이다. 2006 년부터 2010 년까지 연평균 경제성장률을 $m \times 100\%$ 라고 하면, 2010 년 우리나라의 GDP는 $(1+m)^5 Q$ 억 달러이므로

$$(1+0.052)(1+0.051)(1+0.023)(1+0.003)(1+0.062) = (1+m)^5$$

이고, 이 식으로부터 $m$ 을 구할 수 있다. 여기서 $1+m$ 은

$$1+0.052,\ 1+0.051,\ 1+0.023,\ 1+0.003,\ 1+0.062$$

의 기하평균임을 알 수 있다. 즉,

$$[(1+0.052)(1+0.051)(1+0.023)(1+0.003)(1+0.062)]^{1/5} = 1.03797$$

이므로 $1.03797 - 1 = 0.03797$ 이다. 즉, 연간 평균 3.797%씩 상승한 것이다.

(2) 언론매체가 적용한 산술평균 3.82% 는

$$\frac{0.052+0.051+0.023+0.003+0.062}{5} = \frac{0.191}{5} = 0.0382$$

이다. 언론매체가 적용한 산술평균은 경제성과가 부풀려진 것으로 잘못된 것임을 알 수 있다. 즉, 산술평균은 기하평균보다 항상 크기 때문에 기하평균을 적용해야 할 상황에서 산술평균으로 추정하면 실제보다 과장된 결과를 예측하게 될 오류가 발생한다. 일반적으로, 기하평균은 연평균 인구증가율, 연평균 물가상승률, 연평균 경제성장률, 투자수익률 등을 구하는데 이용된다. ■

**예제 2-15**

$a, b$가 실수일 때, 부등식 $|a|+|b| \geq |a+b|$를 증명하여라.

**풀이** $|a|+|b| \geq 0$, $|a+b| \geq 0$ 이므로 $(|a|+|b|)^2 \geq |a+b|^2$ 을 증명하면 된다.

$$\begin{aligned}(|a|+|b|)^2 - |a+b|^2 &= |a|^2 + 2|a||b| + |b|^2 - (a^2 + 2ab + b^2) \\ &= a^2 + 2|ab| + b^2 - a^2 - 2ab - b^2 \\ &= 2(|ab| - ab) \geq 0\end{aligned}$$

이므로 $(|a|+|b|)^2 \geq |a+b|^2$

$$\therefore\ |a| + |b| \geq |a+b|$$

이때, 등호는 $|ab| = ab$, 즉 $ab \geq 0$ 일 때 성립한다.

■

다음의 코시-슈바르츠의 부등식은 바이어스트라스(K. Weierstrass)의 70세 생일 파티에서 제시된 문제를 슈바르츠가 기발한 방법으로 해결한 풀이에 포함된 것이다.

**예제 2-16**

코시-슈바르츠의 부등식(Cauchy-Schwarz inequallity)

$a, b, x, y$가 실수일 때, 부등식 $(a^2+b^2)(x^2+y^2) \geq (ax+by)^2$ 을 증명하여라.

**풀이** $(a^2+b^2)(x^2+y^2) - (ax+by)^2$

$$\begin{aligned}&= (a^2x^2 + a^2y^2 + b^2x^2 + b^2y^2) - (a^2x^2 + 2axby + b^2y^2) \\ &= (ay)^2 + (bx)^2 - 2(ay)(bx) \\ &= (ay - bx)^2 \geq 0\end{aligned}$$

따라서 $(a^2+b^2)(x^2+y^2) \geq (ax+by)^2$ (단, 등호는 $ay = bx$ 일 때 성립)

■

## 연습문제

**1.** 서울에서 부산까지 운행한 어떤 KTX의 평균속력이 $300\,km/h$ 이었다. 이 KTX의 전체 운행시간 중 처음 $\frac{1}{4}$ 부분에서의 평균속력이 $200\,km/h$ 이라면, 나머지 $\frac{3}{4}$ 부분에서의 평균속력을 구하여라. (단, 단위는 $km/h$)

**2.** 어느 마트에서 팔고 있는 상품 $A$ 의 2012 년 8 월의 판매가격은 7 월의 판매가격에서 20% 할인되었고, 9 월의 판매가격은 8 월의 판매가격에서 다시 5% 할인되었다. 이 때, 상품 $A$ 의 9 월의 판매가격은 7 월의 판매가격에서 몇 % 할인된 가격인지 구하여라.

**3.** 이차방정식 $x^2+2(k+4)x+k^2-10=0$ 이 서로 다른 두 실근을 갖도록 $k$ 의 값을 정할 때, 양이 아닌 정수 $k$ 의 개수를 구하여라.

**4.** 이차방정식 $x^2-3x+k+4=0$ 이 다음 조건을 만족하는 실수 $k$ 의 값의 범위를 구하여라.

(1) 서로 다른 두 실근 (2) 허근

**5.** 이차방정식 $x^2+2(k-3)x-4=0$ 이 중근을 갖도록 하는 실수 $k$ 의 값을 구하여라.

**6.** 이차방정식 $x^2+4x-3=0$ 의 두 근을 $\alpha$, $\beta$ 라고 할 때, 다음 식의 값을 구하여라.

(1) $\alpha^2+\beta^2$ (2) $(\alpha-\beta)^2$ (3) $\frac{1}{\alpha}+\frac{1}{\beta}$

**7.** 이차방정식 $f(x)=0$ 의 두 근 $\alpha, \beta$ 에 대하여 $\alpha+\beta=-3$, $\alpha\beta=-1$ 일 때, 이차방정식$f(2x-1)=0$ 의 두 근의 곱을 구하여라.

**8.** 다음 부등식을 풀어라.

(1) $|x+1|+|x-1| \le 4$　　(2) $|x+1|+|3-x| > 6$

**9.** 부등식 $|3x-1| \le a$ 의 해가 $-2 \le x \le b$ 일 때, 상수 $a, b$ 의 값을 구하여라.

**10.** 다음 이차부등식을 풀어라.

(1) $-2x^2-5x+3 \le 0$　　(2) $-4x^2+4x-1 \ge 0$

(3) $-4x^2+4x-1 > 0$　　(4) $x^2-x+1 > 0$

(5) $x^2+3x-10 < 0$

**11.** 모든 실수 $x$ 에 대하여 부등식 $3x^2-2x+1 \ge kx+\frac{1}{4}$ 이 항상 성립하도록 실수 $k$ 의 값의 범위를 정하여라.

**12.** 2012년 4월 11일는 '제19대 국회의원선거'일 이었다. 유권자가 20,000 명인 어느 지역구의 국회의원 선거에 갑, 을, 병 세 사람이 출마하였다. 중간개표 결과 갑은 6,000 표, 을은 2,000 표, 병은 3,500 표를 얻었다. 최다 득표자가 당선이 될 때, 나머지 개표에서 갑은 앞으로 최소한 몇 표를 더 얻으면 당선이 확정되는가? (단, 기권이나 무효표는 없다.) (도움말: 중간개표수와 남은 표를 생각하여라.)

**13.** 두 회사 $K, S$ 의 월 통화요금은 아래 표와 같이 기본요금과 추가요금의 합으로 계산한다.

| 회사 | 기본요금 | 추가요금 |
|---|---|---|
| $K$ | $a$ | 한 통화 당 $a$ 의 0.1% |
| $S$ | $b$ | 한 통화 당 $b$ 의 0.2% |

두 회사의 월 전화요금이 같게 되는 통화수가 존재할 때, $K$ 회사의 월 통화요금이 $S$ 회사의 월 통화요금보다 적게 되는 통화 수 $x$ 의 범위를 구하여라.(단, 두 회사의 기본요금은 다르다.)

**14.** 어느 농부는 둘레의 길이는 $220m$ 로 일정하고 넓이는 $1000m^2$ 이상인 평지인 직사각형 모양의 밭을 만들려고 한다. 이 때, 만들 수 있는 밭의 가로의 최대 길이를 구하여라.

**15.** 이차부등식 $x^2 - ax + b < 0$ 의 해가 $-3 < x < 1$ 이 되도록 상수 $a, b$ 의 값을 구하여라.

**16.** 이차부등식 $x^2 + ax - b < 0$ 의 해가 $-1 < x < 2$ 일 때, 이차부등식 $ax^2 - x + b < 0$ 의 해를 구하여라.

**17.** 서울과 부산을 왕복하는데 서울에서 부산까지 갈 때에는 시속 $a\,(km)$ 의 속력으로, 부산에서 서울까지 올 때에는 시속 $b\,(km)$ 의 속력으로 다녀왔다. 왕복 평균 속도를 $a, b$ 로 나타내어라.(단위: $km$ /시)

**18.** 신도시로 개발된 어느 지역의 인구가 4년에 걸쳐 다음과 같이 증가하였다.

| 연 도 | 2008년 | 2009년 | 2010년 | 2011년 |
|---|---|---|---|---|
| 전년도 대비 인구 증가율 | 8% | 10% | 12% | 8% |

만약 연평균 인구증가율을 산술평균으로 적용하여

$$\frac{0.08 + 0.1 + 0.12 + 0.08}{4} = \frac{0.38}{4} = 0.095$$

즉, 9.5% 라고 한다면 어떤 오류가 발생할 것인지 구체적으로 설명하여라.

**19.** $a \geq 0, b \geq 0$ 일 때, $\sqrt{a} + \sqrt{b} \geq \sqrt{a+b}$ 임을 증명하여라.

**20.** 다음은 $a>0$ 일 때, $\left(a+\frac{1}{a}\right)\left(2a+\frac{1}{2a}\right)$ 의 최솟값을 구하는 과정이다. 잘못된 부분을 찾아 올바르게 고치시오.

> (산술평균) $\geq$ (기하평균)임을 이용하면
>
> $$a+\frac{1}{a}\geq 2,\ 2a+\frac{1}{2a}\geq 2$$
>
> $$\left(a+\frac{1}{a}\right)\left(2a+\frac{1}{2a}\right)\geq 2\times 2=4$$
>
> 따라서 구하는 최솟값은 4이다.

**21.** 양수 $x, y$ 에 대하여 $(x+y)\left(\frac{2}{x}+\frac{8}{y}\right)$ 의 최솟값을 구하여라.

**22.** 양수 $a, b, c$ 에 대하여 $\frac{a+b+c}{3}\geq\sqrt[3]{abc}$ 임을 증명하여라.

**23.** 문제 22를 이용하여, 양수 $a, b, c$ 에 대하여 $abc=64$ 일 때, $\frac{1}{a}+\frac{1}{b}+\frac{1}{c}$ 의 최솟값을 구하여라.

**24.** 문제 22를 이용하여 $(1+a)(1+b)(1+c)=8$ 인 양수 $a, b, c$ 에 대하여 $abc\leq 1$ 임을 증명하여라.

**25.** $a, b, c, d$ 가 양수일 때, 다음 물음에 답하여라.

(1) $\frac{1}{a}+\frac{1}{b}\geq\frac{4}{a+b}$ 임을 보여라.

(2) 위의 사실을 이용하여, 부등식 $\frac{1}{a}+\frac{1}{b}+\frac{4}{c}+\frac{16}{d}\geq\frac{k}{a+b+c+d}$ 을 만족하는 상수 $k$ 의 최댓값을 구하여라.

**26.** 코시-슈바르츠의 부등식을 이용하여, 실수 $x, y$ 에 대하여 다음을 구하여라.

(1) $x+2y=3$ 일 때, $x^2+y^2$ 의 최솟값을 구하여라.

(2) $x^2+y^2=5$ 일 때, $x+2y$ 의 최댓값을 구하여라.

**27.** 부등식 $(ax+by+cx)^2 \le (a^2+b^2+c^2)(x^2+y^2+z^2)$ 을 이용하여, 다음을 증명하여라.

(1) $(x+2y+3z)^2 \le 6(x^2+2y^2+3z^2)$

(2) $(x+y+z)^2 \le 6\left(x^2+\dfrac{y^2}{2}+\dfrac{z^2}{3}\right)$

# 제 3 장

# 함수



함수는 단지 기호적 수식이 아니고, 그것은 우주의 법칙이며, 모래알들과 가장 먼 거리에 있는 별들의 동작까지 포괄한다. – Morris Klein –

# Chapter 03 함수

함수는 변화의 언어이다. 함수는 우리 주변 현상의 모든 것을 수학적으로 설명하는 법칙이나 규칙을 표현하게 되는 매우 중요한 도구이다. 함수라는 용어가 수학에서 사용된 것은 17세기였으며, 함수의 개념은 독일의 수학자 라이프니츠(Leibniz, 1646~1716)에 의하여 처음으로 확립되었다. 그는 함수를 '변화하는 $x$의 값에 대한 식'이라고 정의하였으며, 이후 디리클레(Dirichlet, 1805~1859)는 함수를 단순한 식이 아닌 점과 점 사이의 대응으로 정의하면서부터 현대적인 함수 개념이 논의되기 시작하였다. 즉 복잡한 자연현상이나 사회현상을 해명하기 위해서 보다 넓게 함수개념을 확장할 필요가 있었던 것이다.

## 3.1 함수

어떤 관계에 의하여 집합 $X$의 원소에 집합 $Y$의 원소를 짝지어 주는 것을 집합 $X$에서 집합 $Y$로의 대응이라고 한다. 두 집합 $X, Y$에 대하여 집합 $X$의 각 원소에 집합 $Y$의 원소가 오직 하나씩 대응할 때, 이 대응 $f$를 $X$에서 $Y$로의 함수라 하고, 기호로

$$f : X \rightarrow Y$$

와 같이 나타낸다.

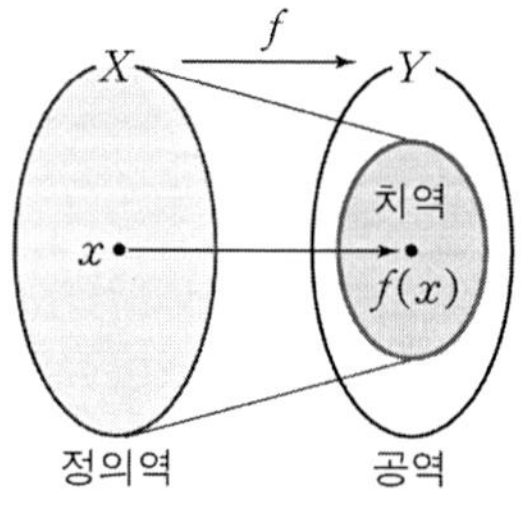


이때, 집합 $X$를 함수 $f$의 정의역(domain), 집합 $Y$를 함수 $f$의 공역(codomain)이라 한다. 그리고 정의역 $X$의 원소 $x$에 대응하는 $Y$의 원소 $f(x)$를 함수 $f$에 의한 $x$의 함숫값이라 하고, 함숫값 전체의 집합

$$\{f(x) \mid x \in X\}$$

를 함수 $f$의 치역(range)이라고 한다.

**예제 3-1**

두 집합 $X=\{-1,0,1\}$, $Y=\{0,1,2\}$에 대하여 $X$에서 $Y$로의 함수가 되는 것을 모두 고르시오.

(1) $f(x)=2x+1$　　(2) $f(x)=-x^2+1$　　(3) $f(x)=\dfrac{1}{x}$

(4) $f(x)=\sqrt{x+2}$　　(5) $f(x)=x^3$

풀이 (1) $f(1)=3\notin Y$

(2) $f(x)=\{0,1\}\subset Y$

(3) $f(0)$이 존재하지 않는다.

(4) $f(0)=\sqrt{2}\notin Y$ (5) $f(-1)=-1\notin Y$

따라서 $X$에서 $Y$로의 함수는 (2) 뿐이다.

■

**예제 3-2**

두 집합 $X=\{1,2,3,4\}$, $Y=\{a,b,c\}$에 대하여 $X$에서 $Y$로의 함수의 개수를 구하여라.

풀이 $X$의 원소 1에 대응하는 $Y$의 원소는 $a, b, c$ 중에서 어느 것이나 관계가 없으므로 3가지이다. $X$의 원소 2에 대응하는 $Y$의 원소는 $a, b, c$ 중에서 1에 대응한 원소도 무방하므로 3가지이다. $X$의 원소 3에 대응하는 $Y$의 원소는 $a, b, c$ 중에서 1 또는 2에 대응한 원소도 무방하므로 3가지이다. 끝으로, $X$의 원소 4에 대응하는 $Y$의 원소는 $a, b, c$ 중에서 1, 2 또는 3에 대응한 원소도 무방하므로 역시 3가지이다. 따라서

$$3\times 3\times 3\times 3=3^4 \text{ (개)}$$

■

함수 $f:X\to Y$에서 정의역 $X$의 원소와 이에 대응하는 함숫값 $f(x)$의 순서쌍 $(x, f(x))$ 전체의 집합 $\{(x, f(x))\mid x\in X\}$를 함수 $y=f(x)$의 그래프라고 한다.

**예제 3-3**

다음 중에서 함수의 그래프인 것을 모두 찾아라.

(1)

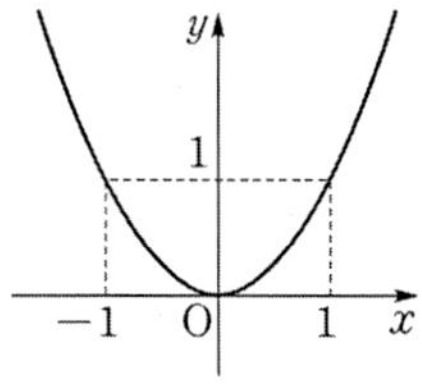


(2)

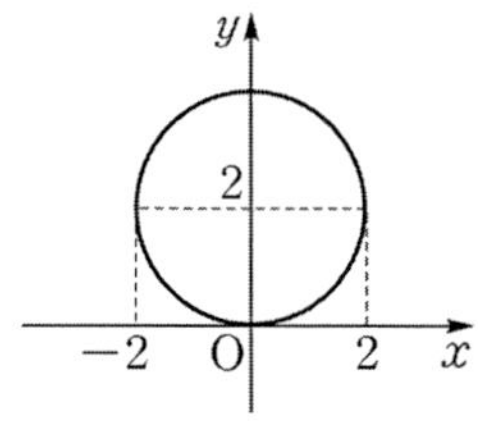


(3)

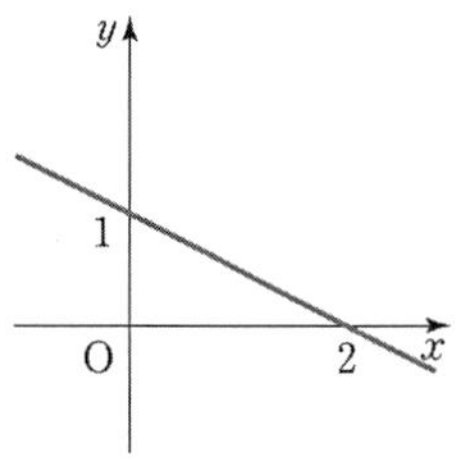


(4)

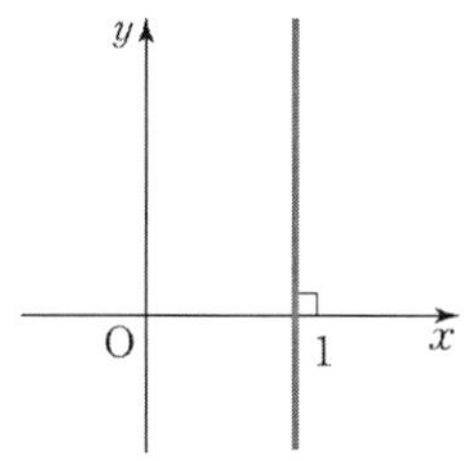


**풀이** 함수의 그래프는 (1)과 (3)이다.

■

**예제 3-4**

다음 함수의 그래프를 그려라.

(1) $y=|x|$ (2) $y=[x]\,(-3<x<3)$ ($[x]$는 $x$를 넘지 않는 최대 정수)

**풀이** (1) $y=|x|=\begin{cases} x, & x \geq 0 \\ -x, & x<0 \end{cases}$ 이므로

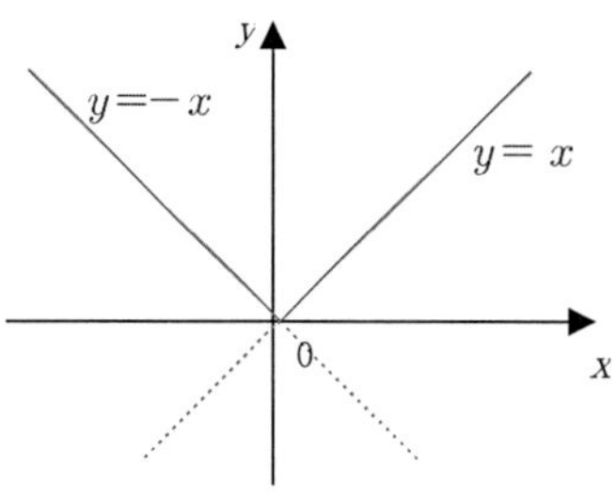


(2) $y=[x]$에서

( i ) $-3<x<-2$ 일 때, $[x]=-3$ 이므로 $y=-3$.

(ii) $-2\leq x<-1$ 일 때, $[x]=-2$ 이므로 $y=-2$.

(iii) $-1\leq x<0$ 일 때, $[x]=-1$ 이므로 $y=-1$.

(iv) $0\leq x<1$ 일 때, $[x]=0$ 이므로 $y=0$.

(v) $1\leq x<2$ 일 때, $[x]=1$ 이므로 $y=1$.

(vi) $2\leq x<3$ 일 때, $[x]=2$ 이므로 $y=2$.

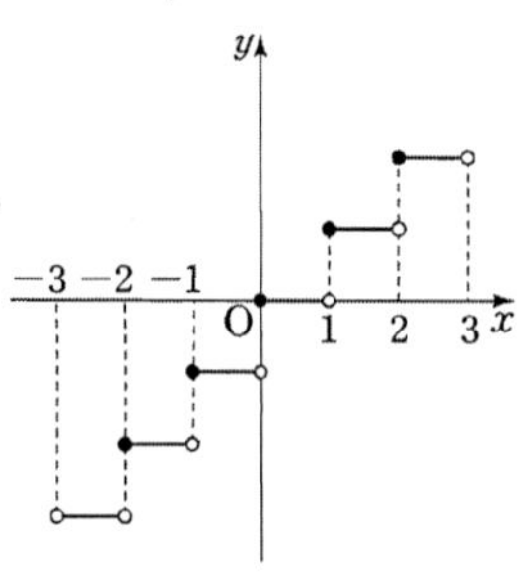


■

참고 $y=[x]$를 가우스 함수(Gauss function), 또는 층함수(floor function)라고 한다.

**예제 3-5**

모든 실수 $x$에 대하여 정의된 함수 $f(x)=[x]+[-x]$의 치역을 구하여라.(단, $[x]$는 $x$를 넘지 않는 최대정수이다.)

풀이 실수 $x$는 적당한 정수 $n$에 대하여 $n \le x < n+1$이다.

(i) $x=n$이면 $f(x)=[x]+[-x]=n+(-n)=0$이다.

(ii) $n<x<n+1$이면 $[x]=n$이고, $-n-1<-x<-n$이므로 $[-x]=-n-1$이다.

따라서 $f(x)=[x]+[-x]=n+(-n-1)=-1$이다.

(i)과 (ii)에 의하여 $f(x)=[x]+[-x]$의 치역은 $\{-1, 0\}$이다.

**예제 3-6**

국세청에서는 근로 소득세 산정의 기준이 되는 2012년 **근로소득금액은** 연간 총급여에서 아래와 같은 근로소득공제액을 뺀 금액이다. 총 급여액이 $x$만 원, 근로소득공제액을 $f(x)$만 원이라고 할 때, 함수 $f(x)$를 구하여라. 단, $x \ge 0$이다.

| 총급여 | 공제액 |
|---|---|
| 500만 원 이하 | 총급여액의 100분의 80 |
| 1,500만 원 이하 | 400만원 + 500만원을 초과하는 금액의 100분의 50 |
| 3,000만 원 이하 | 900만원 + 1,500만원을 초과하는 금액의 100분의 15 |
| 4,500만 원 이하 | 1,125만원 + 3,000만원을 초과하는 금액의 100분의 10 |
| 4,500만 원 초과 | 1,275만원 + 4,500만원을 초과하는 금액의 100분의 5 |

풀이

$$f(x)=\begin{cases} 0.8x & 0 \le x \le 500 \\ 400+0.5(x-500) & 500 \le x \le 1{,}500 \\ 900+0.15(x-1{,}500) & 1{,}500 \le x \le 3{,}000 \\ 1{,}125+0.1(x-3{,}000) & 3{,}000 \le x \le 4{,}500 \\ 1{,}275+0.05(x-45{,}000) & x \ge 4{,}500 \end{cases}$$

함수 $f: X \to Y$ 에서 임의의 $x_1, x_2 \in X$ 에 대하여

$$x_1 \neq x_2 \text{ 이면 } f(x_1) \neq f(x_2)$$

이 성립할 때, 함수 $f$ 를 일대일 함수(one-to-one function)라 한다.

이차함수 $y = x^2$ 은 $x_1 \neq 0$ 일 때, $x_1 \neq -x_1$ 이지만 $f(x_1) = {x_1}^2 = f(-x_1)$ 이므로 일대일함수가 아니다.

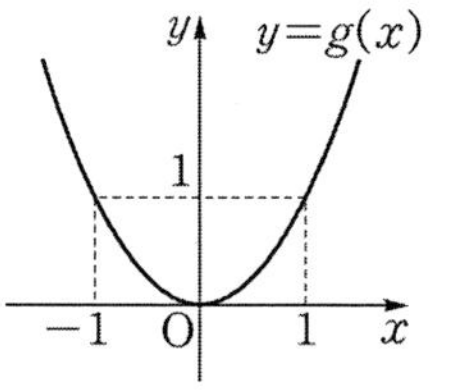


함수 $f: X \to Y$ 에서 두 조건

(1) 임의의 $x_1, x_2 \in X$ 에 대하여 $x_1 \neq x_2$ 이면 $f(x_1) \neq f(x_2)$

(2) 치역과 공역이 같다. 즉, $Y = f(X)$

을 만족하는 함수 $f$ 를 $X$ 에서 $Y$ 로의 일대일 대응(one-to-one correspondence)이라 한다.

**예제 3-7**

실수 전체의 집합에서 정의된 함수 $f(x) = 4x - 3$ 이 일대일 대응임을 확인하여라.

**풀이** 서로 다른 임의의 두 실수 $x_1, x_2$ 에 대하여

$$f(x_1) - f(x_2) = (4x_1 - 3) - (4x_2 - 3) = 4(x_1 - x_2) \neq 0$$

즉, $f(x_1) \neq f(x_2)$ 이므로 일대일함수이다. 또한 $f(x) = 4x - 3$ 의 치역은 모든 실수이므로 치역과 공역이 서로 일치한다. 따라서 함수 $f(x) = 4x - 3$ 은 일대일 대응이다.

■

**예제 3-8**

두 집합 $X = \{x \mid -1 \leq x \leq 3\}$, $Y = \{y \mid -2 \leq y \leq 4\}$ 에 대하여 $X$ 에서 $Y$ 로의 일차함수 $f(x) = ax + b\,(a > 0)$ 가 일대일 대응이 되도록 상수 $a, b$ 의 값을 구하여라.

**풀이** $a > 0$ 이므로 $f(-1) = -2$, $f(3) = 4$ 이다.

$$f(-1) = -a + b = -2,\ f(3) = 3a + b = 4$$

연립하여 풀면 $a = \frac{3}{2}$, $b = -\frac{1}{2}$ 이다.

■

## 3.2 합성함수

두 함수

$$f : X \to Y,\ y = f(x)$$
$$g : Y \to Z,\ z = g(y)$$

에 대하여 집합 $X$의 각 원소 $x$에 집합 $Z$의 원소 $g(f(x))$를 대응시키는 새로운 함수를 $f$와 $g$의 합성함수(composite function)라 하고, 기호로

$$g \circ f$$

와 같이 나타낸다. 이때, 정의역 $X$의 임의의 원소 $x$에 대하여

$$g \circ f : X \to Z,\ (g \circ f)(x) = g(f(x))\ (x \in X)$$

와 같이 정의한다.

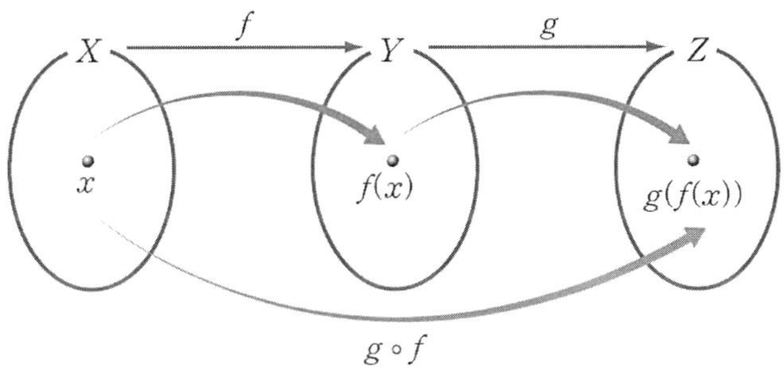


**예제 3-9**

두 함수 $f(x) = 2x - 3$, $g(x) = x^2$에 대하여 합성함수 $f \circ g$와 $g \circ f$를 각각 구하여라.

**풀이** $f(x)$와 $g(x)$의 정의역과 공역은 모두 실수전체의 집합이다.

$$(f \circ g)(x) = f(g(x)) = 2(x^2) - 3 = 2x^2 - 3$$
$$(g \circ f)(x) = g(f(x)) = (2x - 3)^2 = 4x^2 - 12x + 9$$

■

일반적으로 $g \circ f \neq f \circ g$, 즉 함수의 합성에는 교환법칙이 성립하지 않는다.

**예제 3-10**

두 함수 $f(x)=x+2014$, $g(x)=x+2013$ 에 대하여 함수 $h(x)$ 가 $f(h(x))=g(x)$ 를 만족시킬 때, $h(2015)$ 의 값을 구하여라.

**풀이** $f(h(x))=h(x)+2014$ 에서

$$h(x)+2014=x+2013$$

이므로 $h(x)=x-1$ 이다. 따라서 $h(2015)=2014$ 이다.

■

**예제 3-11**

함수 $f(x)=x+1$, $g(x)=-x^2$, $h(x)=2x+3$ 에 대하여 다음 합성함수를 구하여라.

(1) $h\circ(g\circ f)$ (2) $(h\circ g)\circ f$

**풀이** (1) $(g\circ f)(x)=g(f(x))=g(x+1)=-(x+1)^2=-x^2-2x-1$ 이므로

$$\begin{aligned}(h\circ(g\circ f))(x)&=h[(g\circ f)(x)]=h(-x^2-2x-1)\\&=2(-x^2-2x-1)+3\\&=-2x^2-4x+1\end{aligned}$$

(2) $(h\circ g)(x)=h(g(x))=h(-x^2)=2(-x^2)+3=-2x^2+3$ 이므로

$$\begin{aligned}((h\circ g)\circ f)(x)&=(h\circ g)[f(x)]=(h\circ g)(x+1)\\&=-2(x+1)^2+3\\&=-2x^2-4x+1\end{aligned}$$

■

**참고** 일반적으로 세 함수 $f,g,h$ 에 대하여 $f\circ(g\circ h)=(f\circ g)\circ h$ 이다.

**예제 3-12**

어느 백화점의 5,000 원 할인쿠폰을 가지고 있는 주부가 그 백화점에 갔더니 모든 상품 값에 10% 씩을 할인해 주는 세일기간이었다. 이 백화점에서 구입 상품 값을 지불할 때, 10% 의 할인을 받은 후 5,000 원의 쿠폰을 사용하는 경우와 5,000 원의 쿠폰

을 먼저 사용한 후 10% 의 할인을 받는 경우를 고객이 선택할 수 있다면 이 주부는 어떤 방법으로 지불하는 것이 유리한가?

**풀이** 구매 상품 값을 $x$ 원이라 할 때

$$f(x) = x - 5000 \quad (5{,}000\text{ 원 쿠폰을 사용한 금액})$$

$$g(x) = 0.9x \quad (10\%\text{ 할인한 금액})$$

으로 놓으면 지불할 금액은

(1) 먼저, 10% 의 할인을 받은 후에 5,000 원의 쿠폰을 사용하는 경우

$$(f \circ g)(x) = f(g(x)) = f(0.9x) = 0.9x - 5000$$

(2) 먼저, 5,000 원의 쿠폰을 사용한 후에 10% 의 할인을 받는 경우

$$(g \circ f)(x) = g(f(x)) = g(x - 5000) = 0.9(x - 5000) = 0.9x - 4500$$

따라서 먼저 10% 의 할인을 받은 다음에 5,000 원의 쿠폰을 사용하는 경우가 항상 500 원 이익이다.

■

## 3.3 역함수

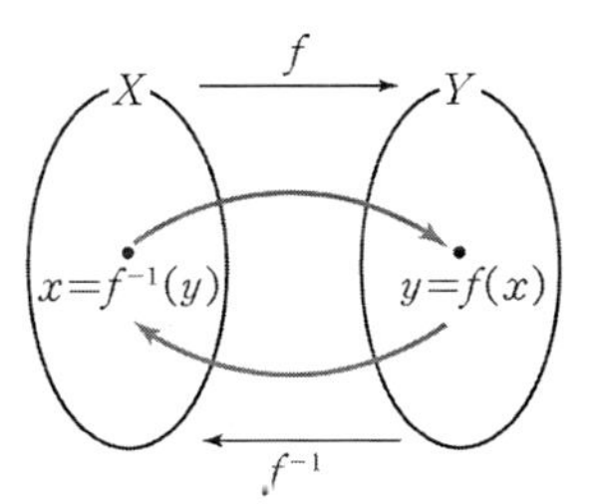


함수 $f: X \to Y$, $y = f(x)$가 일대일 대응일 때, $Y$의 각 원소 $y$에 대하여 $y = f(x)$가 되는 $X$의 원소 $x$가 하나씩 존재한다. 그러므로 $Y$의 각 원소 $y$에 대하여 $x$를 대응시키면 $Y$에서 $X$로의 새로운 함수를 만들 수 있다. 이 새로운 함수를 $f$의 역함수(inverse function)라 하고, 기호로

$$f^{-1}: Y \to X,\ f^{-1}(y) = x$$

와 같이 나타낸다.

함수 $f: X \to Y$와 그 역함수 $f^{-1}: Y \to X$에 대하여

$$y = f(x) \Leftrightarrow x = f^{-1}(y)$$

의 관계가 성립하고, 이로부터 다음이 성립한다.

$$(f^{-1} \circ f)(x) = f^{-1}(f(x)) = f^{-1}(y) = x \ (x \in X)$$

$$(f \circ f^{-1})(y) = f(f^{-1}(y)) = f(x) = y \ (y \in Y)$$

즉, $f^{-1} \circ f$ 와 $f \circ f^{-1}$ 는 각각 집합 $X, Y$ 에서의 항등함수이다.

**예제 3-13**

일차함수 $f(x) = ax + b$ 에 대하여 $f(-1) = 2$ , $f^{-1}(3) = -2$ 가 성립할 때, 상수 $a$, $b$ 의 값을 구하여라.

**풀이** 이고, $f^{-1}(3) = -2$ 는 $f(-2) = 3$ 이므로

$$f(-2) = (-2)a + b = 3$$

연립하여 풀면 $a = -1, b = 1$ 이다.

■

**예제 3-14**

섭씨온도(Celsius temperature scale)[1]는 1 기압에서 물의 어는점을 $0\,°\mathrm{C}$ , 끓는점을 $100\,°\mathrm{C}$ 로 정하고 그 사이를 100 등분한 온도체계이다. 화씨온도(Fahrenheit's temperature scale)는 1 기압에서 물이 어는 온도를 $32\,°\mathrm{F}$ , 끓는 온도를 $212\,°\mathrm{F}$ 로 정하고 그 사이를 180 등분한 온도 체계이다. 두 가지 온도 사이의 관계를 그래프로 나타내면 아래 그림과 같으며, 다음 식을 얻을 수 있다.

$$F = \frac{9}{5}C + 32 \quad \Leftrightarrow \quad C = \frac{5}{9}(F - 32)$$

따라서 섭씨온도와 화씨온도는 역함수 관계이다.

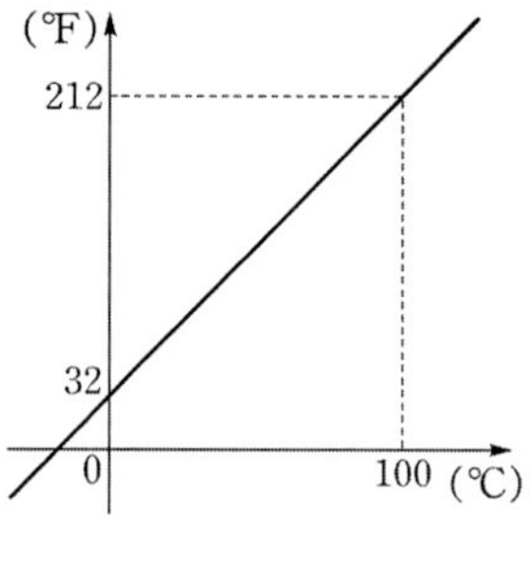


■

1) 1742년 스웨덴의 천문학자이자 물리학자인 셀시우스가 창시한 한란계에서 기원하기 때문에 셀시우스 온도라고도 한다.

참고 절대온도(K)

열역학적 온도라고도 하며, 물질이 가질 수 있는 최저온도를 기준으로 하기 때문에 음수(−) 값이 존재하지 않는다. 절대온도 $K$는 섭씨온도에 273.15를 더하여 구한다.

$$K = C + 273.15$$

화씨온도 및 섭씨온도와 달리 절대온도는 음수(−)가 없고 물질의 성질에 의존하지 않으므로 수식계산이나 천체와 우주의 온도 등과 같은 과학 분야에 널리 쓰이고 있다.

**예제 3-15**

함수 $f(x) = 4x + 1$, $g(x) = 1 - 2x$에 대하여 다음이 성립함을 보여라.

$$(g \circ f)^{-1} = f^{-1} \circ g^{-1}$$

풀이 $(g \circ f)(x) = -8x - 1$이므로 역함수는 $(g \circ f)^{-1}(x) = -\frac{1}{8}x - \frac{1}{8}$이다.

$f^{-1}(x) = \frac{1}{4}x - \frac{1}{4}$, $g^{-1}(x) = -\frac{1}{2}x + \frac{1}{2}$이므로

$$\therefore\ (f^{-1} \circ g^{-1})(x) = f^{-1}(g^{-1}(x)) = -\frac{1}{8}x - \frac{1}{8}$$

따라서 $(g \circ f)^{-1} = f^{-1} \circ g^{-1}$가 성립한다.

**예제 3-16**

두 함수 $f$, $g$가 다음 그림과 같을 때, $(g \circ f)^{-1}(2) + (f \circ g)^{-1}(3)$의 값을 구하여라.

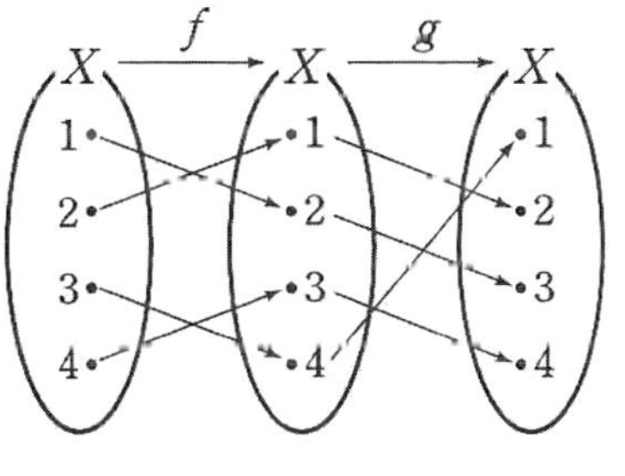


풀이 $(g \circ f)^{-1}(2) = f^{-1}(g^{-1}(2)) = f^{-1}(1) = 2$

$$(f \circ g)^{-1}(3) = g^{-1}(f^{-1}(3)) = g^{-1}(4) = 3$$

$$\therefore \ (g \circ f)^{-1}(2) + (f \circ g)^{-1}(3) = 2 + 3 = 5$$

■

함수 $y = f(x)$ 의 그래프와 그 역함수 $y = f^{-1}(x)$ 의 그래프 사이에는 어떤 관계가 있는지 알아보자.

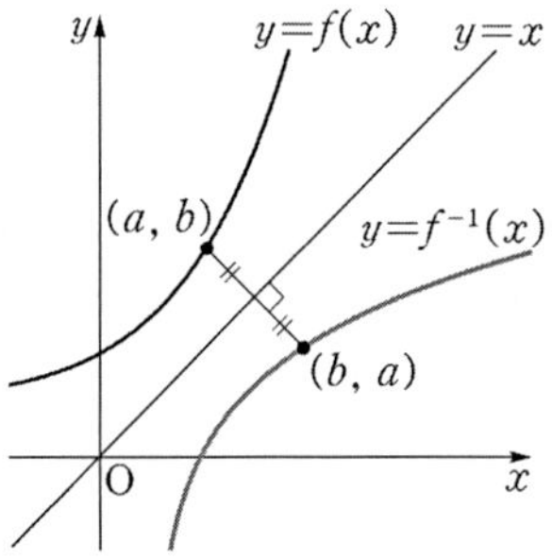


함수 $y = f(x)$ 위의 점 $(a, b)$ 에 대하여

$$b = f(a) \Leftrightarrow a = f^{-1}(b)$$

이므로, 점 $(b, a)$ 는 역함수 $y = f^{-1}(x)$ 의 그래프 위의 점이다. 그런데 점 $(a, b)$ 와 점 $(b, a)$ 는 직선 $y = x$ 에 대하여 대칭이므로, 함수 $y = f(x)$ 의 그래프와 그 역함수 $y = f^{-1}(x)$ 의 그래프는 직선 $y = x$ 에 대하여 대칭임을 알 수 있다.

**예제 3-17**

함수 $y = f(x)$ 의 그래프와 직선 $y = x$ 가 아래의 그림과 같을 때, 다음을 구하여라.

(1) $f(f(a))$ (2) $(f \circ f)^{-1}(d)$

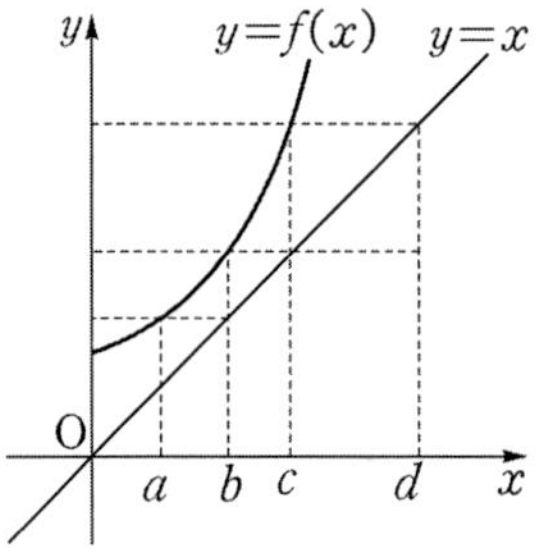


**풀이** (1) $f(f(a)) = f(b) = c$

(2) $(f \circ f)^{-1}(d) = k$ 로 놓으면 $(f \circ f)(k) = d$ 이다.

$f(f(k)) = d$ 이고 $f(c) = d$ 이므로 $f(k) = c$ 이다. 또 $f(b) = c$ 이므로 $k = b$ 이다.

■

참고 시저 암호(Caesar cipher)
줄리어스 시저(Julius Caesar, 100~44 B.C.)는 비밀리에 편지를 보내고자 할 때, 다른 사람들이 알아보지 못하도록 문자를 치환하는 암호를 사용하였다. 시저암호는 대표적인 대치암호로써 알파벳을 일정한 문자 수 만큼 '평행이동' 시킨 암호이다.

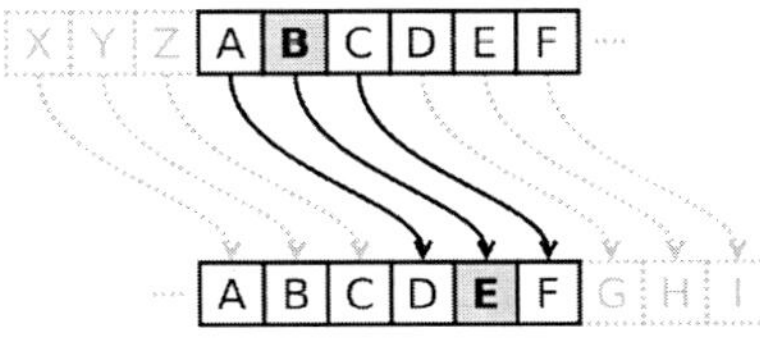

[2]

예를 들어, 시저암호에서 영어 알파벳을 숫자 0 (A)에서 25 (Z)까지 대응시켜 정의역과 공역으로 하여 함수

$$f : \{0, 1, 2, \cdots, 25\} \rightarrow \{0, 1, 2, \cdots, 25\}$$

를 $f(x) = x + 3 \pmod{26}$ 으로 정의하면, 실제 대응관계는 아래와 같다.

| 평문 | A | B | C | D | E | F | G | H | I | J | K | L | M | N | O | P | Q | R | S | T | U | V | W | X | Y | Z |
|---|---|---|---|---|---|---|---|---|---|---|---|---|---|---|---|---|---|---|---|---|---|---|---|---|---|---|
| 암호문 | D | E | F | G | H | I | J | K | L | M | N | O | P | Q | R | S | T | U | V | W | X | Y | Z | A | B | C |

어느 날 시저에게 가족이 보낸 긴급 통신문이 전달되었다. 암호문의 내용은 다음과 같다.

"EH FDUHIXO IRU DVVDVVLQDWRU"

위 암호문을 받은 사람은 반대 방향으로 같은 수만큼 이동하면, 즉 복호화하면 평문을 얻을 수 있다. 함수 $f$ 의 역함수인 $f^{-1}(x) = x - 3 \pmod{26}$ 은 복호화할 때 이용한다. 단, 여기서 (mod 26)은 26 으로 나눈 나머지이다. $a - b$ 가 26 의 배수일 때

$$a \equiv b \pmod{26}$$

이라 쓰고, '$a$ 와 $b$ 는 법(modulo) 26 에 관하여 합동이다'라고 한다. 즉, $30 = 4 \pmod{26}$ 이고 $-1 \equiv 25 \pmod{26}$ 이다.

암호문을 해독하기 위하여 각 알파벳마다 세자씩 당겨 읽어보자. 그러면 다음과 같은 평문이 나온다.

"Be careful for Assassinator"

즉, "암살자를 주의하라"는 내용이다.

2) http://ko.wikipedia.org/wiki/

## 3.4 유리함수

함수 $y=f(x)$에서 $f(x)$가 $x$에 대한 유리식일 때, 이 함수를 유리함수라 한다. 특히, $f(x)$가 $x$에 대한 다항식일 때 이 함수를 다항함수라 하고, $f(x)$가 $x$에 대한 분수식일 때 이 함수를 분수함수라 한다. 따라서 유리함수는 다항함수와 분수함수로 분류된다.

분수함수에서 정의역이 특별히 주어지지 않는 경우에는 분모를 0으로 하지 않는 실수 $x$의 값 전체의 집합을 정의역으로 한다.

상수 $k$의 값에 따라 함수 $y=\frac{k}{x}$ $(k\neq 0)$의 그래프를 그리면 다음 그림과 같은 쌍곡선이 된다.

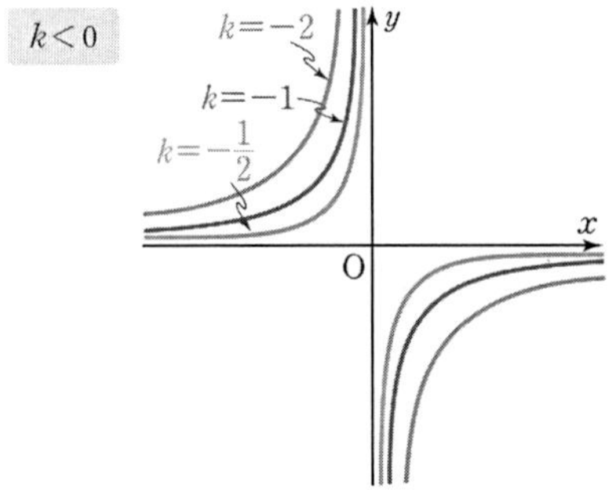


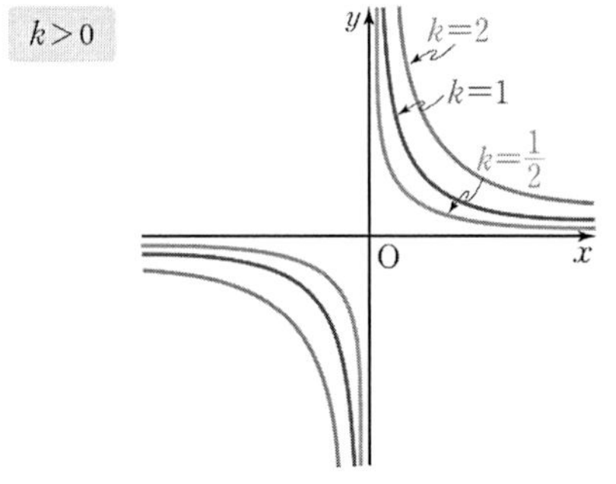


함수 $y=\frac{k}{x}$ $(k\neq 0)$의 정의역과 치역은 0을 제외한 실수 전체의 집합이고, 그래프는 원점과 직선 $y=x$, $y=-x$에 대하여 각각 대칭이다. 또, 그래프 위의 점은 $x$의 절댓값이 커지면 $x$축에 한없이 가까워지고, $x$의 값이 0에 가까워지면 $y$축에 한없이 가까워진다.

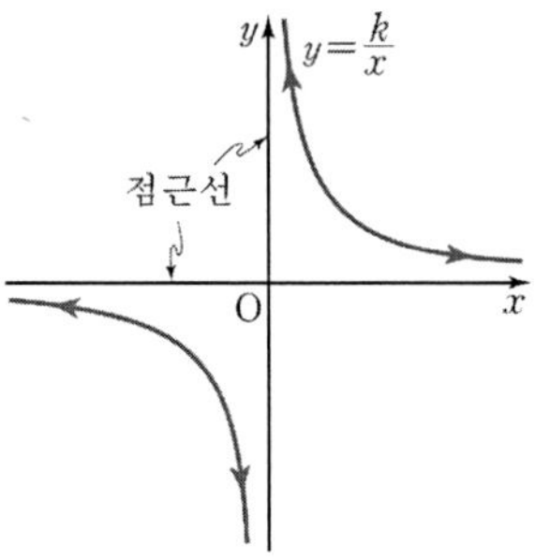


이와 같이 함수의 그래프가 어떤 직선에 한없이 가까워질 때, 이 직선을 함수의 그래프의 점근선(asymptote)이라고 한다. 따라서 분수함수 $y=\frac{k}{x}$ $(k\neq 0)$의 그래프의 점근선은 $x$축과 $y$축이다.

일반적으로, 함수 $y=\frac{k}{x-p}+q$ $(k\neq 0)$의 그래프는 함수 $y=\frac{k}{x}$ $(k\neq 0)$의 그래프

를 $x$축의 방향으로 $p$만큼, $y$축의 방향으로 $q$만큼 평행이동한 것이다. 따라서 함수 $y=\dfrac{k}{x-p}+q\ (k\neq 0)$의 그래프의 점근선은 두 직선 $x=p,\ y=q$이다.

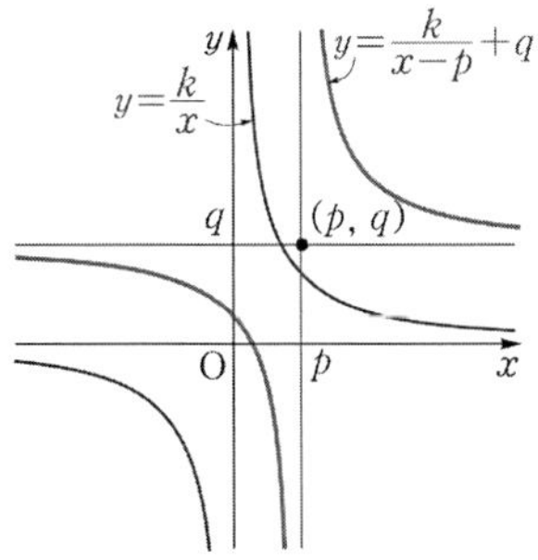


함수 $y=\dfrac{ax+b}{cx+d}\ (c\neq 0,\ ad-bc\neq 0)$의 그래프는 $y=\dfrac{k}{x-p}+q\ (k\neq 0)$의 꼴로 고쳐서 그린다.

**예제 3-18**

분수함수 $y=\dfrac{-x+1}{x-3}$의 그래프를 그리고, 점근선의 방정식을 구하여라.

**풀이** 함수 $y=\dfrac{-x+1}{x-3}$을 변형하면

$$y=\frac{-x+1}{x-3}=\frac{-(x-3)-2}{x-3}=\frac{-2}{x-3}-1$$

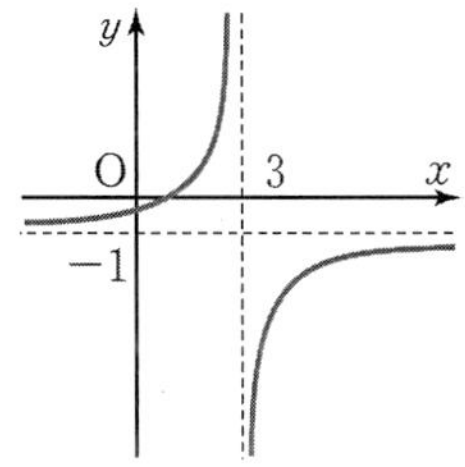


이므로, 함수 $y=\dfrac{-x+1}{x-3}$의 그래프는 $y=-\dfrac{2}{x}$의 그래프를 $x$축의 방향으로 3만큼, $y$축의 방향으로 $-1$만큼 평행이동한 것이다. 이때, 점근선은 두 직선 $x=3,\ y=-1$이다. ■

**예제 3-19**

함수 $y=\dfrac{x+2}{ax+b}$의 그래프가 점 $\left(3,\ \dfrac{5}{2}\right)$를 지나고, $x$축에 평행한 점근선이 $y=\dfrac{1}{3}$일 때, 상수 $a,\ b$의 값을 구하여라.

**풀이** $y=\dfrac{x+2}{ax+b}=\dfrac{1}{a}+\dfrac{2-\dfrac{b}{a}}{ax+b}$이므로 점근선은 $y=\dfrac{1}{a}=\dfrac{1}{3}$에서 $a=3$이다.

또, 점 $\left(3,\ \dfrac{5}{2}\right)$를 $y=\dfrac{x+2}{ax+b}$에 대입하면 $\dfrac{5}{2}=\dfrac{5}{3a+b}$, $3a+b=2$이므로 $b=-7$이다. ■

## 3.5 무리함수

함수 $y=f(x)$ 에서 $f(x)$ 가 $x$ 에 대한 무리식일 때, 이 함수를 무리함수라 한다. 예를 들면, 함수

$$y=\sqrt{x}\,,\ y=\sqrt{3x+2}\,,\ y=\sqrt{-x+1}-2$$

등은 모두 무리함수이다. 무리함수 $y=f(x)$ 에서 정의역이 특별히 주어지지 않는 경우에는 $f(x)$ 가 실수값을 가져야 하므로 근호 안의 식의 값이 0 또는 양이 되게 하는 모든 실수의 집합을 정의역으로 한다.

함수 $y=\sqrt{x}$ 의 그래프에 대하여 알아보자.

함수 $y=\sqrt{x}$ 는 정의역 $\{x\,|\,x\geq 0\}$ 에서 치역 $\{y\,|\,y\geq 0\}$ 으로의 일대일 대응이다. 따라서 이 함수의 역함수가 존재한다. $y=\sqrt{x}\ (x\geq 0)$ 에서 $x$ 를 $y$ 에 대한 식으로 나타내면 $x=y^2\ (y\geq 0)$ 이다. 이 식에서 $x$ 와 $y$ 를 서로 바꾸면 역함수

$$y=x^2\ (x\geq 0)$$

을 얻는다. 따라서 함수 $y=\sqrt{x}\ (x\geq 0)$ 의 그래프는 그림과 같이 그 역함수 $y=x^2\ (x\geq 0)$ 의 그래프와 직선 $y=x$ 에 대하여 대칭이다.

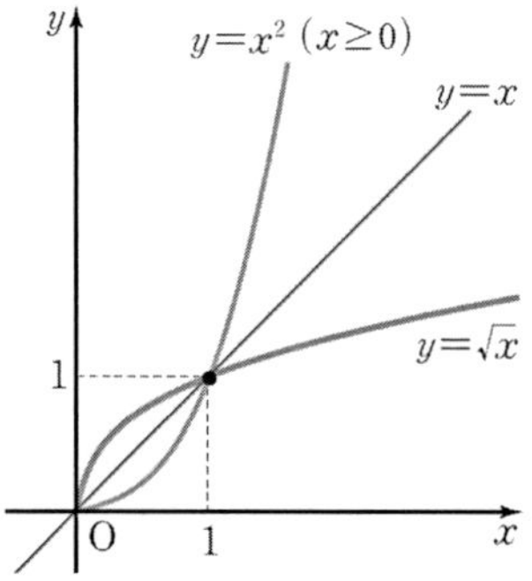


일반적으로, 함수 $y=\sqrt{ax}\ (a\neq 0)$ 의 정의역은 $ax\geq 0$ 이어야 하므로

$$a>0 \text{ 일 때 } \{x\,|\,x\geq 0\},\ a<0 \text{ 일 때 } \{x\,|\,x\leq 0\}$$

이며, 치역은 $\{y\,|\,y\geq 0\}$ 이다. 여기서 $a$ 의 값에 따라 함수 $y=\sqrt{ax}\ (a\neq 0)$ 의 그래프를 그리면 아래 그림과 같다.

$a>0$

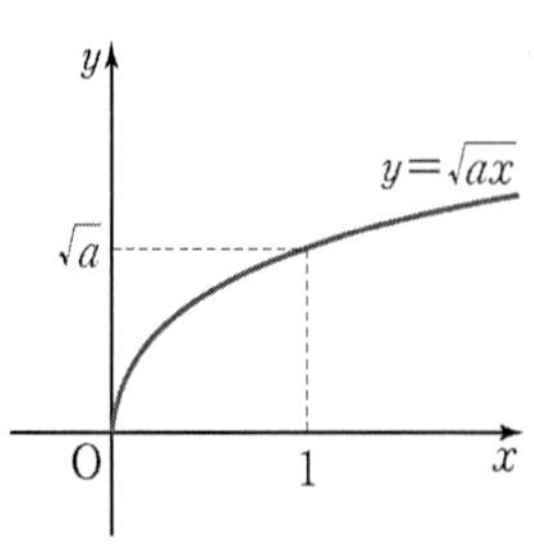


$a<0$

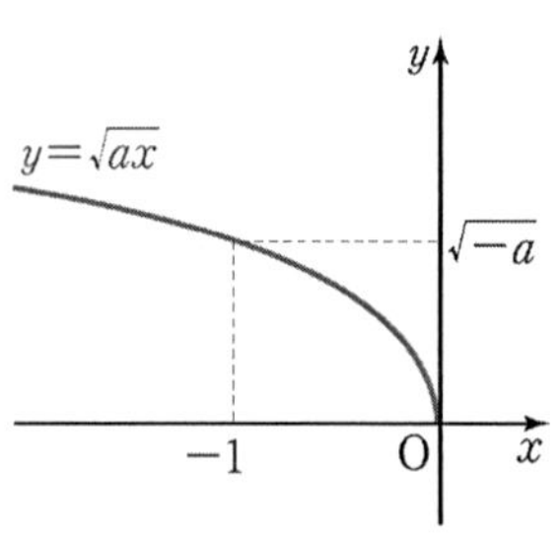

한편, 함수 $y = -\sqrt{ax}\ (a \neq 0)$ 의 그래프는 함수 $y = \sqrt{ax}$ 의 그래프와 $x$ 축에 대하여 대칭인 곡선이다.

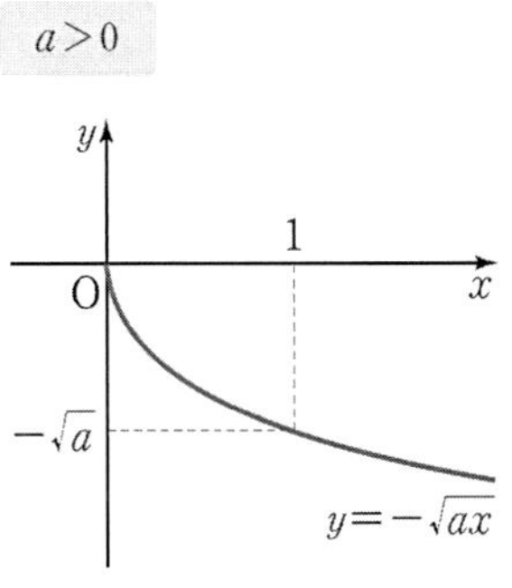


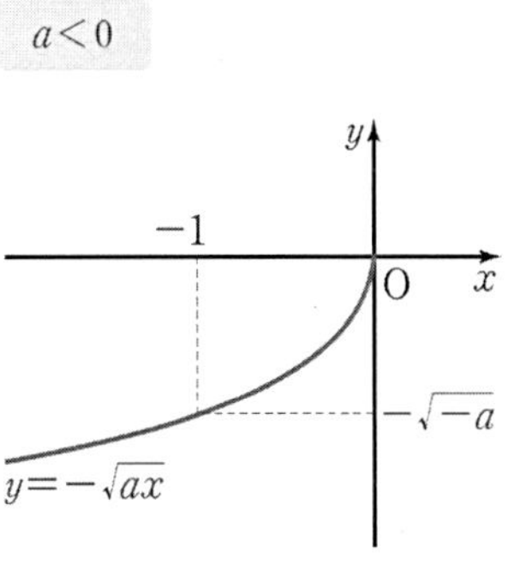


함수 $y = \sqrt{a(x-p)} + q\ (a \neq 0)$ 의 그래프는 $y = \sqrt{ax}$ 의 그래프를 $x$ 축의 방향으로 $p$ 만큼, $y$ 축의 방향으로 $q$ 만큼 평행이동한 것이다. 따라서 $a > 0$ 일 때, 함수 $y = \sqrt{a(x-p)} + q$ 의 정의역은 $\{x \mid x \geq p\}$, 치역은 $\{y \mid y \geq q\}$ 이고 그래프는 아래 그림과 같다.

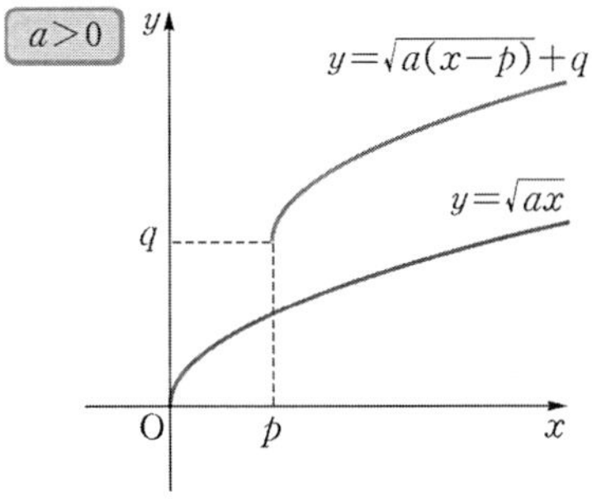


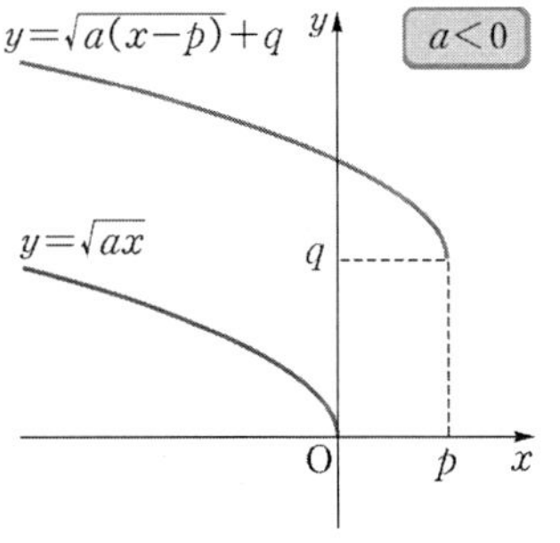


**예제 3-20**

함수 $y = \sqrt{2(x-1)} + 2$ 의 그래프를 그리고 정의역과 치역을 구하여라.

**풀이** 무리함수 $y = \sqrt{2x}$ 의 그래프를 $x$ 축의 방향으로 1 만큼, $y$ 축의 방향으로 2 만큼 평행 이동하면 $y = \sqrt{2(x-1)} + 2$ 이다.
이때 정의역은 $\{x \mid x \geq 1\}$, 치역은 $\{y \mid y \geq 2\}$ 이다.

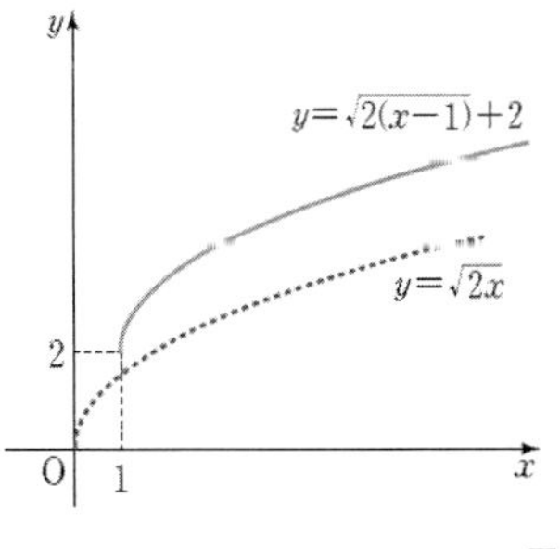


■

**예제 3-21**

함수 $f(x)=\dfrac{2x+1}{x+2}$ 의 역함수를 $g(x)$ 라 할 때, $y=g(x)$ 의 그래프를 $x$ 축의 방향으로 $a$ , $y$ 축의 방향으로 $b$ 만큼 평형팽이동하면 $y=f(x)$ 의 그래프와 일치한다. 상수 $a, b$ 의 값을 구하여라.

**풀이** $f(x)=\dfrac{2x+1}{x+2}$ 에서 $xy+2y=2x+1$ , $x(y-2)=1-2y$ $\therefore\ x=\dfrac{1-2y}{y-2}$

여기서 $x$ 와 $y$ 를 바꾸면 역함수는 $g(x)=\dfrac{1-2x}{x-2}$ 이다.

$$f(x)=\frac{2x+1}{x+2}=\frac{2(x+2)-3}{x+2}=2+\frac{-3}{x+2},$$

$$g(x)=\frac{1-2x}{x-2}=\frac{-3-2(x-2)}{x-2}=-2+\frac{-3}{x-2}$$

이므로 $y=g(x)$ 의 그래프를 $x$ 축의 방향으로 $-4$ , $y$ 축의 방향으로 $4$ 만큼 평행이동시키면 $y=f(x)$ 의 그래프와 겹친다.

■

**예제 3-22**

무리함수 $y=-\sqrt{ax-b}+c$ 의 그래프가 그림과 같을 때, 상수 $a, b, c$ 의 값을 구하여라.

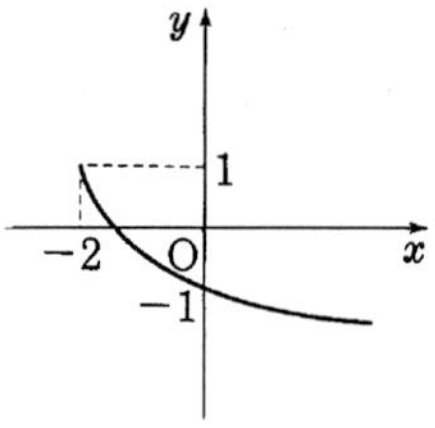


**풀이** 함수 $y=-\sqrt{ax-b}+c$ 는 $y=-\sqrt{ax}\ (a>0)$ 의 그래프를 $x$ 축의 방향으로 $-2$ 만큼, $y$ 축의 방향으로 $1$ 만큼 평행이동한 것이다.

즉, $y=-\sqrt{a(x+2)}+1$ 이고 점 $(0,-1)$ 을 지나므로

$$-1=-\sqrt{2a}+1 \Rightarrow 4=2a \quad \therefore\ a=2$$

그러므로 $y=-\sqrt{2(x+2)}+1$ 로부터 $y=-\sqrt{2x+4}+1$

$$\therefore\ b=-4,\ c=1$$

■

## 연습문제

**1.** 모든 실수 $x$에 대하여 정의된 함수 $f(x)=[x-1]+[1-x]$의 치역을 구하여라. 단, $[x]$는 $x$보다 크지 않은 최대정수이다.

**2.** 집합 $A=\{1, 2, 3, 4, 5\}$에서 집합 $B=\{a_1, a_2, a_3, a_4, a_5\}$로의 일대일 대응 중에서

$$f(1)=a_1,\ f(2)=a_2$$

을 만족하는 함수 $f$의 개수를 구하여라.

**3.** 일대일 함수 $f(x)$가 음이 아닌 정수 $n$에 대하여

$$f(0)=0,\ f(10n+k)=f(n)+k\ (k=0, 1, \cdots, 9)$$

를 만족할 때, $f(2013)$의 값을 구하여라.

**4.** 두 집합 $X=\{-3, 0, 3\}$, $Y=\{-2, -1, 0, 1, 2\}$에 대하여 $f(-x)=-f(x)$를 만족하는 함수 $f: X \to Y$의 개수를 구하여라.

**5.** 모든 실수 $x$에 대하여 $f(-x)=f(x)$를 만족시키는 함수 $f$를 우함수(even function), $f(-x)=-f(x)$를 만족시키는 함수 $f$를 기함수(odd function)라고 한다. 이 때, 임의의 함수 $f$에 대하여 다음 물음에 답하여라.

(1) $g(x)=\dfrac{f(x)+f(-x)}{2}$는 우함수임을 보여라

(2) $h(x)=\dfrac{f(x)-f(-x)}{2}$는 기함수임을 보여라.

(3) 임의의 함수 $f$는 우함수와 기함수의 합으로 나타낼 수 있음을 보여라.

**6.** 임의의 양수 $x, y$ 에 대하여 함수 $f(x)$가 $f(xy)=f(x)+f(y)$를 만족할 때,

$$f\left(\frac{x}{y}\right)=f(x)-f(y)$$

임을 증명하여라.

**7.** 서로 다른 임의의 두 실수 $a, b$ 에 대하여 $f(a)-f(b)=3(a-b)$를 만족하는 함수 $f(x)$가 있다. $f(0)=-1$일 때, $f(1)$의 값을 구하여라.

**8.** 함수 $y=x[x]\ (-2 \le x < 2)$의 그래프를 구하여라. 단, $[x]$는 $x$를 넘지 않는 최대정수이다.

**9.** 함수 $f(x)=2x-1\ (-1 \leqq x \leqq 1)$일 때, 함수 $y=f(|x|)-|f(x)|$의 그래프의 개형을 그려라.

**10.** 임의의 서로 다른 두 실수 $a, b$에 대하여 $f\left(\frac{a+b}{2}\right) > \frac{f(a)+f(b)}{2}$를 만족하는 함수 $y=f(x)$의 특징을 설명하여라.

**11.** 다음의 두 함수 $f, g$ 에 대하여 합성함수 $g \circ f$ 가 실수 전체의 집합 $R$ 에서 $R$ 로의 함수로 정의되는 것을 모두 고르시오.

| |
|---|
| Ⅰ. $f(x)=x+2,\ g(x)=\frac{1}{x}$ |
| Ⅱ. $f(x)=|x|,\ g(x)=x^2$ |
| Ⅲ. $f(x)=\frac{1}{x-1},\ g(x)=\sqrt{x}$ |
| Ⅳ. $f(x)=x^3,\ g(x)=3x$ |

**12.** 두 함수 $f(x)=ax-3$, $g(x)=2x+b$ 에 대하여 $(f\circ g)(x)=4x-5$ 일 때, 상수 $a, b$ 를 구하여라.

**13.** 두 함수 $f(x)=3x+1$, $g(x)=ax-2$ ($a$ 는 상수)에 대하여 $f\circ g=g\circ f$ 가 성립할 때, $g(-1)$ 의 값을 구하여라.

**14.** 집합 $X=\{x\mid 0\le x\le 2\}$ 를 정의역으로 하는 두 함수 $y=f(x)$ 와 $y=g(x)$ 의 그래프가 그림과 같을 때, $y=(g\circ f)(x)$ 의 그래프의 개형을 그려라.

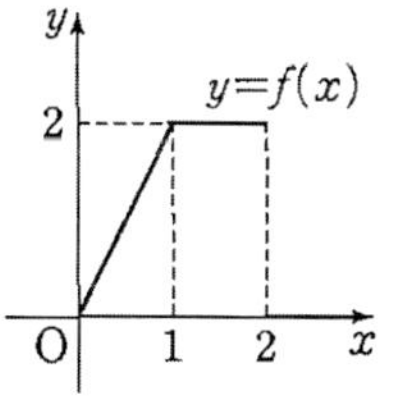


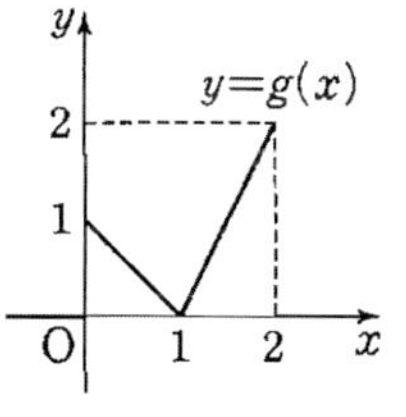


**15.** 실수 전체의 집합에서 정의된 두 함수 $f(x)=|x|$, $g(x)=-2x+1$ 에 대하여 합성함수 $y=(g\circ f)(x)$ 의 그래프를 그려라.

**16.** 함수 $y=f(x)\ (0\le x\le 3)$ 의 그래프가 다음 그림과 같을 때, 함수 $y=(f\circ f)(x)\ (0\le x\le 3)$ 의 그래프를 그려라.

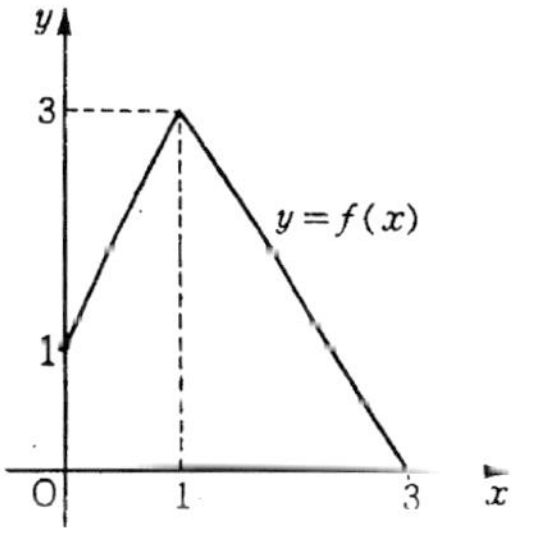


**17.** $0<x<1$ 에서 함수 $y=f(x)$ 의 그래프가 다음 그림과 같고, 모든 실수 $x$ 에 대하여 함수 $f(x)$ 가 $f(x)=f(-x)$, $f(x)=f(x+2)$ 를 만족한다. $-3\le x\le 3$ 의 범위에서 함수$y=f(x-1)$ 의 그래프를 그려라.

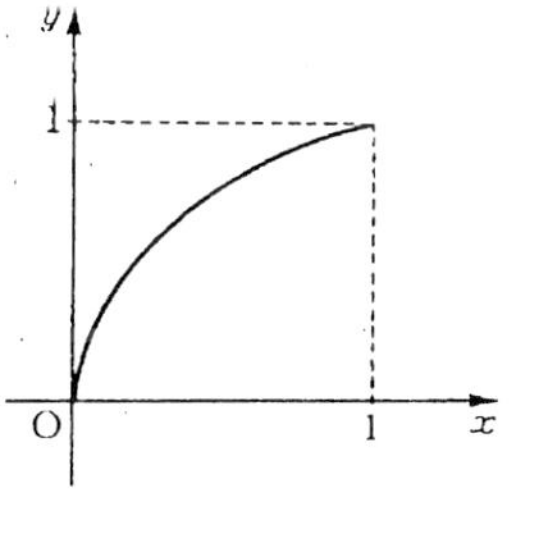

**18.** 집합 $X=\{1,2,3\}$ 에 대하여 $X$ 에서 $X$ 로의 두 함수 $f$, $g$ 를 다음과 같이 정의하자.

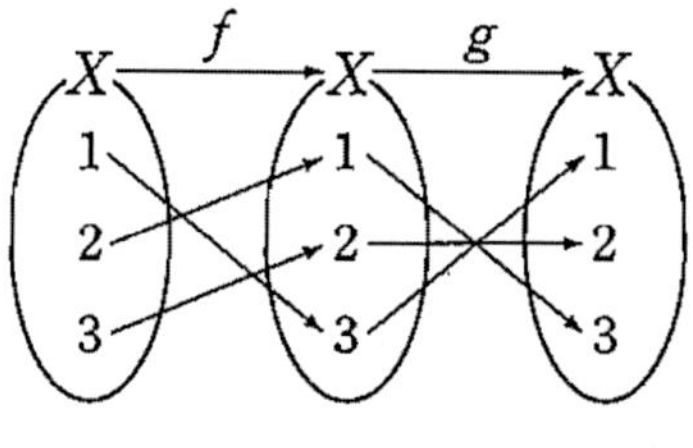


이때 $(g^{-1} \circ f^{-1})(2)+(f^{-1} \circ g)(3)$ 의 값을 구하여라.

**19.** 함수 $f(x)=\begin{cases} x & (x \geq 0) \\ -x^2 & (x<0) \end{cases}$ 에 대하여 $g=f \circ f$ 로 정의할 때, $g^{-1}(2)+g^{-1}(-4)$ 의 값을 구하여라.

**20.** 더운 여름철에는 불쾌지수(discomfort index)라는 말을 종종 듣게 된다. 불쾌지수 $D$ 는 건습구 습도계에서 건구온도(통상적인 온도) $d°F$ 와 습구온도 $w°F$ 를 다음과 같은 공식으로 계산한 화씨온도이다.

$$D=15+0.4(d+w)$$

건구온도가 $a°C$ 이고 습구온도가 $b°C$ 일 때, 불쾌지수 $D$ 를 섭씨온도로 나타내면 다음과 같다.

$$D=p+q(a+b)$$

이때, $p$ 와 $q$ 의 값을 구하여라.

**21.** 함수 $f(x)$ 에 대하여 $f^{-1}(2)=5$ 이고, 함수 $g(x)=f(3x-1)$ 에 대하여 $g^{-1}(2)$ 의 값을 구하여라.

**22.** 함수 $y=f(x)$ 와 $y=x$ 의 그래프가 다음 그림과 같다. $g(x)$ 를 $f(x)$ 의 역함수라 할 때, $(g \circ g)(c)$ 의 값을 그림에서 찾으시오.

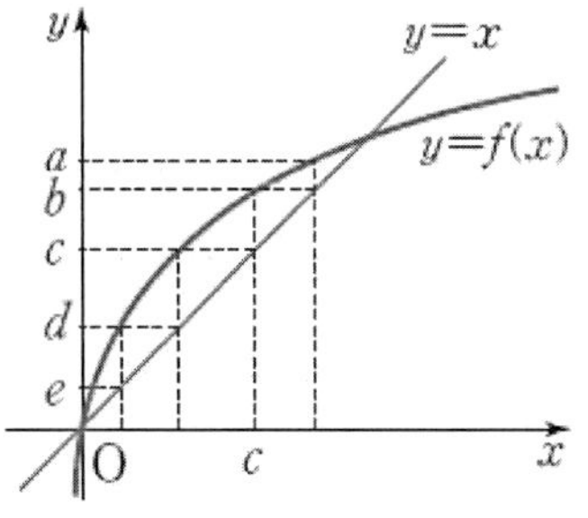


**23.** 역함수를 갖는 두 함수 $y=f(x)$ (단, $x \geq 2$)와 $y=g(x)$ 의 그래프가 오른쪽 그림과 같을 때, $(g \circ f^{-1})(4)+(g^{-1} \circ f)(3)$ 의 값을 구하여라.

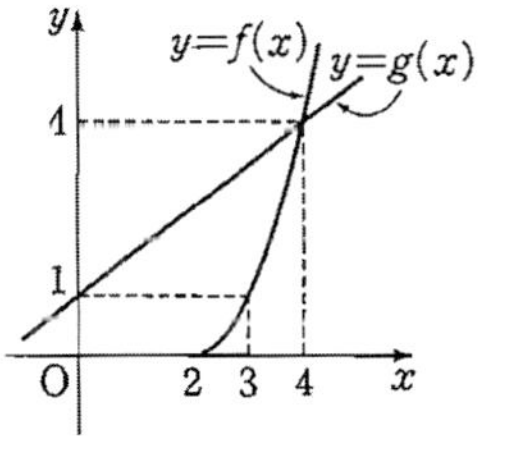


**24.** 분수함수 $y=\dfrac{2x+5}{x+2}$ 의 그래프를 그리고, 점근선의 방정식을 구하여라.

**25.** 분수함수 $y=\dfrac{x-1}{x-2}$ 의 그래프가 직선 $y=-x+k$ 에 대하여 대칭일 때 상수 $k$ 의 값을 구하여라.

**26.** 함수 $y=\dfrac{2b}{x+a}-c$ 의 그래프가 아래 그림과 같을 때, 상수 $a, b, c$ 의 값을 구하여라.

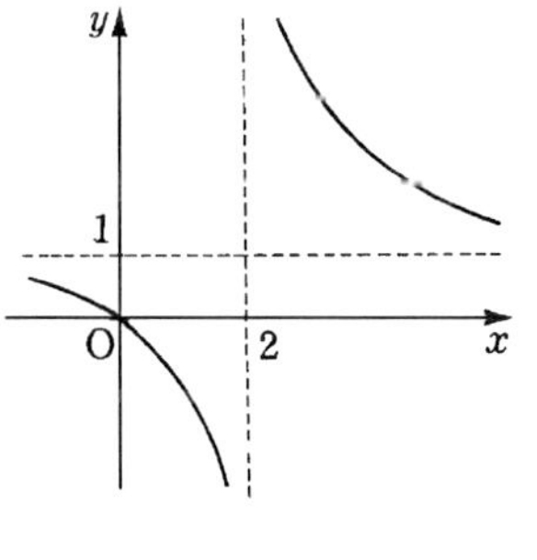

**27.** 함수 $y=\dfrac{ax-b}{x-3}$ 의 그래프와 그 역함수의 그래프가 모두 점 $(2,-3)$을 지날 때, 상수 $a, b$ 의 값을 구하여라.

**28.** 함수 $f(x)=\dfrac{x+6}{x+2}$ 의 역함수를 $g(x)$라 할 때, 곡선 $y=g(x)$를 $x$축 방향으로 $a$만큼, $y$축의 방향으로 $b$만큼 평행이동하면 곡선 $y=f(x)$와 일치한다고 한다. 상수 $a, b$ 의 값을 구하여라.

**29.** 다음 함수의 그래프를 그리고, 정의역과 치역을 구하여라.

(1) $y=-2\sqrt{x-1}+2$　　　(2) $y=\sqrt{4-2x}+2$

**30.** $y=\sqrt{ax+b}+c$ 의 그래프가 한 점 $(1,0)$을 지나며 정의역이 $\{x|x\le 2\}$ 이고, 치역이 $\{y|y\ge -2\}$ 이다. 이때, 상수 $a, b, c$ 를 구하여라.

**31.** 함수 $y=\sqrt{x}$ 의 그래프 위의 두 점 $P(a, b)$, $Q(c, d)$에 대하여 $\dfrac{b+d}{3}=1$ 일 때, 직선 PQ 의 기울기를 구하여라. (단, $0<a<c$)

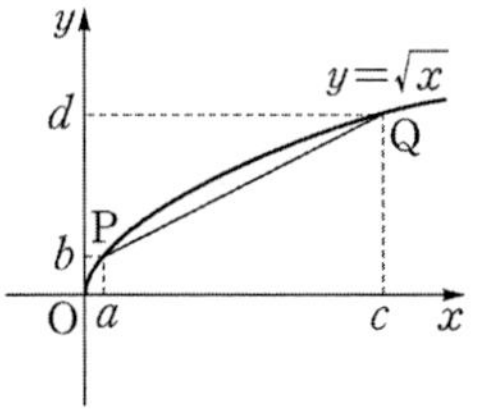


**32.** 아래 그림에서 $f(x), g(x), h(x)$는 $y=\sqrt{ax}$ 꼴의 함수이다. $f[g(h(1))]$ 의 값을 구하여라.

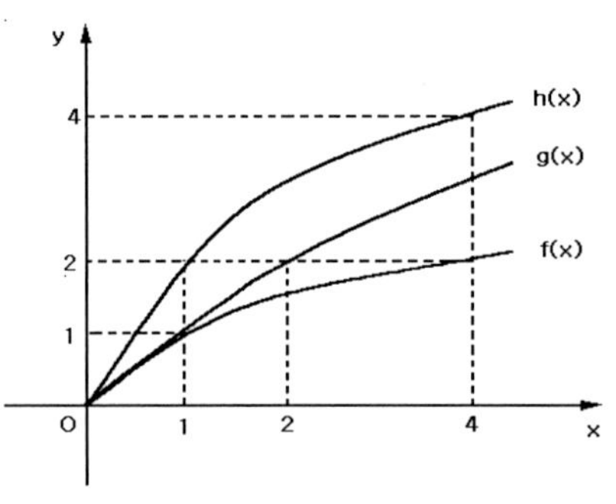

**33.** 함수 $y=\sqrt{-3x+6}-2$ 의 그래프는 $y=\sqrt{-3x}$ 의 그래프를 $x$ 축의 방향으로 $m$ 만큼, $y$ 축의 방향으로 $n$ 만큼 평행이동한 그래프이다. 이 때, $m+n$ 의 값을 구하여라.

**34.** 함수 $y=a\sqrt{x-b}-c$ 의 그래프가 그림과 같을 때, 상수 $a, b, c$ 의 값을 구하여라.

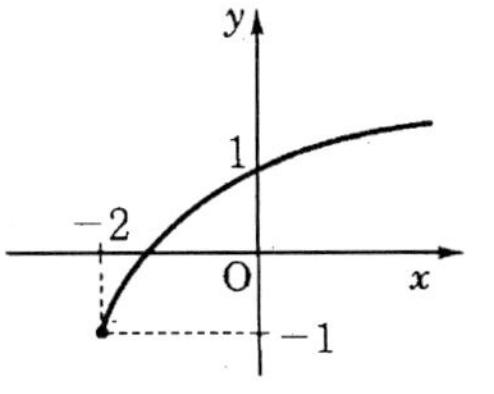


**35.** 함수 $y=\sqrt{x+1}$ 의 그래프를 $x$ 축의 방향으로 4 만큼, $y$ 축의 방향으로 $-1$ 만큼 평행 이동한 다음 직선 $x=2$ 에 대하여 대칭 이동하였더니 함수

$$y=\sqrt{ax+b}+c$$

의 그래프와 일치하였다. 이때, 상수 $a, b, c$ 의 값을 구하여라.

**36.** 함수 $f(x)=\sqrt{x-2}+4$ 와 $g(x)=\sqrt{2x+1}$ 의 역함수를 각각 $f^{-1}(x), g^{-1}(x)$ 라 할 때, $(f^{-1}\circ g)^{-1}(3)$ 의 값을 구하여라.

MEMO

# 제 4 장

# 삼각함수



삼각법은 끊임없이 파동을 일으키는 크기에 대한 과학을 포함한다.

– A. de Morgan –

# Chapter 04 삼각함수

삼각법은 영어로 'trigonometry'라고 하는데 이것은 삼각형을 뜻하는 'trigon'과 측정을 뜻하는 'metro'라는 두 단어의 합성어이다. 기원전 150년 무렵 히파르코스와 같은 바빌론 천문학자들 사이에서 전승해오는 기록을 정리하여 프톨레마이오스는 그의 저서 '알마게스트'에서 0.5도 간격으로 원의 중심각에 대한 현의 길이를 표로 만들었다. 이는 오늘날 사인표에 해당한다.

삼각비를 이용하여 삼각형의 변의 길이, 각의 크기 등을 계산하는 삼각법은 천문학, 점성술, 토지 측량과 같은 실생활에 널리 사용되고 있다.

## 4.1 각의 표현

각의 크기를 표현하는 방법으로 60분법과 호도법이 있다.

### (1) 60분법

측량술이나 항해술에서 가장 널리 쓰이는 각의 크기를 나타내는 방법으로 60분법이 있다. 원주를 360등분할 때 한 호에 대한 중심각을 1도(degree)라 하고, 기호로 $1°$로 표시한다. 이것을 기본단위로 사용하는 방법을 60분법이라고 한다.

지구가 태양을 중심으로 한 바퀴씩 반시계 방향으로 움직이는 운동이 지구의 공전이다. 지구가 태양의 주위를 1회전하는 소요시간을 공전주기라고 하며, 지구의 공전주기는 약 365.256일로 우리가 말하는 1년이다. 그러므로 지구의 공전궤도가 원이라고 가정하면 지구가 하루 동안 태양의 둘레를 회전하는 각의 크기는 약 $1°$이다.

**예제 4-1**

태양을 기준으로 달이 지구 둘레를 반시계 방향으로 일주하는 데 약 29.5 일 걸린다. 만약 달의 공전주기가 30 일이고 공전궤도가 원이라고 가정할 때, 달이 하루 동안 지구의 둘레를 회전한 각의 크기를 구하여라.

**풀이** 원의 중심각이 $360°$이므로 $\frac{360°}{30} = 15°$이다. 따라서 달은 하루에 지구의 둘레를 반시계 방향으로 $15°$씩 회전한다.

■

## (2) 호도법

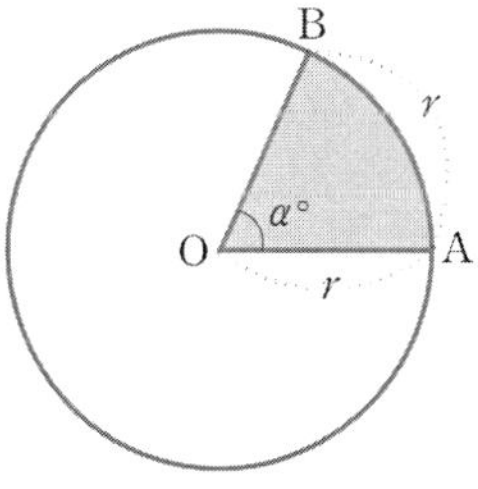


그림과 같이 반경이 $r$인 원에서 호의 길이가 $r$인 부채꼴 $OAB$의 중심각의 크기를 $\alpha°$ 라고 하면, 호의 길이는 중심각의 크기에 비례하므로 다음이 성립한다.

$$2\pi r : r = 360° : \alpha° \quad \therefore \ \alpha° = \frac{180°}{\pi}$$

따라서 반지름의 길이와 호의 길이가 같을 때, 이 호에 대한 중심각의 크기는 $\frac{180°}{\pi}$로 반지름의 길이에 관계없이 항상 일정하다. 이 일정한 각의 크기 $\frac{180°}{\pi}$를 1 라디안(radian)이라 하고, 기호로 $1\ rad$으로 표시한다. 이와 같이, 라디안을 단위로 하여 각의 크기를 나타내는 방법을 호도법이라고 한다.

**참고** 호도법은 기존에 사용하던 60 분법의 각의 개념을 길이의 개념으로 바꾸는 것이다. 그리고 호도법의 단위인 라디안(radian)은 radial angle의 합성어로 반지름을 기준으로 하는 각의 단위이다.

반지름 $r$인 원의 둘레는 $2\pi r$이다. 이것은 반지름의 $2\pi$배이므로 원의 중심각은 $2\pi\ rad$이다. 그러므로 원의 중심각은 60 분법으로 $360°$이므로

$$2\pi\ rad = 360°, \ \pi\ rad = 180°$$

이다. 따라서

$$1\ rad = \frac{180^\circ}{\pi} \approx 57.29577951^\circ$$

$$1^\circ = \frac{\pi}{180^\circ} \approx 0.01745\ rad$$

**예제 4-2**

다음 60분법으로 표시된 각을 호도법으로 나타내어라.

(1) $162^\circ$ (2) $324^\circ$

풀이 (1) $162^\circ = 162^\circ \times \frac{\pi}{180^\circ} = \frac{9\pi}{10}$

(2) $324^\circ = 324^\circ \times \frac{\pi}{180^\circ} = \frac{9\pi}{5}$

■

**예제 4-3**

다음 호도법으로 표시된 각을 60분법으로 표현하여라.

(1) $\frac{5\pi}{12}$ (2) $\frac{8\pi}{5}$

풀이 (1) $\frac{5\pi}{12}\ rad = \frac{5\pi}{12} \times \frac{180^\circ}{\pi} = 75^\circ$

(2) $\frac{8\pi}{5}\ rad = \frac{8\pi}{5} \times \frac{180^\circ}{\pi} = 288^\circ$

■

다음은 부채꼴에서 중심각, 호의 길이, 그리고 넓이 사이의 관계를 설명한다. 반경이 $r$인 원에서 길이가 $l$인 호에 대한 중심각의 크기를 $\theta$라 하면 호의 길이는 중심각의 크기에 비례하므로

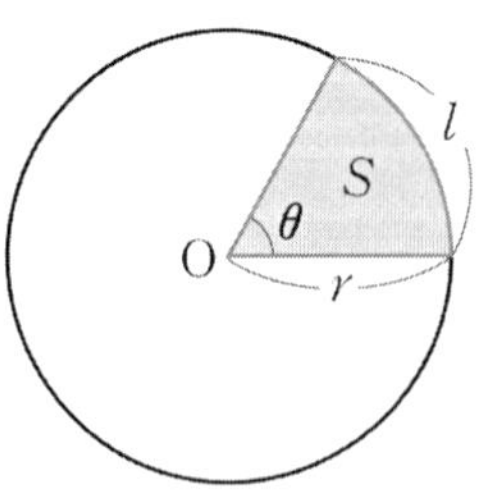


$$2\pi r : l = 2\pi : \theta \qquad \therefore\ l = r\theta$$

부채꼴의 넓이 $S$ 도 중심각의 크기에 비례하므로

$$\pi r^2 : S = 2\pi : \theta \quad \therefore \; S = \frac{1}{2}r^2\theta = \frac{1}{2}rl$$

**부채꼴의 호의 길이와 넓이**

반지름이 $r$ 인 원에서 중심각이 $\theta$ 인 부채꼴의 호의 길이를 $l$, 넓이를 $S$ 라 하면

$$l = r\theta\,,\; S = \frac{1}{2}r^2\theta = \frac{1}{2}rl$$

**예제 4-4**

반지름이 $8\,cm$, 호의 길이가 $12\,cm$ 인 부채꼴에서 그 중심각 $\theta$ 와 넓이 $S$ 를 구하여라.

**풀이** $l = r\theta$ 이므로

$$\theta = \frac{l}{r} = \frac{12}{8} = \frac{3}{2}\,,\; S = \frac{1}{2}rl = \frac{1}{2}\cdot 8\cdot 12 = 48\,(cm^2)$$

■

## 4.2 삼각함수

중심이 원점 $O$ 이고 반지름이 $r$ 인 원에서 임의의 점 $P(x, y)$ 가 점 $(r, 0)$ 에서 출발하여 원주를 움직일 때, 동점 $P$ 의 위치는 동경 $OP$ 가 회전한 각 $\theta$ 에 의하여 결정된다.

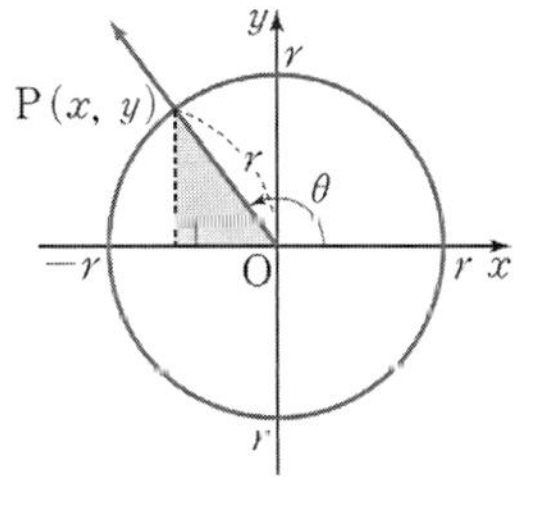


그리고 $\frac{y}{r}, \frac{x}{r}, \frac{y}{x}\,(x \neq 0)$ 의 값은 $r$ 에 관계없이 $\theta$ 에 따라 각각 하나로 정해진다. 곧,

$$\theta \to \frac{y}{r},\; \theta \to \frac{x}{r},\; \theta \to \frac{y}{x}$$

와 같은 대응은 각각 함수이다. 이와 같은 함수를 각각 $\theta$ 의 사인함수(sine), 코사인함수(cosine), 탄젠트함수(tangent)라고 하며, 이것을 기호로 각각

$$\sin\theta = \frac{y}{r},\; \cos\theta = \frac{x}{r},\; \tan\theta = \frac{y}{x}\;(x \neq 0)$$

와 같이 나타낸다. 그리고 $\sin\theta$, $\cos\theta$, $\tan\theta$ 의 역수를 각각 코시컨트(cosecant), 시컨트(secant), 코탄젠트(cotangent)라 하고, 기호로 각각 $\mathrm{cosec}\,\theta$, $\sec\theta$, $\cot\theta$ 로 나타낸다. 즉,

$$\mathrm{cosec}\,\theta = \frac{1}{\sin\theta},\ \sec\theta = \frac{1}{\cos\theta},\ \cot\theta = \frac{1}{\tan\theta}$$

이 함수들을 통틀어 삼각함수(trigonometric functions)라고 한다.

참고 위 정의에서 $x=0$ 일 때, $\tan\theta$ 와 $\sec\theta$ 는 정의되지 않고 $y=0$ 일 때, $\cot\theta$ 와 $\mathrm{cosec}\,\theta$ 가 정의되지 않는다.

위 정의로부터, 각각의 사분면에서 삼각함수의 부호는 다음 표와 같다.

| 함수 \ 사분면 | 제1사분면 | 제2사분면 | 제3사분면 | 제4사분면 |
|---|---|---|---|---|
| $x$, $y$ 의 부호 | $x>0, y>0$ | $x<0, y>0$ | $x<0, y<0$ | $x>0, y<0$ |
| $\sin\theta = \frac{y}{r}$ | + | + | − | − |
| $\cos\theta = \frac{x}{r}$ | + | − | − | + |
| $\tan\theta = \frac{y}{x}$ | + | − | + | − |

**예제 4-5**

원점 $O$와 점 $P(-3, 4)$에 대하여 동경 $OP$가 나타내는 각을 $\theta$라 할 때, 모든 삼각함수의 값을 구하여라.

풀이 $r = OP = \sqrt{(-4)^2 + 3^2} = 5$ 이므로

$$\sin\theta = \frac{y}{r} = \frac{4}{5},\ \cos\theta = \frac{x}{r} = -\frac{3}{5},\ \tan\theta = \frac{y}{x} = -\frac{4}{3},$$

$$\mathrm{cosec}\,\theta = \frac{1}{\sin\theta} = \frac{5}{4},\ \sec\theta = \frac{1}{\cos\theta} = -\frac{5}{3},$$

$$\cot\theta = \frac{1}{\tan\theta} = -\frac{3}{4}$$

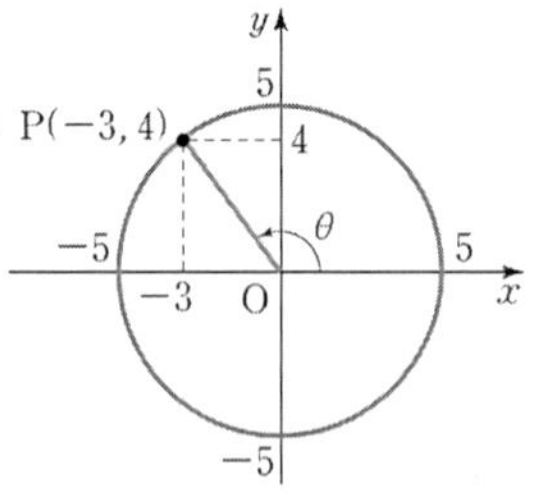

삼각함수를 이용하면 산의 높이를 측정할 수 있다. 즉, 평지의 어떤 지점에서 관측자가 산의 정상을 올려다본 각을 재고, 그 지점에서 일정한 거리만큼 전후로 이동한 장소에서 다시 산꼭대기를 올려다본 각을 측정하면 산의 높이를 알 수 있다.

**예제 4-6**

다음 그림에서 산의 높이 $h$를 구하여라.

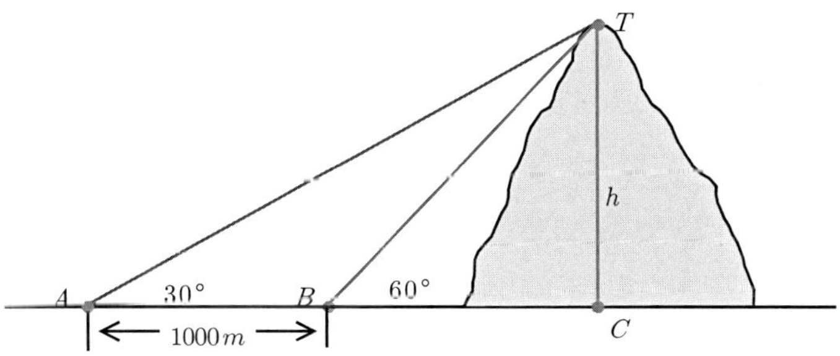


**풀이** 선분 $BC$의 길이를 $x$라고 하면 $\triangle ATC$에서 $\dfrac{h}{1000+x} = \tan 30°$ 이므로

$$h = \frac{1000+x}{\sqrt{3}} \quad \text{--------} \quad ①$$

을 얻는다. 그리고 $\triangle BTC$에서 $\dfrac{h}{x} = \tan 60°$ 이므로

$$h = \sqrt{3}\,x \quad \text{--------} \quad ②$$

이다. ①과 ②로부터, $\dfrac{1000+x}{\sqrt{3}} = \sqrt{3}\,x$ 이므로 $x = 500\,(m)$ 이다. 따라서 ②에서

$$h = 500\sqrt{3}\,(m)$$

이다.

자동차 도로의 기울어진 정도를 나타내는 도로의 경사도는 삼각비인 탄젠트(tan)를 이용한다. 도로의 경사각이 $\theta$일 때, 도로의 경사도는

$$(\text{도로의 경사도}) = \tan\theta \times 100\,(\%)$$

와 같이 계산한다. 즉, (수직이동거리/수평이동거리) $\times 100$ 이다. 오른쪽의 교통표지판은 오르막경사 표지판이다. 오르막 도로에서 경사도가 10% 라는 뜻은 수평으로 $10m$ 를 이동할 때 수직으로 $1m$ 를 올라간다는 의미이다. 일반도로의 최대 경사도는 12% (6.84 도), 일반 등산로는 보통 경사도가 18% (10 도) 내외이다.

오르막경사

오른쪽 그림에서 각 $\theta$ 가 일정하면 삼각함수의 값은 불변이다. 그러므로 선분 $OP$ 의 길이 $r$ 을 1 로 선택하면 $\theta$ 에 대한 삼각함수는 $P$ 의 좌표 $x$ 와 $y$ 에 의하여 간단하게 계산할 수 있다. 즉,

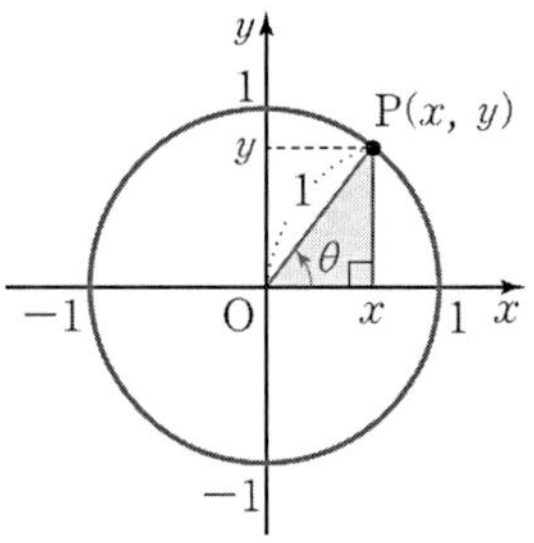


(1) $\sin\theta = y$ (2) $\cos\theta = x$

(3) $\tan\theta = \dfrac{y}{x}$ (4) $\operatorname{cosec}\theta = \dfrac{1}{y}$

(5) $\sec\theta = \dfrac{1}{x}$ (6) $\cot\theta = \dfrac{x}{y}$

따라서

$$\tan\theta = \frac{y}{x} = \frac{\sin\theta}{\cos\theta}$$

한편, 점 $P(x, y)$ 는 단위원 위의 점이므로

$$x^2 + y^2 = 1$$

이고, $x = \cos\theta$, $y = \sin\theta$ 이므로

$$\cos^2\theta + \sin^2\theta = 1$$

또한 $\cos^2\theta + \sin^2\theta = 1$ 의 양변을 각각 $\cos^2\theta$ 와 $\sin^2\theta$ 으로 나누면

$$1 + \frac{\sin^2\theta}{\cos^2\theta} = \frac{1}{\cos^2\theta}, \quad 1 + \tan^2\theta = \sec^2\theta$$

$$\frac{\cos^2\theta}{\sin^2\theta} + 1 = \frac{1}{\sin^2\theta}, \quad 1 + \cot^2\theta = \operatorname{cosec}^2\theta$$

**삼각함수 사이의 관계**

(1) $\tan\theta = \dfrac{\sin\theta}{\cos\theta}$, $\cot\theta = \dfrac{\cos\theta}{\sin\theta}$

(2) $\sin^2\theta + \cos^2\theta = 1$, $1 + \tan^2\theta = \sec^2\theta$, $1 + \cot^2\theta = \operatorname{cosec}^2\theta$

**예제 4-7**

$\sin\theta + \cos\theta = \dfrac{1}{3}$ 일 때, 다음의 값을 구하여라.

(1) $\sin\theta\cos\theta$　　(2) $(\sin\theta - \cos\theta)^2$　　(3) $\tan\theta + \cot\theta$

**풀이** (1) $\sin\theta + \cos\theta = \dfrac{1}{3}$ 의 양변을 제곱하면

$$\sin^2\theta + 2\sin\theta\cos\theta + \cos^2\theta = \frac{1}{9},\ \sin\theta\cos\theta = -\frac{4}{9}$$

(2) $(\sin\theta - \cos\theta)^2 = \sin^2\theta - 2\sin\theta\cos\theta + \cos^2\theta = 1 - 2\cdot\left(-\dfrac{4}{9}\right) = \dfrac{17}{9}$

(3) $\tan\theta + \cot\theta = \dfrac{\sin\theta}{\cos\theta} + \dfrac{\cos\theta}{\sin\theta} = \dfrac{\sin^2\theta + \cos^2\theta}{\sin\theta\cos\theta} = -\dfrac{9}{4}$

■

각 $\theta$ 의 동경과 각 $-\theta$ 의 동경이 단위원과 만나는 점을 각각 $P(x, y)$, $P'(x', y')$ 이라고 하면, 점 $P$ 와 점 $P'$ 은 $x$ 축에 대하여 대칭이므로 $x' = x$, $y' = -y$ 이다.

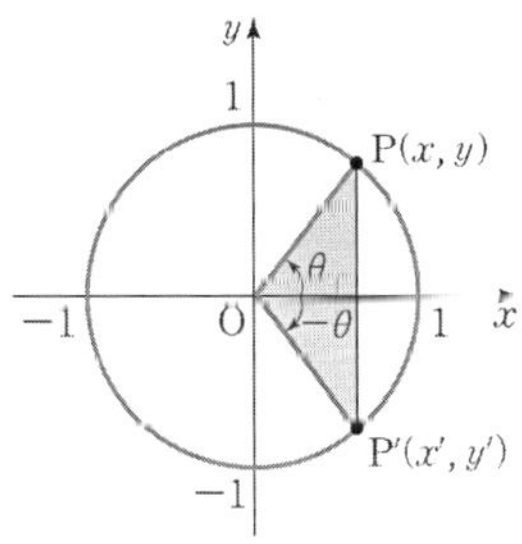


이때 $x = \cos\theta$, $y = \sin\theta$ 이므로

$$\sin(-\theta) = y' = -y = -\sin\theta$$

$$\cos(-\theta) = x' = x = \cos\theta$$

$$\tan(-\theta) = \frac{y'}{x'} = -\frac{y}{x} = -\tan\theta$$

$\theta \geq 0$ 일 때, 음의 각에 대한 삼각함수의 값을 양의 각에 대한 삼각함수로 바꾸어 계산할 수 있음을 보여 줄 뿐만 아니라, sine 함수와 tangent 함수는 기함수이고 cosine 함수는 우함수임을 말해 주고 있다.

**예제 4-8**

다음 삼각함수의 값을 구하여라.

(1) $\sin\left(-\frac{\pi}{3}\right)$　　(2) $\sec\left(-\frac{\pi}{6}\right)$　　(3) $\tan\left(-\frac{\pi}{3}\right)$

**풀이** (1) $\sin\left(-\frac{\pi}{3}\right) = -\sin\left(\frac{\pi}{3}\right) = -\frac{\sqrt{3}}{2}$

(2) $\sec\left(-\frac{\pi}{6}\right) = \frac{1}{\cos\left(-\frac{\pi}{6}\right)} = \frac{1}{\cos\left(\frac{\pi}{6}\right)} = \frac{2}{\sqrt{3}}$

(3) $\tan\left(-\frac{\pi}{3}\right) = -\tan\left(\frac{\pi}{3}\right) = -\sqrt{3}$

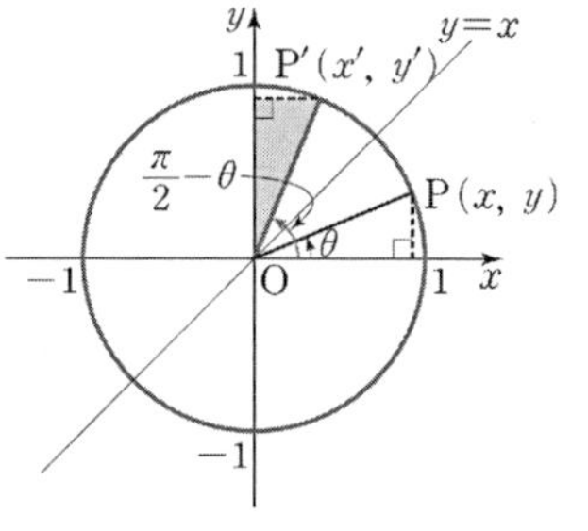


각 $\theta$의 동경과 각 $\frac{\pi}{2}-\theta$의 동경이 단위원과 만나는 점을 각각 $P(x,y)$, $P'(x',y')$이라고 하면, 점 $P$와 점 $P'$은 직선 $y=x$에 대하여 대칭이므로 $x'=y$, $y'=x$이다. 이때 $x=\cos\theta$, $y=\sin\theta$이므로

$$\sin\left(\frac{\pi}{2}-\theta\right) = y' = x = \cos\theta$$

$$\cos\left(\frac{\pi}{2}-\theta\right) = x' = y = \sin\theta$$

$$\tan\left(\frac{\pi}{2}-\theta\right) = \frac{y'}{x'} = \frac{x}{y} = \frac{1}{\tan\theta} = \cot\theta$$

위 식의 $\theta$에 $-\theta$를 대입하면

$$\sin\left(\frac{\pi}{2}+\theta\right) = \cos(-\theta) = \cos\theta$$

$$\cos\left(\frac{\pi}{2}+\theta\right) = \sin(-\theta) = -\sin\theta$$

$$\tan\left(\frac{\pi}{2}+\theta\right) = \frac{1}{\tan(-\theta)} = -\frac{1}{\tan\theta} = -\cot\theta$$

따라서 다음 공식을 얻는다.

### $\frac{\pi}{2} \pm \theta$ 의 삼각함수

$$\sin\left(\frac{\pi}{2}-\theta\right)=\cos\theta,\ \sin\left(\frac{\pi}{2}+\theta\right)=\cos\theta$$

$$\cos\left(\frac{\pi}{2}-\theta\right)=\sin\theta,\cos\left(\frac{\pi}{2}+\theta\right)=-\sin\theta$$

$$\tan\left(\frac{\pi}{2}-\theta\right)=\cot\theta,\ \tan\left(\frac{\pi}{2}+\theta\right)=-\cot\theta$$

또한

$$\mathrm{cosec}\left(\frac{\pi}{2}-\theta\right)=\sec\theta,\ \sec\left(\frac{\pi}{2}-\theta\right)=\mathrm{cosec}\,\theta,\ \cot\left(\frac{\pi}{2}-\theta\right)=\tan\theta$$

임을 알 수 있다.

참고 Cosine은 여각의 Sine, Cosecant는 여각의 Secant, Cotangent는 여각의 Tangent를 의미한다.

**예제 4-9**

삼각함수표를 이용하여, $\sin(-55°)$, $\cos 55°$, $\cot 55°$ 의 값을 구하여라.

| $\theta$ | $\sin\theta$ | $\cos\theta$ | $\tan\theta$ |
|---|---|---|---|
| 34° | 0.5592 | 0.8290 | 0.6745 |
| 35° | 0.5736 | 0.8192 | 0.7002 |
| 36° | 0.5878 | 0.8090 | 0.8090 |

풀이 $\sin(-55°)=-\sin 55°=-\sin\left(\frac{\pi}{2}-35°\right)=-\cos 35°=-0.8192$

$$\cos 55°=\cos\left(\frac{\pi}{2}-35°\right)=\sin 35°=0.5736$$

$$\cot 55°=\cot\left(\frac{\pi}{2}-35°\right)=\frac{1}{\tan\left(\frac{\pi}{2}-35°\right)}=\frac{1}{\cot 35°}=\tan 35°=0.7002$$

■

오른쪽 그림과 같이 각 $\theta$의 동경과 단위원과의 교점을 $P(x, y)$라고 하면 각 $\pi+\theta$의 동경과 단위원과의 교점 $P'$은 점 $P$와 원점대칭이므로 $P'(-x, -y)$이다. 이때,

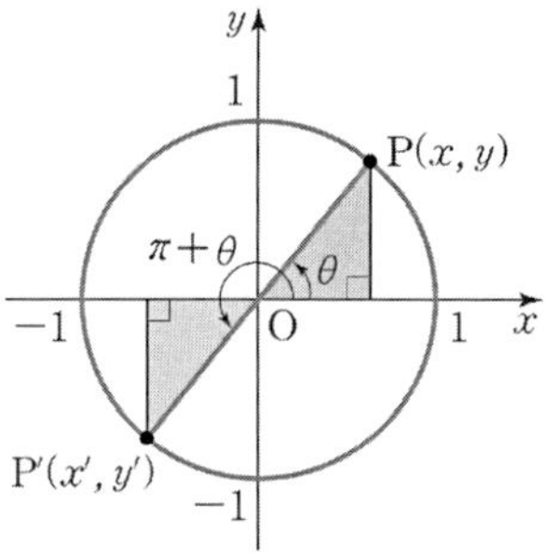


$$x=\cos\theta,\ y=\sin\theta$$

이므로 다음이 성립함을 알 수 있다.

$$\sin(\pi+\theta)=-y=-\sin\theta$$
$$\cos(\pi+\theta)=-x=-\cos\theta$$
$$\tan(\pi+\theta)=\frac{-y}{-x}=\frac{y}{x}=\frac{\sin\theta}{\cos\theta}=\tan\theta$$

위의 식에서 $\theta$ 대신 $-\theta$를 대입하면

$$\sin(\pi-\theta)=\sin\{\pi+(-\theta)\}=-\sin(-\theta)=\sin\theta$$
$$\cos(\pi-\theta)=\cos\{\pi+(-\theta)\}=-\cos(-\theta)=-\cos\theta$$
$$\tan(\pi-\theta)=\tan\{\pi+(-\theta)\}=\tan(-\theta)=-\tan\theta$$

**$\pi\pm\theta$의 삼각함수**

$$\sin(\pi+\theta)=-\sin\theta,\ \sin(\pi-\theta)=\sin\theta$$
$$\cos(\pi+\theta)=-\cos\theta,\ \cos(\pi-\theta)=-\cos\theta$$
$$\tan(\pi+\theta)=\tan\theta,\ \tan(\pi-\theta)=-\tan\theta$$

**예제 4-10**

다음 삼각함수의 값을 구하여라.

(1) $\sin\left(\frac{2\pi}{3}\right)$ (2) $\sec\left(-\frac{5\pi}{6}\right)$ (3) $\tan\left(-\frac{5\pi}{6}\right)$

**풀이** (1) $\sin\left(\frac{2\pi}{3}\right)=\sin\left(\pi-\frac{\pi}{3}\right)=\sin\left(\frac{\pi}{3}\right)=\frac{\sqrt{3}}{2}$

(2) $\sec\left(-\frac{5\pi}{6}\right)=\frac{1}{\cos\left(-\frac{5\pi}{6}\right)}=\frac{1}{\cos\left(\frac{5\pi}{6}\right)}=\frac{1}{\cos\left(\pi-\frac{\pi}{6}\right)}$

$$=\frac{1}{-\cos\left(\frac{\pi}{6}\right)}=-\frac{2\sqrt{3}}{3}$$

(3) $\tan\left(-\dfrac{5\pi}{6}\right) = -\tan\left(\dfrac{5\pi}{6}\right) = -\tan\left(\pi - \dfrac{\pi}{6}\right) = \tan\left(\dfrac{\pi}{6}\right) = \dfrac{\sqrt{3}}{3}$

■

정수 $n$에 대하여, 임의의 각 $\theta$와 $2n\pi+\theta$는 같은 동경을 표시한다. 그러므로 두 각에 대한 삼각함수의 값은 같다.

**$2n\pi+\theta$의 삼각함수 (단, $n$은 정수)**

$$\sin(2n\pi+\theta) = \sin\theta, \ \cos(2n\pi+\theta) = \cos\theta, \ \tan(2n\pi+\theta) = \tan\theta$$

**예제 4-11**

다음 삼각함수의 값을 구하여라.

(1) $\sin 570°$ (2) $\cos(-1050°)$ (3) $\tan 480°$

(4) $\mathrm{cosec}(-1320°)$ (5) $\sec 1200°$ (6) $\cot 1650°$

**풀이** (1) $\sin 570° = \sin\left(\dfrac{6\pi}{2} + 30°\right) = -\sin 30° = -\dfrac{1}{2}$

(2) $\cos(-1050°) = \cos 1050° = \cos\left(\dfrac{11\pi}{2} + 60°\right) = \sin 60° = \dfrac{\sqrt{3}}{2}$

(3) $\tan 480° = \tan\left(\dfrac{5\pi}{2} + 30°\right) = -\cot 30° = -\sqrt{3}$

(4) $\mathrm{cosec}(-1320°) = -\mathrm{cosec}\,1320° = -\mathrm{cosec}\left(\dfrac{14\pi}{2} + 60°\right)$

$$= -\frac{1}{\sin\left(\dfrac{14\pi}{2} + 60°\right)} = \frac{1}{\sin 60°} = \mathrm{cosec}\,60° = \frac{\sqrt{3}}{2}$$

(5) $\sec 1200° = \sec\left(\dfrac{13\pi}{2} + 30°\right) = \dfrac{1}{\cos\left(\dfrac{13\pi}{2} + 30°\right)}$

$$= \frac{1}{-\sin 30°} = -\mathrm{cosec}\,30° = -2$$

(6) $\cot 1650° = \cot\left(\frac{18\pi}{2} + 30°\right) = \cot 30° = \frac{1}{\tan 30°} = \sqrt{3}$

■

**예제 4-12**

$$\frac{\sin(\pi+\theta)\cot^2(\pi-\theta)}{\cos\left(\frac{3\pi}{2}+\theta\right)} + \frac{\cos\left(\frac{3\pi}{2}-\theta\right)}{\cos\left(\frac{\pi}{2}+\theta\right)\sin^2(\pi-\theta)}$$ 의 값을 구하여라.

**풀이** $\sin(\pi+\theta) = -\sin\theta$, $\cot(\pi-\theta) = -\cot\theta$, $\cos\left(\frac{3\pi}{2}+\theta\right) = \sin\theta$

$\cos\left(\frac{3\pi}{2}-\theta\right) = -\sin\theta$, $\cos\left(\frac{\pi}{2}+\theta\right) = -\sin\theta$, $\sin(\pi-\theta) = \sin\theta$

$$\therefore \text{ 준식} = \frac{-\sin\theta\cot^2\theta}{\sin\theta} + \frac{1}{\sin^2\theta} = -\cot^2\theta + \operatorname{cosec}^2\theta = 1$$

■

## 4.3 삼각함수의 그래프

### (1) $y = \sin x$ 의 그래프

각 $\theta$ 를 나타내는 동경과 단위원과의 교점을 $P(x, y)$ 라고 하면

$$\sin\theta = y$$

따라서 $\sin\theta$ 의 값의 변화는 점 $P$ 의 $y$ 좌표의 값의 변화와 같다. 그러므로 $y = \sin\theta$ 의 그래프는 단위원을 이용하여 $\theta$ 의 각 값에 $y$ 의 값을 대응시켜서 그릴 수 있다. $\theta$ 의 값을 가로축에 나타내고, 그에 대응하는 $\sin\theta$ 의 값을 세로축에 나타내면 다음과 같은 사인함수 $y = \sin\theta$ 의 그래프를 얻는다.

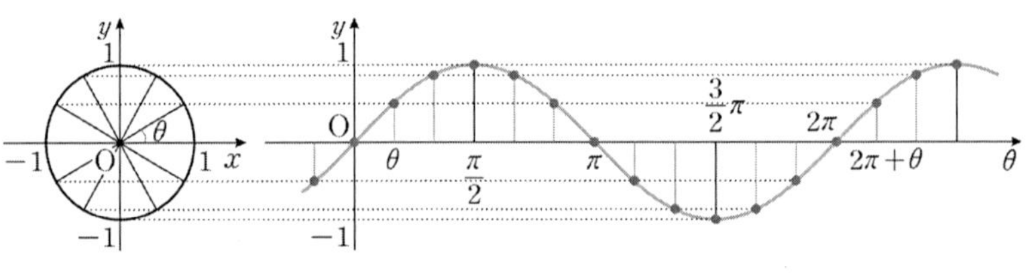

$y = \sin\theta$ 의 정의역은 실수 전체의 집합이고, 정수 $n$ 에 대하여 $x = 2n\pi + \frac{\pi}{2}$ 일 때 최댓값 $1$, $x = 2n\pi + \frac{3\pi}{2}$ 일 때 최솟값 $-1$ 을 갖는다. 즉, 치역은 $\{y \mid -1 \le y \le 1\}$ 이며 $\sin(-\theta) = -\sin\theta$ 이므로 그래프는 원점에 대하여 대칭이다. 또한, 그래프에서 함수 $y = \sin\theta$ 는 $2\pi$ 간격으로 함숫값의 변화가 반복됨을 알 수 있다. 즉

$$\sin(2n\pi + \theta) = \sin\theta \ (n \text{은 정수})$$

이제부터 사인함수 $f(\theta) = \sin\theta$ 에서 $\theta$ 를 $x$ 로, $f(\theta)$ 를 $y$ 로 바꾸어 사인함수를 $y = \sin x$ 로 나타내기로 하자.

함수 $f(x)$ 에서 정의역에 속하는 모든 $x$ 에 대하여

$$f(x+p) = f(x)$$

를 만족하는 0 이 아닌 상수 $p$ 가 존재할 때, 함수 $f$ 를 주기함수(periodic function)라 하고 $p$ 의 값 중에서 최소인 양수를 함수 $f$ 의 주기(period)라고 한다. 함수 $y = \sin x$ 는 주기가 $2\pi$ 인 주기함수이다.

**예제 4-13**

함수 $y = \sin 2x$ 의 치역과 주기를 각각 구하고, 그 그래프를 그려라.

**풀이** $-1 \le \sin 2x \le 1$ 이므로 치역은 $\{y \mid -1 \le y \le 1\}$ 이다. 또

$$\sin 2x = \sin(2x + 2\pi) = \sin 2(x + \pi)$$

이므로 주기는 $\pi$ 이다. 따라서 $y = \sin 2x$ 의 그래프는 다음과 같다.

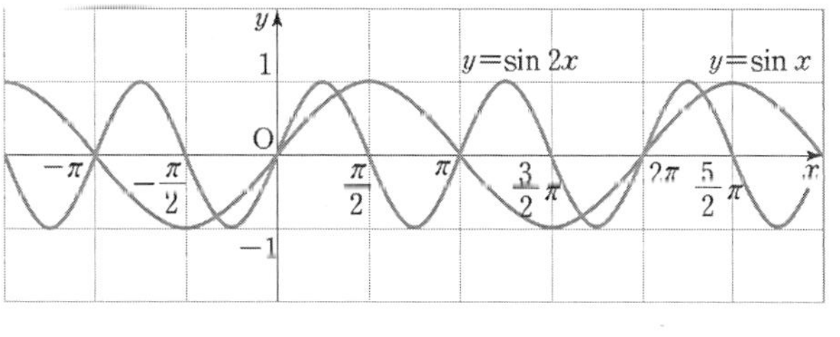


■

### (2) $y = \cos x$ 의 그래프

각 $\theta$ 를 나타내는 동경과 단위원과의 교점을 $P(x, y)$ 라고 하면

$$\cos\theta = x$$

따라서 $\cos\theta$ 의 값의 변화는 점 $P$ 의 $x$ 좌표의 값의 변화와 같다. 단위원의 좌표축을 양의 방향으로 $90°$ 회전한 다음 $\theta$ 의 값을 가로축으로, $\cos\theta$ 의 값을 세로축으로 정하고 $y = \sin\theta$ 의 그래프와 같은 방법으로 그린다.

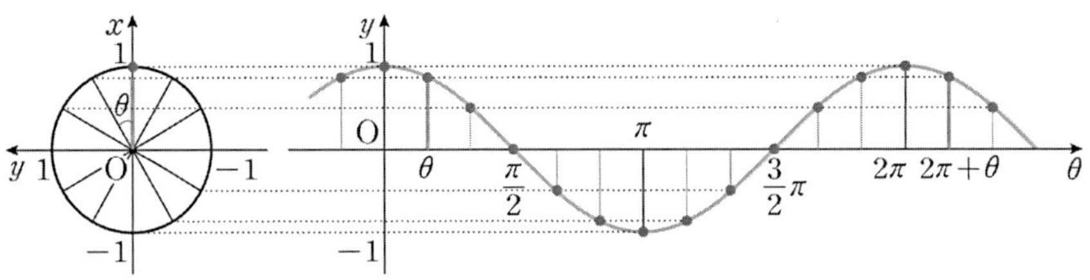


이제부터 코사인함수에서 $\theta$ 를 $x$ 로 나타내기로 하자.

$y = \cos x$ 도 $y = \sin x$ 와 마찬가지로, 정의역은 실수 전체의 집합이고, 정수 $n$ 에 대하여 $x = n\pi$ 일 때 최댓값 $1$, $x = (n+1)\pi$ 일 때 최솟값 $-1$ 을 갖는다. 즉, 치역은 $\{y \mid -1 \le y \le 1\}$ 이며, $\cos(-x) = \cos x$ 이므로 그래프는 $y$ 축에 대하여 대칭이다.

사인함수와 코사인함수 사이에는

$$\sin\left(\frac{\pi}{2} + x\right) = \cos x$$

인 관계가 성립하므로 $y = \cos x$ 의 그래프는 $y = \sin x$ 의 그래프를 $x$ 축의 방향으로 $-\frac{\pi}{2}$ 만큼 평행이동한 것과 같다. 한편, 함수 $y = \cos x$ 의 그래프는 $2\pi$ 간격으로 같은 모양이 반복되는 것을 알 수 있다. 즉, 임의의 실수 $x$ 에 대하여

$$\cos(2n\pi + x) = \cos x \quad (n \text{ 은 정수})$$

가 성립하므로 $y = \cos x$ 는 주기함수이고, 그 주기는 $2\pi$ 이다.

**예제 4-14**

오른쪽 그림은 $y=3\cos(ax+b)-1$ 의 그래프의 일부이다. 이때, $a, b$ 의 값을 구하여라. (단, $a>0$, $0\le b<2\pi$)

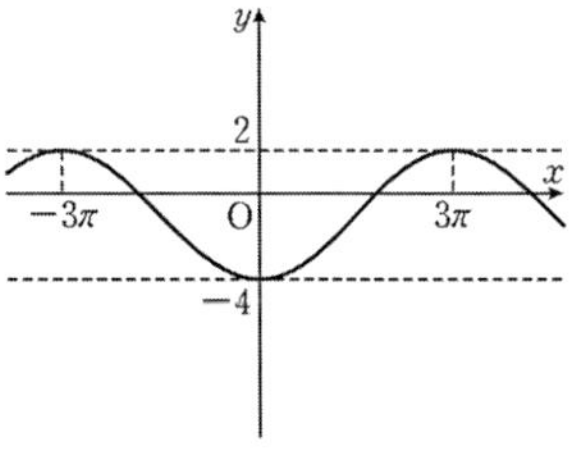


**풀이** 그래프에서 $3\pi-(-3\pi)=6\pi$ 이므로

$$(\text{주기})=\frac{2\pi}{a}=6\pi \quad \therefore\ a=\frac{1}{3}$$

주어진 그래프는 $y=3\cos\frac{1}{3}x$ 의 그래프를 $x$ 축의 방향으로 $-3\pi$ 만큼, $y$ 축의 방향으로 $-1$ 만큼 평행이동한 것이므로

$$y=3\cos\frac{1}{3}(x+3\pi)-1=3\cos\left(\frac{1}{3}x+\pi\right)-1$$

$$\therefore\ b=\pi$$

■

### (3) $y=\tan x$ 의 그래프

오른쪽 그림과 같이 각 $\theta$ 를 나타내는 동경과 단위원의 교점을 $P(x, y)$ 라 하고, 각 $\theta$ 를 나타내는 동경 $OP$ 와 직선 $x=1$ 의 교점을 $T(1, t)$ 라고 하면, $\triangle OPH$ 와 $\triangle OTA$ 는 닮은 삼각형이므로

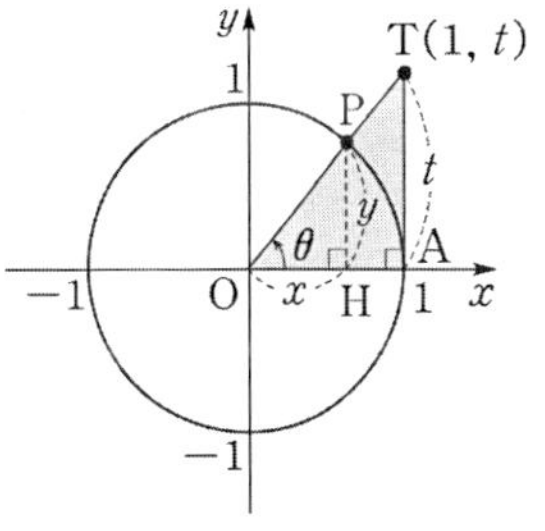


$$\tan\theta=\frac{y}{x}=\frac{t}{1}=t$$

이다. 즉, 점 $T$ 의 $y$ 좌표는 $\tan\theta$ 이다.

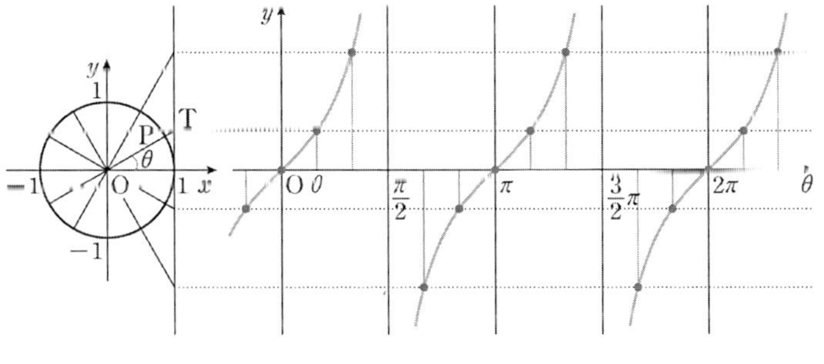

$y=\tan\theta$ 의 그래프에서 $\theta$ 가 $n\pi+\frac{\pi}{2}$ ($n$ 은 정수)일 때, $\theta$ 가 나타내는 동경 $OP$ 는 $y$ 축 위에 있다. 이때, 점 $P$ 의 $x$ 좌표는 0 이므로 $\tan\theta$ 의 값은 정의되지 않는다. 따라서 직선 $\theta=n\pi+\frac{\pi}{2}$ ($n$ 은 정수)는 이 그래프의 점근선이다.

또한 함수 $y=\tan\theta$ 의 정의역은 $\theta\neq n\pi+\frac{\pi}{2}$ ($n$ 은 정수)인 실수 전체의 집합이고, 치역도 실수 전체의 집합이다. 그리고 $\tan(-\theta)=-\tan\theta$ 이므로 $y=\tan\theta$ 의 그래프는 원점에 대하여 대칭이다.

한편, $y=\tan\theta$ 의 그래프는 $\pi$ 간격으로 같은 모양이 반복된다. 즉, 임의의 실수 $\theta$ 에 대하여

$$\tan(n\pi+\theta)=\tan\theta \quad (n \text{ 은 정수})$$

가 성립하고 주기가 $\pi$ 인 주기함수이다.

**예제 4-15**

함수 $y=\tan\frac{x}{2}$ 의 주기를 구하고, 그래프를 그려라.

**풀이** $\tan\frac{x}{2}=\tan\left(\frac{x}{2}+\pi\right)=\tan\frac{1}{2}(x+2\pi)$ 이므로 주기는 $2\pi$ 이다. 따라서 $y=\tan\frac{x}{2}$ 의 그래프는 $y=\tan x$ 의 그래프를 $x$ 축의 방향으로 2 배 확대한 것이고, 그래프는 다음과 같다.

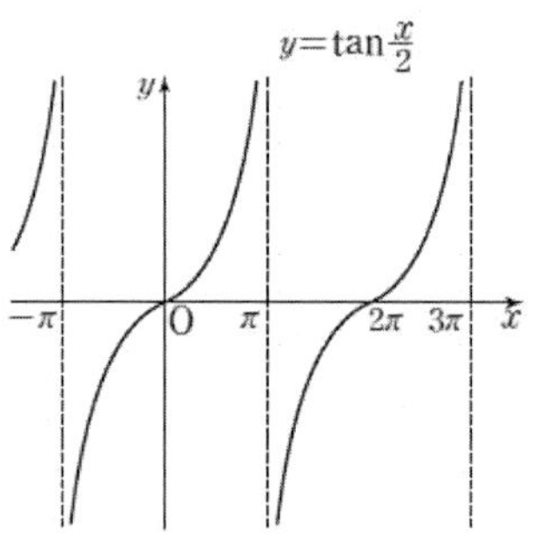


■

## 4.4 삼각함수의 여러 가지 공식

두 각 $\alpha, \beta$ 에 대하여 $\alpha+\beta$, $\alpha-\beta$ 의 삼각함수를 $\alpha, \beta$ 의 삼각함수로 나타내어 보자.

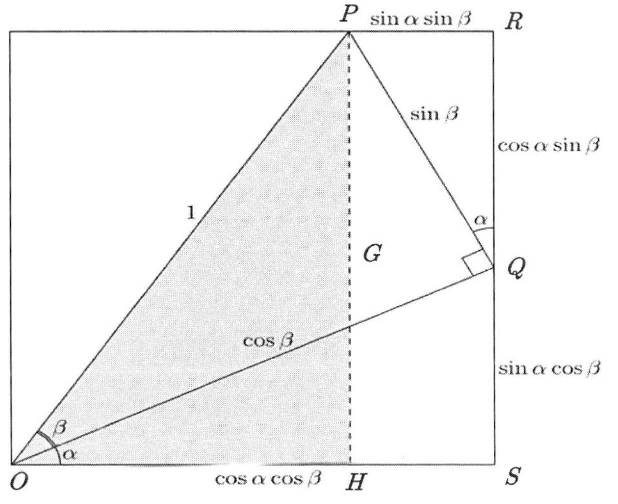


위 그림에서 $\overline{OP}=1$ , $\angle XOQ=\alpha$ , 그리고 $\angle QOP=\beta$ 라고 하자. 그러면 다음이 성립한다.

$$\angle PQR=\alpha\ ,\ \overline{PQ}=\sin\beta\ ,\ \overline{OQ}=\cos\beta$$

임을 알 수 있다. 그러므로

$$\sin(\alpha+\beta)=\overline{QR}+\overline{QS}=\sin\alpha\cos\beta+\cos\alpha\sin\beta$$

또, 이 등식에서 $\beta$ 대신 $-\beta$ 를 대입하여 정리하면

$$\sin(\alpha-\beta)=\sin\alpha\cos\beta-\cos\alpha\sin\beta$$

가 성립한다. 한편,

$$\cos(\alpha+\beta)=\overline{OS}-\overline{OH}=\cos\alpha\cos\beta-\sin\alpha\sin\beta$$

또, 이 등식에서 $\beta$ 대신 $-\beta$ 를 대입하여 정리하면

$$\sin(\alpha-\beta)=\sin\alpha\cos\beta-\cos\alpha\sin\beta$$

가 성립한다.[1)]

---

1) Additive rule of the cosine function
http://www.ezsolver.co.kr/geogebra/sincos/sincosAdditiveRule`01.html

삼각함수의 성질에 의하여 다음 등식이 성립한다.

$$\tan(\alpha+\beta)=\frac{\sin(\alpha+\beta)}{\cos(\alpha+\beta)}=\frac{\sin\alpha\cos\beta+\cos\alpha\sin\beta}{\cos\alpha\cos\beta-\sin\alpha\sin\beta}$$

여기서, 우변의 분모와 분자를 각각 $\cos\alpha\cos\beta\,(\cos\alpha\cos\beta\neq 0)$로 나누면

$$\tan(\alpha+\beta)=\frac{\dfrac{\sin\alpha}{\cos\alpha}+\dfrac{\sin\beta}{\cos\beta}}{1-\dfrac{\sin\alpha}{\cos\alpha}\times\dfrac{\sin\beta}{\cos\beta}}=\frac{\tan\alpha+\tan\beta}{1-\tan\alpha\tan\beta}$$

가 성립한다. 이 등식에서 $\beta$ 대신 $-\beta$를 대입하면 다음 등식이 성립함을 알 수 있다.

$$\tan(\alpha-\beta)=\frac{\tan\alpha-\tan\beta}{1+\tan\alpha\tan\beta}$$

**삼각함수의 가법정리**

(1) $\sin(\alpha\pm\beta)=\sin\alpha\cos\beta\pm\cos\alpha\sin\beta$

(2) $\cos(\alpha\pm\beta)=\cos\alpha\cos\beta\mp\sin\alpha\sin\beta$

(3) $\tan(\alpha\pm\beta)=\dfrac{\tan\alpha\pm\tan\beta}{1\mp\tan\alpha\tan\beta}$

**예제 4-16**

$\sin 105°$, $\cos 75°$, $\tan 15°$의 값을 각각 구하여라.

**풀이** (1) $\sin 105°=\sin(60°+45°)=\sin 60°\cos 45°+\cos 60°\sin 45°$

$$=\frac{\sqrt{3}}{2}\cdot\frac{\sqrt{2}}{2}+\frac{1}{2}\cdot\frac{\sqrt{2}}{2}=\frac{\sqrt{6}+\sqrt{2}}{4}$$

(2) $\cos 75°=\cos(45°+30°)=\cos 45°\cos 30°-\sin 45°\sin 30°$

$$=\frac{\sqrt{2}}{2}\times\frac{\sqrt{3}}{2}-\frac{\sqrt{2}}{2}\times\frac{1}{2}=\frac{\sqrt{6}-\sqrt{2}}{4}$$

(3) $\tan 15° = \tan(45° - 30°) = \dfrac{\tan 45° - \tan 30°}{1 + \tan 45° \tan 30°}$

$$= \frac{1 - \frac{1}{\sqrt{3}}}{1 + \frac{1}{\sqrt{3}}} = \frac{\sqrt{3} - 1}{\sqrt{3} + 1} = 2 - \sqrt{3}$$

■

**예제 4-17**

$\sin\alpha = \dfrac{3}{5}$, $\cos\beta = \dfrac{5}{13}$ 일 때, $\sin(\alpha + \beta)$와 $\cos(\alpha - \beta)$를 구하여라.

단, $\dfrac{\pi}{2} < \alpha < \pi$, $0 < \beta < \dfrac{\pi}{2}$ 이다.

**풀이** $\dfrac{\pi}{2} < \alpha < \pi$ 에서 $\cos\alpha < 0$ 이므로

$$\cos\alpha = -\sqrt{1 - \sin^2\alpha} = -\sqrt{1 - \left(\frac{3}{5}\right)^2} = -\frac{4}{5}$$

$0 < \beta < \dfrac{\pi}{2}$ 에서 $\sin\beta > 0$ 이므로

$$\sin\beta = \sqrt{1 - \cos^2\beta} = \sqrt{1 - \left(\frac{5}{13}\right)^2} = \frac{12}{13}$$

따라서

$$\sin(\alpha + \beta) = \sin\alpha\cos\beta + \cos\alpha\sin\beta = \frac{3}{5} \cdot \frac{5}{13} + \left(-\frac{4}{5}\right) \cdot \frac{12}{13} = -\frac{33}{65}$$

$$\cos(\alpha - \beta) = \cos\alpha\cos\beta + \sin\alpha\sin\beta = \left(-\frac{4}{5}\right) \cdot \frac{5}{13} + \frac{3}{5} \cdot \frac{12}{13} = \frac{16}{65}$$

■

가법정리의 각 등식에서 $\beta$ 대신 $\alpha$를 대입하여 정리하면

$$\sin 2\alpha = \sin\alpha\cos\alpha + \cos\alpha\sin\alpha = 2\sin\alpha\cos\alpha$$

$$\cos 2\alpha = \cos\alpha\cos\alpha - \sin\alpha\sin\alpha = \cos^2\alpha - \sin^2\alpha$$

$\cos^2\alpha = 1 - \sin^2\alpha$, $\sin^2\alpha = 1 - \cos^2\alpha$ 으로부터

$$\cos^2\alpha - \sin^2\alpha = \begin{cases} 2\cos^2\alpha - 1 \\ 1 - 2\sin^2\alpha \end{cases}$$

$$\tan 2\alpha = \frac{\tan\alpha + \tan\alpha}{1 - \tan\alpha\tan\alpha} = \frac{2\tan\alpha}{1-\tan^2\alpha}$$

가 성립함을 알 수 있다.

**배각의 공식**

(1) $\sin 2\alpha = 2\sin\alpha\cos\alpha$

(2) $\cos 2\alpha = \cos^2\alpha - \sin^2\alpha = 1 - 2\sin^2\alpha = 2\cos^2\alpha - 1$

(3) $\tan 2\alpha = \dfrac{2\tan\alpha}{1-\tan^2\alpha}$

**예제 4-18**

$\cos\alpha = \dfrac{5}{7}\left(0 < \alpha < \dfrac{\pi}{2}\right)$일 때, $\sin 2\alpha$와 $\cos 2\alpha$를 구하여라.

**풀이** $0 < \alpha < \dfrac{\pi}{2}$ 일 때, $\sin\alpha > 0$ 이므로

$$\sin\alpha = \sqrt{1-\cos^2\alpha} = \sqrt{1-\left(\frac{5}{7}\right)^2} = \frac{2\sqrt{6}}{7}$$

이므로 $\sin 2\alpha = 2\sin\alpha\cos\alpha = 2\cdot\dfrac{2\sqrt{6}}{7}\cdot\dfrac{5}{7} = \dfrac{20\sqrt{6}}{49}$ 이다. 그리고

$$\cos 2\alpha = 2\cos^2\alpha - 1 = 2\cdot\left(\frac{5}{7}\right)^2 - 1 = \frac{1}{49}$$

■

**예제 4-19**

$\tan\dfrac{\alpha}{2} = t$ 일 때, $\sin\alpha$, $\cos\alpha$, $\tan\alpha$ 를 $t$ 로 나타내어라.

**풀이** $\sin\alpha = \sin\left(\dfrac{\alpha}{2}+\dfrac{\alpha}{2}\right) = 2\sin\dfrac{\alpha}{2}\cos\dfrac{\alpha}{2} = 2\dfrac{\sin\frac{\alpha}{2}}{\cos\frac{\alpha}{2}}\cdot\cos^2\dfrac{\alpha}{2}$

$$= \frac{2\tan\frac{\alpha}{2}}{\sec^2\frac{\alpha}{2}} = \frac{2\tan\frac{\alpha}{2}}{1+\tan^2\frac{\alpha}{2}} = \frac{2t}{1+t^2}$$

$$\cos\alpha = \cos\left(\frac{\alpha}{2}+\frac{\alpha}{2}\right) = 2\cos^2\frac{\alpha}{2} - 1 = \frac{2}{\sec^2\frac{\alpha}{2}} - 1$$

$$= \frac{2}{1+\tan^2\frac{\alpha}{2}} - 1 = \frac{1-t^2}{1+t^2}$$

$$\tan\alpha = \tan\left(\frac{\alpha}{2}+\frac{\alpha}{2}\right) = \frac{2\tan\frac{\alpha}{2}}{1-\tan^2\frac{\alpha}{2}} = \frac{2t}{1-t^2}$$

■

배각공식 $\cos 2\alpha = \begin{cases} 2\cos^2\alpha - 1 \\ 1-2\sin^2\alpha \end{cases}$ 으로부터, 다음이 성립한다.

$$\sin^2\alpha = \frac{1-\cos 2\alpha}{2}, \quad \cos^2\alpha = \frac{1+\cos 2\alpha}{2}$$

그리고 위 식에서 $\tan^2\alpha = \frac{\sin^2\alpha}{\cos^2\alpha} = \frac{1-\cos 2\alpha}{1+\cos 2\alpha}$ 를 얻을 수 있다. 여기서 각 등식에 $\alpha$ 대신 $\frac{\alpha}{2}$ 를 대입하여 정리하면 다음과 같은 삼각함수의 반각의 공식을 얻는다.

**반각의 공식**

(1) $\sin^2\frac{\alpha}{2} = \frac{1-\cos\alpha}{2}$ (2) $\cos^2\frac{\alpha}{2} = \frac{1+\cos\alpha}{2}$ (3) $\tan^2\frac{\alpha}{2} = \frac{1-\cos\alpha}{1+\cos\alpha}$

**예제 4-20**

$\sin^2 22.5°$, $\cos^2 22.5°$ 의 값을 구하여라.

**풀이** (1) $\sin^2 22.5° = \frac{1-\cos 45°}{2} = \frac{2-\sqrt{2}}{4}$

(2) $\cos^2 22.5° = \dfrac{1+\cos 45°}{2} = \dfrac{2+\sqrt{2}}{4}$

■

삼각함수의 가법정리

$$\sin(\alpha+\beta) = \sin\alpha\cos\beta + \cos\alpha\sin\beta \quad \cdots\cdots ①$$

$$\sin(\alpha-\beta) = \sin\alpha\cos\beta - \cos\alpha\sin\beta \quad \cdots\cdots ②$$

에서 등식 ①, ②를 변끼리 더하면

$$\sin(\alpha+\beta) + \sin(\alpha-\beta) = 2\sin\alpha\cos\beta$$

$$\therefore\ \sin\alpha\cos\beta = \frac{1}{2}\{\sin(\alpha+\beta) + \sin(\alpha-\beta)\}$$

①에서 ②를 변끼리 빼면

$$\sin(\alpha+\beta) - \sin(\alpha-\beta) = 2\cos\alpha\sin\beta$$

$$\therefore\ \cos\alpha\sin\beta = \frac{1}{2}\{\sin(\alpha+\beta) - \sin(\alpha-\beta)\}$$

마찬가지 방법으로 삼각함수의 가법정리

$$\cos(\alpha+\beta) = \cos\alpha\cos\beta - \sin\alpha\sin\beta$$

$$\cos(\alpha-\beta) = \cos\alpha\cos\beta + \sin\alpha\sin\beta$$

에서 다음 등식을 얻을 수 있다.

$$\cos\alpha\cos\beta = \frac{1}{2}\{\cos(\alpha+\beta) + \cos(\alpha-\beta)\}$$

$$\sin\alpha\sin\beta = -\frac{1}{2}\{\cos(\alpha+\beta) - \cos(\alpha-\beta)\}$$

**곱을 합 또는 차로 고치는 공식**

(1) $\sin\alpha\cos\beta = \dfrac{1}{2}\{\sin(\alpha+\beta) + \sin(\alpha-\beta)\}$

(2) $\cos\alpha\sin\beta = \dfrac{1}{2}\{\sin(\alpha+\beta) - \sin(\alpha-\beta)\}$

(3) $\cos\alpha\cos\beta = \dfrac{1}{2}\{\cos(\alpha+\beta) + \cos(\alpha-\beta)\}$

(4) $\sin\alpha\sin\beta = -\dfrac{1}{2}\{\cos(\alpha+\beta) - \cos(\alpha-\beta)\}$

**예제 4-21**

(1) $\cos 2\theta \sin 3\theta = \frac{1}{2}\{\sin(2\theta+3\theta)-\sin(2\theta-3\theta)\}$

$= \frac{1}{2}\{\sin 5\theta - \sin(-\theta)\}$

$= \frac{1}{2}\{\sin 5\theta + \sin\theta\}$

(2) $\sin 5\theta \sin 4\theta = -\frac{1}{2}\{\cos(5\theta+4\theta)-\cos(5\theta-4\theta)\}$

$= -\frac{1}{2}(\cos 9\theta - \cos\theta)$

■

참고 $\sin\alpha\cos\beta = \frac{1}{2}\{\sin(\alpha+\beta)+\sin(\alpha-\beta)\}$에서 $\alpha=\beta$인 경우에 배각공식을 얻을 수 있다. $\cos\alpha\cos\beta = \frac{1}{2}\{\cos(\alpha+\beta)+\cos(\alpha-\beta)\}$에서 $\alpha=\beta$인 경우에 cosine의 반각공식이고 $\sin\alpha\sin\beta = -\frac{1}{2}\{\cos(\alpha+\beta)-\cos(\alpha-\beta)\}$에서 $\alpha=\beta$인 경우에 sine의 반각공식이다.

**예제 4-22**

다음의 값을 구하라.

(1) $\cos 37.5^\circ \cos 7.5^\circ$ (2) $\sin 127.5^\circ \cos 97.5^\circ$ (3) $8\cos 20^\circ \cos 40^\circ \cos 80^\circ$

풀이 (1) $\cos 37.5^\circ \cos 7.5^\circ = \frac{1}{2}\{\cos(37.5^\circ+7.5^\circ)+\cos(37.5^\circ-7.5^\circ)\}$

$= \frac{1}{2}(\cos 45^\circ + \cos 30^\circ) = \frac{1}{2}\left(\frac{\sqrt{2}}{2}+\frac{\sqrt{3}}{2}\right)$

$= \frac{\sqrt{2}+\sqrt{3}}{4}$

(2) $\sin 127.5^\circ \cos 97.5^\circ = \frac{1}{2}\{\sin(127.5^\circ+97.5^\circ)+\sin(127.5^\circ-97.5^\circ)\}$

$= \frac{1}{2}(\sin 225^\circ + \sin 30^\circ) = \frac{1-\sqrt{2}}{4}$

(3) $8\cos 20^\circ \cos 40^\circ \cos 80^\circ = 8 \cdot \frac{1}{2}\{\cos(20^\circ + 40^\circ) + \cos(20^\circ - 40^\circ)\}\cos 80^\circ$

$$= 4\left(\frac{1}{2} + \cos 20^\circ\right)\cos 80^\circ$$

$$= 2\cos 80^\circ + 2\{\cos(20^\circ + 80^\circ) + \cos(20^\circ - 80^\circ)\}$$

$$= 2\cos 80^\circ + 2\cos 100^\circ + 1$$

그런데 $\cos(\pi - \theta) = -\cos\theta$ 이므로 $\cos(\pi - 80^\circ) = -\cos 100^\circ$ 이다.

$$\therefore\ 8\cos 20^\circ \cos 40^\circ \cos 80^\circ = -2\cos 100^\circ + 2\cos 100^\circ + 1 = 1$$

■

삼각함수의 곱을 합·차로 고치는 공식

$$\sin\alpha\cos\beta = \frac{1}{2}\{\sin(\alpha+\beta) + \sin(\alpha-\beta)\}$$

에서 $\alpha+\beta = A$ , $\alpha-\beta = B$ 로 놓으면 $\alpha = \frac{A+B}{2}$ , $\beta = \frac{A-B}{2}$ 이므로

$$\sin\frac{A+B}{2}\cos\frac{A-B}{2} = \frac{1}{2}(\sin A + \sin B)$$

$$\sin A + \sin B = 2\sin\frac{A+B}{2}\cos\frac{A-B}{2}$$

를 얻는다. 같은 방법으로 다음 공식이 성립함을 알 수 있다.

**합 또는 차를 곱으로 고치는 공식**

(1) $\sin A + \sin B = 2\sin\frac{A+B}{2}\cos\frac{A-B}{2}$

(2) $\sin A - \sin B = 2\cos\frac{A+B}{2}\sin\frac{A-B}{2}$

(3) $\cos A + \cos B = 2\cos\frac{A+B}{2}\cos\frac{A-B}{2}$

(4) $\cos A - \cos B = -2\sin\frac{A+B}{2}\sin\frac{A-B}{2}$

참고 $\sin A+\sin B=2\sin\dfrac{A+B}{2}\cos\dfrac{A-B}{2}$ 에서 $B=0$ 이면 sine의 배각공식이 된다. 그리고 $\cos A+\cos B=2\cos\dfrac{A+B}{2}\cos\dfrac{A-B}{2}$ 에서 $B=0$ 이면 cosine의 배각공식이 된다.

### 예제 4-23

다음 삼각함수의 값을 구하여라.

(1) $\sin 75°+\sin 15°$ (2) $\cos 255°-\cos 15°$ (3) $\sin 55°-\sin 65°+\cos 85°$

풀이 (1)
$$\begin{aligned}\sin 75°+\sin 15° &= 2\sin\frac{75°+15°}{2}\cos\frac{75°-15°}{2}\\ &= 2\sin 45°\cos 30°\\ &= \frac{\sqrt{6}}{2}\end{aligned}$$

(2)
$$\begin{aligned}\cos 255°-\cos 15° &= -2\sin\frac{255°+15°}{2}\sin\frac{255°-15°}{2}\\ &= -2\sin 135°\sin 120°\\ &= -2\cdot\frac{\sqrt{2}}{2}\cdot\frac{\sqrt{3}}{2}\\ &= -\frac{\sqrt{6}}{2}\end{aligned}$$

(3)
$$\begin{aligned}\sin 55°-\sin 65°+\cos 85° &= 2\cos 60°\sin(-5°)+\cos 85°\\ &= -\sin 5°+\cos 85°\\ &= -\sin 5°+\cos\left(\frac{\pi}{2}-5°\right)\\ &= -\sin 5°+\sin 5°\\ &= 0\end{aligned}$$

■

## 연습문제

**1.** 반지름의 길이가 13, 중심각의 크기가 $\frac{10}{13}\pi$ 인 부채꼴을 가지고 직원뿔을 만들 때, 이 직원뿔의 부피를 구하여라.

**2.** 반지름의 길이가 $24\,cm$ 인 구 모양의 수박의 꼭지에 길이가 $4\pi\,cm$ 인 실의 한 끝을 고정하고 실을 팽팽하게 유지하면서 수박의 표면을 따라 실의 나머지 한 끝을 한 바퀴 돌렸다. 실의 나머지 한 끝이 움직인 선을 따라 수박이 놓인 평면과 평행하게 수박을 자를 때, 생기는 단면의 넓이를 구하여라.

**3.** 둘레의 길이가 $100\,cm$ 인 부채꼴의 최대 넓이를 구하여라.

**4.** 오른쪽 그림과 같은 부채꼴이 있다. 중심각의 크기는 $20\%$ 늘리고, 반지름의 길이는 $10\%$ 줄이면, 넓이는 얼마만큼 변화가 생기는가?

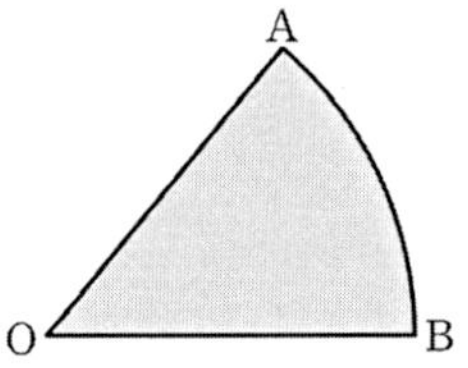


**5.** 원점 $O$ 와 점 $P(-6,-8)$ 을 잇는 선분 $OP$ 를 동경으로 하는 각을 $\theta$ 라 할 때, $\sin\theta+\tan\theta$ 의 값을 구하여라.

**6.** 오른쪽 그림과 같은 단위원 위의 점 $A, B$ 에서의 접선과 선분 $OP$ 의 연장선의 교점을 각각 $T, S$ 라 하고, 점 $P$ 에서 선분 $OA$ 에 내린 수선의 발을 $Q$, $\angle AOP$ 를 $\theta$ 라 할 때, $\theta$ 에 대한 삼각함수를 이용하여 $\frac{AT}{PQ}$ 를 하나의 선분의 길이로 나타내어라.

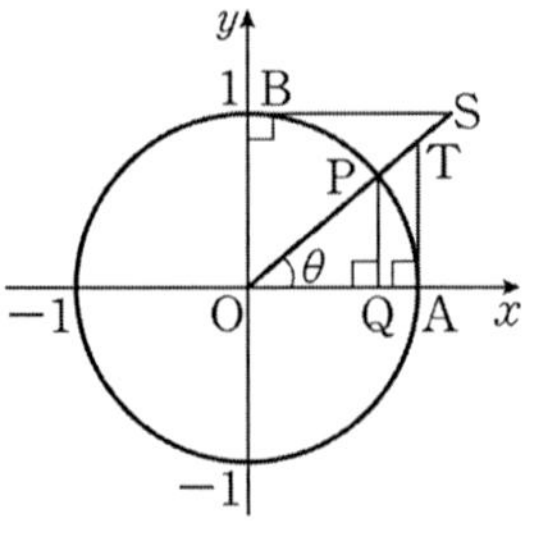

**7.** 다음 그래프는 $y = \sin x$ , $y = \cos x$ , $y = x$ 의 일부를 나타낸 것이다. $\sin(\cos a)$ 와 $\cos(\sin a)$ 를 나타내는 점을 각각 $A$ , $B$, $C$, $D$, $E$ 에서 고르시오.

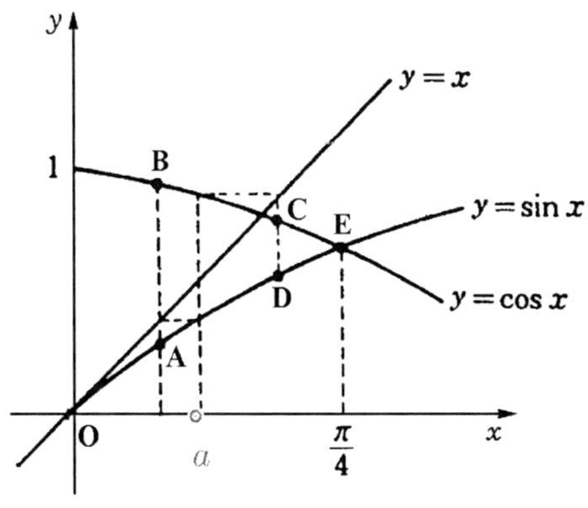


**8.** $\sin\theta + \cos\theta = \dfrac{1}{2}$ 일 때, $\dfrac{1}{\sin\theta}\left(\cot\theta + \dfrac{1}{\cot^2\theta}\right)$ 의 값을 구하여라.

**9.** $\sin\theta + \cos\theta = \dfrac{1}{4}$ 일 때, $\dfrac{\tan\theta}{1-\sec^2\theta} + \dfrac{\cot\theta}{1-\mathrm{cosec}^2\theta}$ 의 값을 구하여라.

**10.** $\cot^2 10° + (1-\cot^4 10°)\sin^2 10°$ 의 값을 구하여라.

**11.** 다음의 식을 간단히 하여라.

(1) $\left(\sin\theta - \dfrac{1}{\sin\theta}\right)^2 + \left(\cos\theta - \dfrac{1}{\cos\theta}\right)^2 - \left(\tan\theta - \dfrac{1}{\tan\theta}\right)^2$

(2) $\sin(\pi - \theta) + \cos\left(\dfrac{\pi}{2} + \theta\right) - \cos(\pi + \theta)$

(3) $\dfrac{\cos\left(\dfrac{\pi}{2} - \theta\right)\sin(\pi + \theta)}{\sin(\pi - \theta)} + \dfrac{\cos(\pi - \theta)\cos\left(\dfrac{3}{2}\pi + \theta\right)}{\sin\left(\dfrac{\pi}{2} + \theta\right)}$

**12.** 오른쪽 그림과 같이 좌표평면 위에 원점을 중심으로 하고, 단위원을 8 등분한 각 점을 $P_1, P_2, \cdots, P_8$ 이라 하자. $\angle P_1OP_2 = \theta$ 라 하고 $P_1(1, 0)$ 이라 할 때,

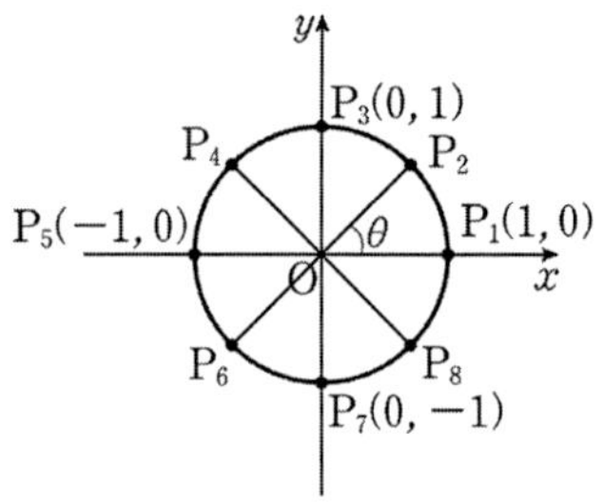


$$\sin\theta + \sin 2\theta + \cdots + \sin 8\theta$$

의 값을 구하여라.

**13.** 24 절기[2]는 태양의 황도상의 위치에 따라 계절 구분을 하기 위해 만든 것으로, 춘분점을 기점으로 15° 간격으로 점을 찍어 일 년을 총 24 개의 절기로 나눈 것이다. 춘분과 추분 때 낮의 길이는 12 시간이다. 일 년 중 낮의 길이가 가장 긴 하지와 낮의 길이가 가장 짧은 동지의 낮의 길이의 차는 5.2 시간이라고 한다. 낮의 길이를 $d$ 시간이라 하면

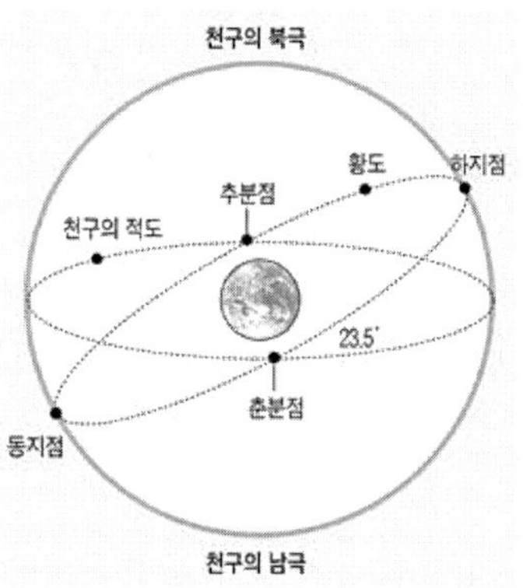


$$d = a\sin\frac{360°}{365}t + b \ (t \text{ 는 춘분 이후의 날짜 수, } a > 0)$$

의 관계식이 성립한다고 한다.

(1) 춘분날 $t = 0$ 임을 이용하여 실수 $b$ 의 값을 구하여라.

(2) 하지의 낮의 길이와 동지의 낮의 길이의 차를 이용하여 실수 $a$ 의 값을 구하여라.

**14.** 삼각함수표를 이용하여 $\sin(-424°) + \sin 115°$ 의 값을 구하여라.

**15.** $\cos 32° + \cos 72° + \cos 150° + \cos 212° + \cos 252°$ 의 값을 구하여라.

---

2) 봄: 입춘. 우수. 경칩. 춘분. 청명. 곡우, 여름: 입하. 소만. 망종. 하지. 소서. 대서
가을: 입추. 처서. 백로. 추분. 한로. 상강, 겨울: 입동. 소설. 대설. 동지. 소한. 대한

**16.** 함수 $f(x)$가 임의의 실수 $x$에 대하여 $f(\cos x)=\sin 3x$를 만족할 때, $f(\sin x)$의 값을 구하여라.

**17.** 오른쪽 그림은 함수 $f(x)=a\cos b\left(x-\frac{\pi}{4}\right)$의 그래프이다. 이때 $a, b$의 값을 구하여라. (단, $b>0$)

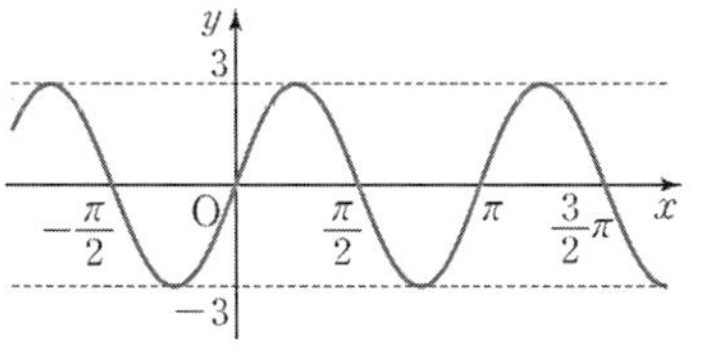


**18.** 함수 $f(x)=a\sin\left(\frac{\pi}{2}-bx\right)+c$에서 $f\left(\frac{1}{3}\right)=\frac{5}{2}$이고 최댓값은 4, 주기가 2일 때, 양수 $a, b, c$의 값을 각각 구하여라.

**19.** 하루 중 해수면의 높이가 가장 높아졌을 때를 만조, 가장 낮아졌을 때를 간조라 하고, 만조와 간조 때의 해수면 높이의 차를 조차라고 한다. 어느 날 $A$ 지점에서 시각 $x$(시)와 해수면의 높이 $y(m)$ 사이에는 다음과 같은 식이 성립한다고 한다.

|  | 시각 |
|---|---|
| 만조 | 05 시 00 분<br>17 시 00 분 |
| 간조 | 11 시 00 분<br>23 시 00 분 |

$$y=a\cos b\pi(x-c)+4 \quad (0\le x<24)$$

이 날 $A$ 지점의 조차가 $6m$이고, 만조와 간조 시각이 표와 같다. 이때, $a, b, c$의 값을 구하여라.(단, $a>0$, $b>0$, $0<c<6$이다.)

**20.** $\sin 15°$, $\cos 15°$의 값을 구하여라

**21.** $\cos 105°$, $\tan 105°$의 값을 구하여라.

**22.** $\sin\alpha=-\frac{4}{5}$, $\cos\beta=-\frac{12}{13}$일 때, $\mathrm{cosec}(\alpha+\beta)$의 값을 구하여라.(단, $\alpha$와 $\beta$는 모두 제3 사분면의 각이다.)

**23.** 함수 $f(x)=\tan x\left(0<x<\frac{\pi}{2}\right)$의 역함수를 $g(x)$라 할 때, $g(1)+g\left(\frac{1}{2}\right)+g\left(\frac{1}{3}\right)$의 값을 구하여라.

**24.** 배각의 공식을 이용하여, 다음 등식이 성립함을 보여라.

(1) $\sin 3\theta = 3\sin\theta - 4\sin^3\theta$  (2) $\cos 3\theta = 4\cos^3\theta - 3\cos\theta$

**25.** 3배각 공식을 이용하여, $\sin 10°$는 무리수임을 증명하여라.

**26.** 다음의 값을 구하라.

(1) $\sin 52.5°\sin 7.5°$  (2) $\cos 142.5°\sin 97.5°$

(3) $\sin 20°\sin 40°\sin 80°$

**27.** $\dfrac{\sin 55°\sin 35°}{\cos 80°+\cos 40°}$ 의 값을 구하여라.

**28.** 다음의 값을 구하라.

(1) $\cos 105°+\cos 165°$  (2) $\sin 165°-\sin 75°$

(3) $\cos 40°+\cos 80°-\sin 70°$

# 제 5 장

# 지수함수



진실은 복잡함이나 혼란 속에 있지 않고, 언제나 단순함 속에서 찾을 수 있다.

– Sir Isaac Newton –

# Chapter 05 지수함수

일정한 시간 동안에 일정한 비율로 증가하는 박테리아의 개체 수의 변화, 일정한 시간 동안에 반으로 줄어드는 방사성 물질의 양, 복리에 의한 적금액과 같이 시간에 따라 일정한 비율로 변하는 현상을 이해하고 예측하는 데 필요한 함수에 대하여 알아보자.

## 5.1 지수법칙과 거듭제곱근

어떤 수를 여러 번 곱한 것을 거듭제곱(power)이라 하며, 임의의 실수 $a$를 $n$번 곱한 것을 $a$의 $n$ 제곱이라 하며 거듭제곱을

$$a \times a \times a \times ... \times a = a^n$$

으로 나타낸다. 이때, $a$를 거듭제곱의 밑(base), $n$을 거듭제곱의 지수(exponent)라고 한다.

$a \neq 0$ 이고 $n$ 이 양의 정수일 때

$$a^0 = 1,\ a^{-n} = \frac{1}{a^n}$$

으로 정의한다. 또한 $a > 0$ 이고 $m, n\,(n \geq 2)$이 정수일 때 $a^{\frac{m}{n}} = \sqrt[n]{a^m}$ 으로 정의한다.

밑과 지수가 실수일 때, 다음과 같은 지수법칙이 성립한다.

**지수법칙**

$a, b$가 실수이고 $m, n$이 실수일 때

(1) $a^m a^n = a^{m+n}$　　(2) $(a^m)^n = a^{mn}$

(3) $(ab)^n = a^n b^n$　　(4) $\left(\frac{a}{b}\right)^n = \frac{a^n}{b^n}$ (단, $b \neq 0$)

(5) $\frac{a^m}{a^n} = \begin{cases} a^{m-n} & (m > n) \\ \frac{1}{a^{n-m}} & (n > m) \\ 1 & (m = n) \end{cases}$ (단, $a \neq 0$)

**예제 5-1**

0 이 아닌 두 실수 $a, b$에 대하여 다음 식을 간단히 하여라.

(1) $(a^3)^4 \times (a^2)^3$　　(2) $(ab)^3 \times \left(\frac{a}{b}\right)^4$　　(3) $\left(\frac{a}{b^3}\right)^3 \div (a^3 b^2)^2$

**풀이** (1) $(a^3)^4 \times (a^2)^3 = a^{12} \times a^6 = a^{18}$

(2) $(ab)^3 \times \left(\frac{a}{b}\right)^4 = a^3 b^3 \times \frac{a^4}{b^4} = \frac{a^7}{b}$

(3) $\left(\frac{a}{b^3}\right)^3 \div (a^3 b^2)^2 = \frac{a^3}{b^9} \div a^6 b^4 = \frac{1}{a^3 b^{13}}$

■

**예제 5-2**

다음 값을 구하여라.

(1) $\left(-\frac{3}{5}\right)^0$　　(2) $\left(-\frac{1}{3}\right)^{-3}$

**풀이** (1) $\left(-\frac{3}{5}\right)^0 = 1$

(2) $\left(-\frac{1}{3}\right)^{-3} = \frac{1}{\left(-\frac{1}{3}\right)^3} = -27$

■

**예제 5-3**

1미터($m$)의 100분의 1, 1000분의 1, 100만분의 1, 10억분의 1을 각각 1센티미터($cm$), 1밀리미터($mm$), 1마이크로미터($\mu m$), 1나노미터($nm$)라고 한다. 10의 거듭제곱을 사용하면 $1cm$는 $10^{-2}m$이다. 다음 □ 안에 알맞은 수를 구하여라.

(1) $1\ mm = 10^{\square}\ m$ (2) $1\ \mu m = 10^{\square}\ m$ (3) $1\ nm = 10^{\square}\ m$

**풀이** (1) $1\ mm = \dfrac{1}{10^3}\ m = 10^{-3}\ m$

(2) $1\ \mu m = \dfrac{1}{10^6}\ m = 10^{-6}\ m$

(3) $1\ nm = \dfrac{1}{10^9}\ m = 10^{-9}\ m$

■

나노(nano)는 그리스어 난쟁이(nanos)에서 유래된 말로 10억분의 $1(10^{-9})$의 크기를 나타내는 접두어이다. 수소 원자의 지름의 길이는 0.1 나노미터($nm$)라고 한다.

| 배수 | 기호 | 읽기 |
|---|---|---|
| $10^{-12}$ | $p$ | pico |
| $10^{-9}$ | $n$ | nano |
| $10^{-6}$ | $\mu$ | micro |
| $10^{-3}$ | m | milli |
| $10^{-2}$ | c | centi |
| $10^{-1}$ | d | deci |
| 10 | da | deca |
| $10^2$ | h | hecto |
| $10^3$ | k | kilo |
| $10^6$ | M | mega |
| $10^9$ | G | giga |
| $10^{12}$ | T | tera |

국제단위계의 접두어

**예제 5-4**

다음을 계산하여라.

(1) $16^{\frac{1}{2}}$　　(2) $8^{-\frac{4}{3}}$　　(3) $\left(\frac{1}{16}\right)^{-0.75}$

**풀이** (1) $16^{\frac{1}{2}} = (2^4)^{\frac{1}{2}} = 2^{4\times\frac{1}{2}} = 2^2 = 4$

(2) $8^{-\frac{4}{3}} = (2^3)^{-\frac{4}{3}} = 2^{3\times\left(-\frac{4}{3}\right)} = 2^{-4} = \frac{1}{2^4} = \frac{1}{16}$

(3) $\left(\frac{1}{16}\right)^{-0.75} = (2^{-4})^{-\frac{3}{4}} = 2^{(-4)\times\left(-\frac{3}{4}\right)} = 2^3 = 8$

■

**예제 5-5**

다음을 간단히 하여라.

(1) $\sqrt[3]{a}\,\sqrt[6]{a}$　　(2) $\dfrac{\sqrt{27}\cdot\sqrt[4]{81}}{\sqrt[3]{9}}$

**풀이** (1) $\sqrt[3]{a}\,\sqrt[6]{a} = a^{\frac{1}{3}}a^{\frac{1}{6}} = a^{\frac{1}{2}} = \sqrt{a}$

(2) $\dfrac{\sqrt{27}\cdot\sqrt[4]{81}}{\sqrt[3]{9}} = \sqrt{3^3}\cdot\sqrt[4]{3^4}\div\sqrt[3]{3^2} = 3^{\frac{3}{2}}3^{\frac{4}{4}}3^{-\frac{2}{3}} = 3^{\frac{11}{6}} = \sqrt[6]{3^{11}}$

■

**예제 5-6**

$\sqrt[4]{3\sqrt[3]{3\sqrt[5]{3}}} = \sqrt[m]{a^n}$ 이 성립하는 서로 소인 두 자연수 $m, n$에 대하여 $m+n$의 값을 구하여라.

**풀이** $\sqrt[4]{3\sqrt[3]{3\sqrt[5]{3}}} = \left\{3\times(3\times3^{\frac{1}{5}})^{\frac{1}{3}}\right\}^{\frac{1}{4}} = 3^{\frac{1}{4}}3^{\frac{1}{12}}3^{\frac{1}{60}} = 3^{\frac{15+5+1}{60}} = 3^{\frac{7}{20}} = \sqrt[20]{3^7}$

$\therefore\ m+n=27$

■

**예제 5-7**

휴대용 계산기는 화면에 나타난 수에 대한 양의 제곱근의 근삿값을 근호( $\sqrt{\ }$ )가 표시된 키를 눌러 계산할 수 있다. 화면에 8 이 표시되어 있을 때, 근호( $\sqrt{\ }$ )의 키를 연속으로 세 번 누르면 $2^k$ 의 근삿값이 화면에 나타난다. 이 때, $k$ 의 값을 구하여라.

**풀이** $8=2^3$ 이므로 $\sqrt{\ }$ 의 키를 한 번 누르면 $\sqrt{2^3}$ 의 근삿값, 두 번 누르면 $\sqrt{\sqrt{2^3}}$ 의 근삿값, 세 번 누르면 $\sqrt{\sqrt{\sqrt{2^3}}}$ 의 근삿값이 화면에 나타난다. 따라서 $\sqrt{\sqrt{\sqrt{2^3}}}=2^{\frac{3}{8}}$ 이므로 $k=\dfrac{3}{8}$ 이다. 실제로, 8 에 대하여 근호( $\sqrt{\ }$ )의 키를 연속으로 세 번 누르면 화면에 1.2968395 가 나타난다.

■

실수 $x$ 를 거듭제곱하여 $a$ 가 될 때, $x$ 를 $a$ 의 거듭제곱근(radical root)이라 한다. 일반적으로 $n$ 이 2 이상인 정수일 때, $n$ 제곱하여 실수 $a$ 가 되는 수, 즉

$$x^n = a$$

를 만족하는 수 $x$ 를 $a$ 의 $n$ 제곱근이라고 한다. 특히, $n=2$ 인 경우를 $a$ 의 제곱근, $n=3$ 인 경우를 $a$ 의 세제곱근이라고 한다.

**참고** 0 의 $n$ 제곱근은 0 이다.

**예제 5-8**

다음 거듭제곱근을 구하여라.

(1) $-8$ 의 세제곱근 (2) 16 의 네제곱근

**풀이** (1) $-8$ 의 세제곱근을 $x$ 라 하면 $x^3=-8$ 이다. 그러므로

$$x^3+8=0\ ,\ (x+2)(x^2-2x+4)=0$$

$$\therefore\ x=-2,\ x=1\pm\sqrt{3}i$$

(2) $x^4=16$ 으로부터 $x^4-16=0$

$$(x+2)(x-2)(x^2+4)=0\ ,\ x=\pm 2,\ x=\pm 2i$$

이다. 그러므로 16 의 네제곱근 중에서 양의 실수(즉, 네제곱하여 16 이 되는 양수)는 2 뿐이다. 즉, $\sqrt[4]{16}=2$ 이다. 한편, 16 의 네제곱근 중에서 음의 실수(즉, 네제곱하여 16 이 되는 음수)는 $-2$ 뿐이다. 즉, $-\sqrt[4]{16}=-2$ 이다. ■

실수 $a$ 의 $n$ 제곱근 중에서 실수인 것은 함수 $y=x^n$ 의 그래프와 직선 $y=a$ 의 교점의 $x$ 좌표와 같다.

■ $n$ 이 홀수일 때

함수 $y=x^n$ 의 그래프는 오른쪽 그림과 같이 원점에 대하여 대칭이다. 따라서 실수 $a$ 의 값에 관계없이 $a$ 의 $n$ 제곱근 중에서 실수인 것은 오직 하나 존재하며, 이것을 기호 $\sqrt[n]{a}$ 로 나타낸다. 이때, $\sqrt[n]{a}$ 와 $a$ 의 부호는 같다.

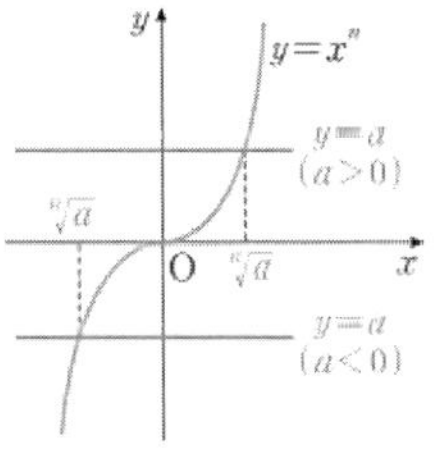


■ $n$ 이 짝수일 때

함수 $y=x^n$ 의 그래프는 오른쪽 그림과 같이 $y$ 축에 대하여 대칭이다.

(i) $a>0$ 이면 $a$ 의 $n$ 제곱근 중에서 실수인 것은 양수와 음수 각각 한 개씩 있으며, 그중에서 양수는 $\sqrt[n]{a}$ , 음수는 $-\sqrt[n]{a}$ 로 나타낸다.

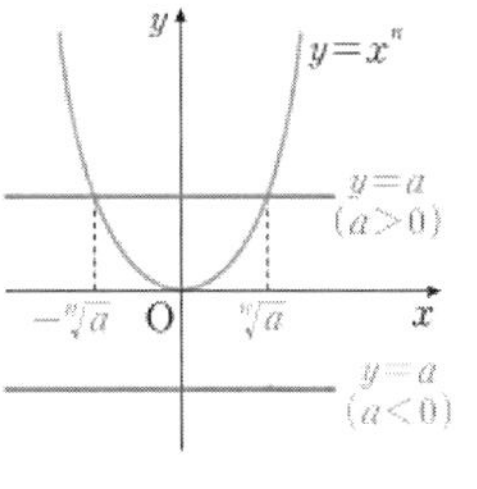


(ii) $a=0$ 이면 0 의 $n$ 제곱근은 0 하나뿐이고, 이것을 $\sqrt[n]{0}=0$ 으로 나타낸다.

(iii) $a<0$ 이면 $a$ 의 $n$ 제곱근 중에서 실수인 것은 없다.

**$a$ 의 $n$ 제곱근이 실수인 경우**

$n$ 이 2 이상의 정수일 때

| | $a>0$ | $a=0$ | $a<0$ |
|---|---|---|---|
| $n$ 이 홀수 | $\sqrt[n]{a}$ | 0 | $\sqrt[n]{a}$ |
| $n$ 이 짝수 | $\sqrt[n]{a}$ , $-\sqrt[n]{a}$ | 0 | 없다. |

**예제 5-9**

다음 값을 구하여라.

(1) $\sqrt[3]{-64}$ (2) $\sqrt[3]{64}$ (3) $\sqrt[4]{(-16)^2}$

**풀이** (1) $-64=(-4)^3$ 이므로 $\sqrt[3]{-64}=\sqrt[3]{(-4)^3}=-4$

(2) $64=4^3$ 이므로 $\sqrt[3]{64}=\sqrt[3]{4^3}=4$

(3) $\sqrt[4]{(-16)^2}=\sqrt[4]{16^2}=4$

■

**예제 5-10**

$\sqrt[3]{-512}+\sqrt[5]{243}+\sqrt[4]{16}$ 의 값을 구하여라.

**풀이** $\sqrt[3]{-512}+\sqrt[5]{243}+\sqrt[4]{16}=\sqrt[3]{(-8)^3}+\sqrt[5]{3^5}+\sqrt[4]{2^4}=-8+3+2=-3$

■

$a>0$ 이고 $n$ 이 2 이상의 정수일 때, $a$ 의 양의 $n$ 제곱근인 $\sqrt[n]{a}$ 는 오직 하나 존재하고, $(\sqrt[n]{a})^n=a$ 가 성립한다. 지수법칙을 이용하여 거듭제곱근에 대하여 성립하는 여러 가지 성질을 알아보자.

**예제 5-11**

$a>0$, $b>0$ 이고 $n$ 이 2 이상의 정수일 때, $\sqrt[n]{a}\sqrt[n]{b}=\sqrt[n]{ab}$ 가 성립함을 보여라.

**풀이** 좌변을 $n$ 제곱하면

$$(\sqrt[n]{a}\sqrt[n]{b})^n=(\sqrt[n]{a})^n\cdot(\sqrt[n]{b})^n=ab$$

그런데 $\sqrt[n]{a}>0$, $\sqrt[n]{b}>0$ 이므로 $\sqrt[n]{a}\cdot\sqrt[n]{b}>0$ 이다. 따라서 $\sqrt[n]{a}\cdot\sqrt[n]{b}$ 는 $ab$ 의 양의 $n$ 제곱근이다.

$$\therefore\ \sqrt[n]{a}\sqrt[n]{b}=\sqrt[n]{ab}$$

■

이상에서 거듭제곱근에 대하여 다음과 같은 성질이 성립한다.

**거듭제곱근의 성질**

$a>0$, $b>0$ 이고 $m, n$ 이 2 이상의 정수일 때

(1) $\sqrt[n]{a}\sqrt[n]{b}=\sqrt[n]{ab}$ (2) $\dfrac{\sqrt[n]{a}}{\sqrt[n]{b}}=\sqrt[n]{\dfrac{a}{b}}$

(3) $(\sqrt[n]{a})^m=\sqrt[n]{a^m}$ (4) $\sqrt[m]{\sqrt[n]{a}}=\sqrt[mn]{a}$

**예제 5-12**

다음을 간단히 하여라.

(1) $\sqrt[3]{2}\sqrt[3]{4}$ (2) $\dfrac{(\sqrt[6]{3})^4}{\sqrt{\sqrt[3]{9}}}$

**풀이** (1) $\sqrt[3]{2}\sqrt[3]{4}=\sqrt[3]{2\times 4}=\sqrt[3]{8}=\sqrt[3]{2^3}=2$

(2) $\dfrac{(\sqrt[6]{3})^4}{\sqrt{\sqrt[3]{9}}}=\dfrac{\sqrt[6]{3^4}}{\sqrt[6]{9}}=\sqrt[6]{9}$

■

**예제 5-13**

$\sqrt[4]{\dfrac{\sqrt[5]{a}}{\sqrt[3]{a}}}\times\sqrt[5]{\dfrac{\sqrt[6]{a}}{\sqrt[4]{a}}}\times\sqrt[6]{\dfrac{\sqrt{a}}{\sqrt[5]{a}}}$ 를 간단히 하여라

**풀이** $\sqrt[4]{\dfrac{\sqrt[5]{a}}{\sqrt[3]{a}}}\times\sqrt[5]{\dfrac{\sqrt[6]{a}}{\sqrt[4]{a}}}\times\sqrt[6]{\dfrac{\sqrt{a}}{\sqrt[5]{a}}}=\dfrac{\sqrt[4]{\sqrt[5]{a}}}{\sqrt[4]{\sqrt[3]{a}}}\cdot\dfrac{\sqrt[5]{\sqrt[6]{a}}}{\sqrt[5]{\sqrt[4]{a}}}\cdot\dfrac{\sqrt[6]{\sqrt{a}}}{\sqrt[6]{\sqrt[5]{a}}}$

$=\dfrac{\sqrt[20]{a}}{\sqrt[12]{a}}\cdot\dfrac{\sqrt[30]{a}}{\sqrt[20]{a}}\cdot\dfrac{\sqrt[12]{a}}{\sqrt[30]{a}}$

$=1$

■

## 5.2 지수함수

$a>0$ 이고 $a \neq 1$ 이면 실수 $x$ 에 대하여 $a^x$ 를 대응시키면 $a^x$ 의 값은 단 하나 정해지므로 $y=a^x$ 는 $x$ 의 함수이다. 실수 전체의 집합을 정의역으로 하는 함수

$$y=a^x \quad (a>0,\ a \neq 1)$$

을 $a$ 를 밑으로 하는 지수함수(exponential function)라고 한다.

**예제 5-14**

다음 그림은 $f(x)=a^x\ (a>1)$ 의 그래프이다. $f(2)=p$, $f(3)=q$ 일 때, $f(15)$ 의 값을 $p$, $q$ 로 나타내어라.

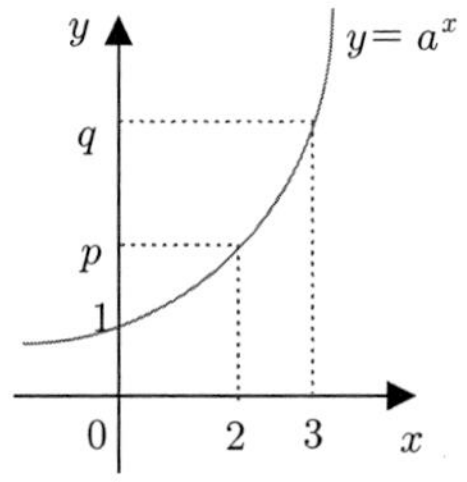


풀이 $f(2)=a^2=p$ , $f(3)=a^3=q$ 이므로

$$f(15)=a^{15}=(a^2)^3 \cdot (a^3)^3=p^3q^3$$

■

**예제 5-15**

다음 그림은 두 함수 $y=2^x$ , $y=x$ 의 그래프이다. $2^{2a-d}$ 의 값을 $a, b, c, d, e$ 로 나타내어라.

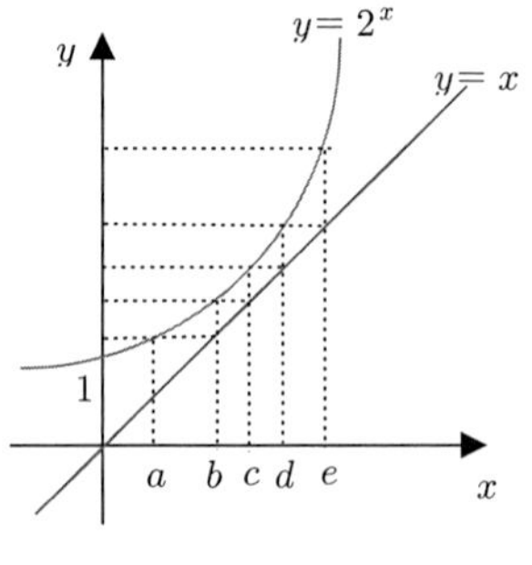

풀이 $f(a)=2^a=b$ , $f(d)=2^d=e$ 이므로

$$2^{2a-d}=(2^a)^2\cdot 2^{-d}=(2^a)^2\cdot\frac{1}{2^d}=\frac{b^2}{e}$$

■

**예제 5-16**

$a^{2x}=3\,(a>0)$ 일 때, $\dfrac{a^{3x}+a^{-3x}}{a^x+a^{-x}}$ 의 값을 구하여라.

풀이 $\dfrac{a^{3x}+a^{-3x}}{a^x+a^{-x}}$ 의 분모와 분자에 $a^x$ 를 곱하면

$$\frac{a^{3x}+a^{-3x}}{a^x+a^{-x}}=\frac{a^{4x}+a^{-2x}}{a^{2x}+1}=\frac{(a^{2x})^2+\dfrac{1}{a^{2x}}}{a^{2x}+1}=\frac{3^2+\dfrac{1}{3}}{3+1}=\frac{7}{3}$$

■

$a>1$ 일 때 $x$ 의 값이 증가하면 $a^x$ 의 값도 증가하고, $0<a<1$ 일 때 $x$ 의 값이 증가하면 $a^x$ 의 값은 양수이면서 0에 한없이 가까워진다.

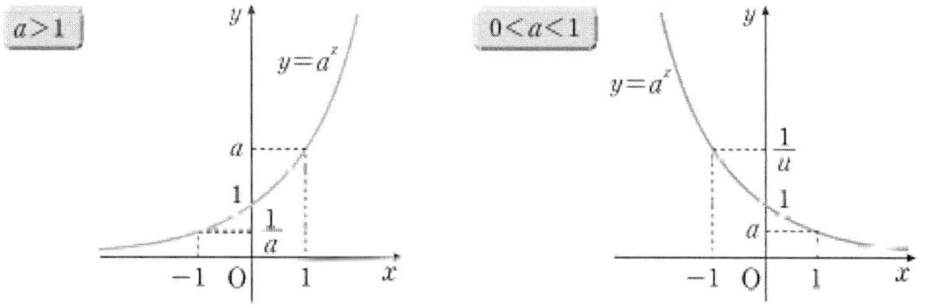


또한, 두 함수 $y=a^x$ 와 $y=\left(\dfrac{1}{a}\right)^x$ 이 그래프는 $y$ 축에 대하여 대칭이다. 따라서 $a>0$ 이고 $a\neq 1$ 일 때, 지수함수 $y=a^x$ 의 그래프는 $a$ 의 값의 범위에 따라 다음과 같은 성질을 가진다.

**지수함수 $y = a^x (a > 0,\ a \neq 1)$의 성질**

(1) 정의역은 실수 전체의 집합이고, 치역은 양의 실수 전체의 집합이다.

(2) $a>1$ 일 때, $x$ 의 값이 증가하면 $y$ 의 값도 증가한다.

$0<a<1$ 일 때, $x$ 의 값이 증가하면 $y$ 의 값은 감소한다.

(3) 그래프는 점 $(0, 1)$을 지나고, $x$ 축을 점근선으로 한다.

**예제 5-17**

함수 $y = 2^x$ 의 그래프를 그려라.

풀이 함수 $f(x) = 2^x$ 에서 여러 가지 $x$ 의 값을 대입하면 다음 표와 같다.

| $x$ | -5 | -4 | -3 | -2 | -1 | 0 | 1 | 2 | 3 | 4 | 5 |
|---|---|---|---|---|---|---|---|---|---|---|---|
| $2^x$ | $\frac{1}{32}$ | $\frac{1}{16}$ | $\frac{1}{8}$ | $\frac{1}{4}$ | $\frac{1}{2}$ | 1 | 2 | 4 | 8 | 16 | 32 |

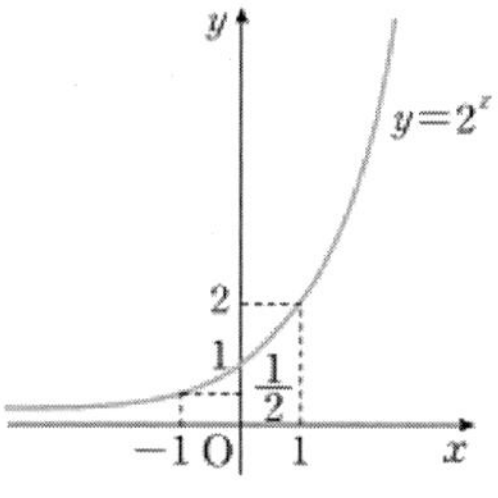


■

**예제 5-18**

지수함수 $y = 2^x$ 의 그래프를 이용하여 지수함수 $y = \left(\frac{1}{2}\right)^x$ 의 그래프를 그려라.

풀이 지수법칙에 의하여

$$y = \left(\frac{1}{2}\right)^x = 2^{-x}$$

이므로 함수 $y = 2^x$ 와 $y$ 축에 대하여 대칭이다.

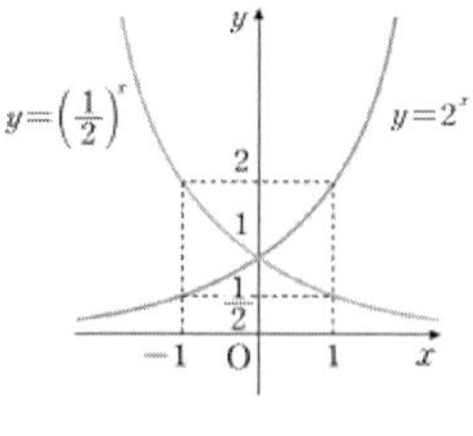


■

**예제 5-19**

지수함수 $y=3^{x+1}-2$ 의 그래프를 그리고, 정의역과 치역, 점근선을 구하여라.

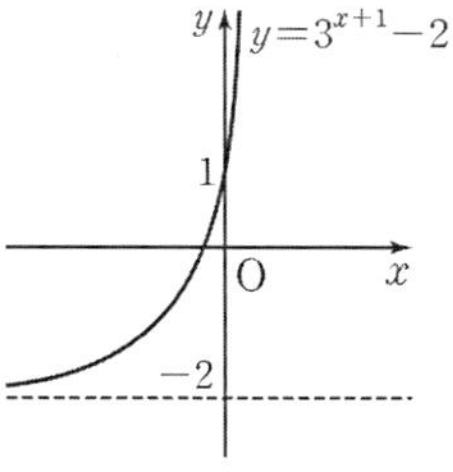


**풀이** 함수 $y=3^{x+1}-2$ 의 그래프는 함수 $y=3^x$ 의 그래프를 $x$ 축의 방향으로 $-1$ 만큼, $y$ 축의 방향으로 $-2$ 만큼 평행이동한 것으로 오른쪽 그림과 같다. 이때, 정의역은 실수 전체의 집합이고, 치역은

$$\{y \mid y \geq -2\}$$

이다. 점근선은 직선 $y=-2$ 이다.

■

**예제 5-20**

함수 $y=10^x$ 의 그래프를 $x$ 축 방향으로 $p$ 만큼, $y$ 축 방향으로 $q$ 만큼 평행이동하였더니 곡선 $y=10^{x+4}+3$ 의 그래프와 일치하였다. $p+q$ 의 값을 구하여라.

**풀이** $y=10^x$ 를 $x$ 축 방향으로 $p$ 만큼, $y$ 축 방향으로 $q$ 만큼 평행이동시키면

$$y-q=10^{x-p}$$

이다. 즉, $y=10^{x-p}+q$ 이므로

$$p=-4,\ q=3$$

이다. 따라서

$$p+q=-4+3=-1$$

■

**예제 5-21**

$f(x)\neq 0$ 인 함수 $f(x)$ 가 임의의 실수 $x, y$ 에 대하여 $f(x+y)=f(x)f(y)$ 일 때, 다음이 성립함을 보여라.

(1) $f(x)>0$ (2) $f(0)=1$

(3) $f(-x)=\dfrac{1}{f(x)}$ (4) $f(x-y)=\dfrac{f(x)}{f(y)}$

**풀이** (1) $f(x)=f\left(\dfrac{x}{2}+\dfrac{x}{2}\right)=f\left(\dfrac{x}{2}\right)\cdot f\left(\dfrac{x}{2}\right)=\left\{f\left(\dfrac{x}{2}\right)\right\}^2\geq 0$

한편, $f(x) \neq 0$ 이므로 $f\left(\frac{x}{2}\right) \neq 0$ 이다. 따라서 $f(x) > 0$ 이다.

(2) $f(x+y) = f(x)f(y)$ 에서 $y=0$ 을 대입하면

$$f(x) = f(x)f(0),\ f(x)\{f(0)-1\} = 0$$

을 얻는다. $f(x) \neq 0$ 이므로 $f(0)=1$ 이다.

(3) $f(x+y) = f(x)f(y)$ 에서 $y=-x$ 를 대입하면

$$f(0) = f(x) \cdot f(-x) = 1$$

이므로

$$f(-x) = \frac{1}{f(x)}$$

(4) $f(x+y) = f(x)f(y)$ 에서 $y$ 대신 $-y$ 를 대입하면

$$f(x-y) = f(x)f(-y) = f(x) \cdot \frac{1}{f(y)} = \frac{f(x)}{f(y)}$$

■

## 5.3 지수함수의 응용

지수함수는 자연과 사회현상의 수학적 모델로 자주 이용한다. 인구의 증가문제, 방사능 물질의 붕괴, 세균의 증식과정 등은 자연환경 속에서 실제적으로 발생하는 대표적인 현상인 것이다.

예를 들면, 처음의 박테리아의 개체수를 1 이라 할 때, 매 시간마다 이것이 2 배로 늘어난다고 하면, 2 시간 후에는 $2^2$, 3 시간 후에는 $2^3$, 4 시간 후에는 $2^{16}$ 등으로 늘어난다. 따라서 $t$ 시간 후의 박테리아의 개체수는 지수함수 $y = 2^t$ 로 표시된다.

**예제 5-22**

현재로부터 $t$ 시간 후의 박테리아의 개체수 $P(t)$ 는

$$P(t) = 200(100)^{\frac{t}{10}}$$

으로 주어진다.

(1) 박테리아의 초기의 개체수를 구하여라.

(2) 몇 시간 후에 초기의 개체수의 100 배가 되는가?

(3) $t=5$, $t=15$ 일 때, 박테리아의 개체수를 구하여라.

**풀이** (1) 박테리아의 초기의 개체수는 $t=0$ 일 때이다. 따라서

$$P(0)=200$$

(2) $P(t)=200(100)^{\frac{t}{10}}$ 에서 $t=10$ 일 때,

$$P(10)=200\times 100$$

이므로 10 시간 후에 박테리아의 개체수는 초기의 개체수의 100 배가 된다.

(3) $P(5)=200(100)^{\frac{1}{2}}=200\times 10=2,000$

$$P(15)=200(100)^{\frac{3}{2}}=200\times 1,000=200,000$$

■

방사성 원소가 최초의 양에서 반으로 줄어드는 데 걸리는 시간을 반감기(Half Value Period)라고 한다. 반감기는 방사성 원소의 종류에 따라 다르며, 물리적 또는 화학적인 외부 환경의 어떤 조건에도 전혀 관계없이 물질에 따라 일정하다. 그리고 방사성 원소는 시간에 따라서 지수 함수적으로 감소한다. 예를 들면,

| 방사성 원소 | 반감기 | 방사성 원소 | 반감기 |
|---|---|---|---|
| 탄소-14, $^{14}C$ | 5,700 년 | 알루미늄-26, $^{26}Al$ | 72만년 |
| 요오드-129, $^{129}I$ | 1600만년 | 우라늄-238, $^{238}U$ | 45억년 |

생성된 방사성 탄소-14는 산소와 결합하여 이산화탄소 분자가 된다. 녹색식물은 광합성 작용에 의하여 물과 이산화탄소를 흡수하여 탄수화물을 생성한다. 따라서 모든 식물체는 방사성 탄소-14를 가지고 있다. 또한 동물들은 이 식물을 섭취하므로 모든 살아있는 생명체는 세포 속에 적은 양의 탄소-14를 갖게 된다. 그리고 살아있는 동식물 체내의 탄수-14와 보통의 탄소의 비율이 일치한다고 알려져 있다. 유기체가 죽고 나면 더 이상 탄소-14를 섭취되지 않으므로 사체 내의 탄소 14는 계속 붕괴하여 줄어들게 된다. 사체의 조직이 가지고 있는 탄소-14의 양은 5,700 년 후에는 $\frac{1}{2}$ 로 줄게 되고 11,400 년 후에는 $\frac{1}{4}$ 만 남는다. 보통의 탄소와 방사성 탄소의 비율을 조사하면 오래된 유기물체의 연대를 측정할 수 있다. 미이라, 목재도구, 의류, 가죽, 모닥불을 피

운 재, 그리고 고대 문명의 예술품의 연대를 측정하는데 사용할 수 있다.

**예제 5-23**

반감기가 $T$인 어느 방사성 물질의 처음 양을 $R_0$라고 하자. $T$시간이 지난 후에 남아 있는 이 물질의 양은 $\frac{1}{2}R_0$이다. $t$시간이 지난 후에 남아 있는 방사성 물질의 양을 구하는 식을 구하여라.

| 경과 시간 | $0$ | $T$ | $2T$ | $3T$ | $\cdots$ | $kT$ | $t$ |
|---|---|---|---|---|---|---|---|
| 남아 있는 방사성 물질의 양 | $R_0$ | $\frac{1}{2}R_0$ | | | $\cdots$ | | |

**풀이** $T$시간이 지난 후에 남아 있는 양은 $\frac{1}{2}R_0$, $2T$시간이 지난 후에 남아 있는 양은 $\frac{1}{2}\left(\frac{1}{2}R_0\right)=\left(\frac{1}{2}\right)^2 R_0$, $3T$시간이 지난 후에 남아 있는 양은

$$\frac{1}{2}\left(\left(\frac{1}{2}\right)^2 R_0\right)=\left(\frac{1}{2}\right)^3 R_0,$$

$kT$시간이 지난 후에 남아 있는 양은 $\left(\frac{1}{2}\right)^k R_0$. 따라서 $t=\left(\frac{t}{T}\right)T$시간이 지난 후에 남아 있는 방사성 물질의 양은 $\left(\frac{1}{2}\right)^{\frac{t}{T}} R_0$이다.

| 경과 시간 | $0$ | $T$ | $2T$ | $3T$ | $\cdots$ | $kT$ | $t$ |
|---|---|---|---|---|---|---|---|
| 남아 있는 방사성 물질의 양 | $R_0$ | $\frac{1}{2}R_0$ | $\left(\frac{1}{2}\right)^2 R_0$ | $\left(\frac{1}{2}\right)^3 R_0$ | $\cdots$ | $\left(\frac{1}{2}\right)^k R_0$ | $\left(\frac{1}{2}\right)^{\frac{t}{T}} R_0$ |

■

**예제 5-24**

방사능 물질의 처음 양을 $R_0$, 반감기를 $T$라고 할 때, $t$일 후에 방사능 물질의 남은 양 $R(t)$는 다음과 같다.

$$R(t)=R_0\left(\frac{1}{2}\right)^{\frac{t}{T}}$$

어떤 방사능 물질의 반감기는 5 일이다. 현재 이 물질의 양이 $8\,kg$ 일 때, 다음을 구하여라.

(1) 방사능 물질의 자연 붕괴에 대한 식을 구하여라.

(2) 5 일, 10 일, 15 일, 20 일 후에 방사능 물질의 남은 양을 구하여라.

**풀이** (1) $R_0 = 8$, $T = 5$ 이므로 $R(t) = 8\left(\frac{1}{2}\right)^{\frac{t}{5}}$ 이다.

(2) (1)로부터

$$R(5) = 8\left(\frac{1}{2}\right) = 4\,kg\ ,\ R(10) = 8\left(\frac{1}{2}\right)^2 = 2\,kg$$

$$R(15) = 8\left(\frac{1}{2}\right)^3 = 1\,kg\ ,\ R(20) = 8\left(\frac{1}{2}\right)^4 = \frac{1}{2}\,kg$$

■

**예제 5-25**

1857년 독일 사회통계학자 엥겔(Ernst Engel)이 가계 지출을 조사한 결과 저소득 가계일수록 식료품비가 차지하는 비율이 높고, 고소득 가계일수록 식료품비가 차지하는 비율이 낮음을 발견하였는데 이를 '엥겔의 법칙'이라고 한다. 한 가정의 총 소비 지출액에 대한 식료품비의 비율을 엥겔지수(Engel's coefficient)라고 한다. 즉,

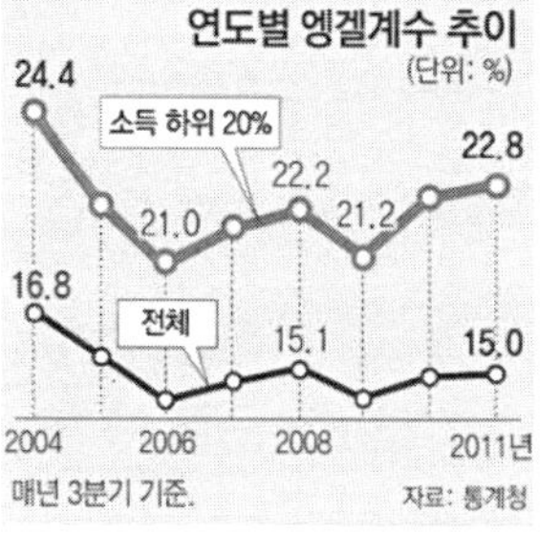


$$(\text{엥겔지수}) = \frac{\text{식료품비}}{\text{총소비지출액}} \times 100\,(\%)$$

현재 엥겔지수가 26 % 인 어느 가정의 매년 총 소비 지출액은 10 % 씩 증가하고, 식료품비는 5 % 씩 증가한다면 10 년 후 이 가정의 엥겔지수를 구하여라.
(단, $1.1^{10} = 2.6$, $1.05^{10} = 1.63$ 으로 계산한다.)

**풀이** 현재의 총 소비 지출액을 $C$ 라고 하면 식료품비는 $\frac{26}{100}C$ 이다. 10 년 후의 총 소비 지출액은 $C \times 1.10^{10}$ 이고, 10 년 후의 식료품비는 $\frac{26}{100}C \times 1.05^{10}$ 이다.

따라서 10 년 후의 엥겔지수는

$$\frac{\frac{26}{100}C\times 1.05^{10}}{C\times 1.10^{10}}\times 100 = 26\times\frac{1.63}{2.6} = 16.3(\%)$$

■

토지를 제외한 유형자산, 즉 건물, 기계, 차량 등은 대부분 시간이 경과하거나 사용에 따라, 또는 새로운 제품의 개발에 따른 경제적 가치가 점차 감소되므로, 기간손익을 올바르게 산정하기 위해서는 가치의 감소분을 결산시에 비용으로 계상함과 동시에 당해 자산의 금액을 감소시킬 필요가 있다. 일정기간(내용연수)을 일정비율로 추산하여 비용으로 간주하는 절차를 감가상각이라 하며, 이와 같이 자산의 이용으로 발생하는 비용을 감가상각비(depreciation expenses)라 한다.

**예제 5-26**

신차를 구입한 지 $t$ 년이 경과한 차량가격 $V(t)$ 가

$$V(t) = 2000(0.85)^t \text{ (만원)}$$

일 때, 다음을 구하여라.

(1) 이 차량의 감각상각비는 연 몇 퍼센트(%)인가?

(2) 3 년 후의 이 차량의 가격을 구하여라.

**풀이** (1) $1-0.85 = 15$ 이므로 이 차량의 감각상각비는 연 15% 이다.

(2) $V(3) = 2000(0.85)^3 \fallingdotseq 2000\times 0.6141 = 1228.2$ (만원)

이므로 3 년 후의 차량의 가격은 1,228 만 2,000 천원이다.

■

## 연습문제

**1.** $a>0, b>0$ 이고 $m, n$ 이 유리수일 때, 다음 지수법칙이 성립함을 보여라.

(1) $(a^m)^n = a^{mn}$ (2) $(ab)^n = a^n b^n$ (3) $a^m \div a^n = a^{m-n}$

**2.** 바이러스는 세균보다 크기가 작은 전염성 병원체로써 '독'을 뜻하는 라틴어 낱말 '비루스(virus)'에서 유래하였다. 어느 구 모양의 바이러스의 부피가

$$2^{14} \times 10^{-27}\, m^3$$

일 때, 이 바이러스의 지름의 길이를 구하여라.(단, $\pi = 3$ 으로 계산한다.)

**3.** 빛의 속력이 $3 \times 10^8\, m/s$ 일 때, 빛이 한 시간 동안 이동한 거리를 $a \times 10^n\, m$ 의 꼴로 나타내어라. (단, $1 \le a < 10, n$ 은 자연수)

**4.** 컴퓨터 프로그램을 이용하여, 소희는 일정한 비율로 각각 확대 또는 축소 복사하여 다양한 크기의 사진을 만들려고 한다. 이 프로그램으로 확대 복사하는 작업을 일정한 배율로 3 번 연속 실행하면 처음의 크기의 4 배가 되는 사진을 만들 수 있으며, 축소 복사하는 작업을 일정한 배율로 4 번 연속 실행하면 처음의 크기의 $\frac{1}{8}$ 베가 되는 사진을 만들 수 있다고 한다. 이 프로그램으로 사진을 4 번 연속으로 확대 복사한 것을 다시 3 번 축소 복사하여 얻은 사진은 처음 크기의 $2^a$ 배이다. 이 때, $a$ 의 값을 구하여라.

**5.** 시난 $n$ 년 농안 매출액이 $p$ 원에서 $q$ 원으로 변했을 때 연평균 성장률은

$$(\text{연평균 성장률}) = \left(\frac{q}{p}\right)^{\frac{1}{n}} - 1$$

로 나타내어진다. 다음은 두 회사 $A, B$의 매출액을 나타낸 표이다.

(단위: 억 원)

| 회사명 | 2006 년 말 | 2011 년 말 |
|---|---|---|
| $A$ | 80 | 160 |
| $B$ | 90 | 360 |

이때, 2006 년 말부터 2011 년 말까지 5 년 동안 $B$ 회사의 연평균 성장률은 $A$ 회사의 몇 배인지 구하여라. (단, $2^{\frac{6}{5}} = 2.3$ 으로 계산한다.)

**6.** 다음 중 옳은 것을 고르시오.

① $\sqrt{(-5)^2} = -5$

② $-27$ 의 세제곱근은 $-3$ 뿐이다.

③ 8 의 세제곱근은 $\pm 2$ 이다.

④ $\sqrt{81}$ 의 제곱근은 $\pm 3$ 이다.

⑤ 16 의 네제곱근 중 실수인 것은 2 뿐이다.

**7.** 다음 거듭제곱근을 구하여라.

(1) 256 의 네제곱근　　(2) $-16$ 의 제곱근

(3) 27 의 세제곱근　　(4) $-27$ 의 세제곱근

**8.** 다음의 값을 구하여라.

(1) $\sqrt[4]{64}\,\sqrt[4]{256}$　　(2) $\sqrt[3]{-125} + \sqrt{16} - \sqrt[4]{81}$　　(3) $\sqrt[3]{40} \div \sqrt[3]{-5}$

**9.** 다음의 값을 구하여라.

(1) $\sqrt[4]{4^4}$　　(2) $\sqrt[4]{(-4)^4}$　　(3) $\sqrt[3]{-\frac{1}{64}}$　　(4) $\sqrt[3]{-1000}$

**10.** $a>0$, $b>0$ 이고 $n$ 이 2 이상의 정수일 때, $\dfrac{\sqrt[n]{a}}{\sqrt[n]{b}}=\sqrt[n]{\dfrac{a}{b}}$ 가 성립함을 보여라.

**11.** 다음 식을 간단히 하여라.

(1) $\sqrt[4]{a\sqrt[3]{a\sqrt{a}}}$　　　(2) $\sqrt[5]{\dfrac{\sqrt{a}}{\sqrt[3]{a}}}\times\sqrt[3]{\dfrac{\sqrt[5]{a}}{\sqrt{a}}}\times\sqrt{\dfrac{\sqrt[3]{a}}{\sqrt[5]{a}}}$

**12.** $5^x=100$, $2^y=100$ 을 만족하는 두 실수 $x, y$ 에 대하여 $\dfrac{1}{x}+\dfrac{1}{y}$ 의 값을 구하여라.

**13.** $x^{\frac{1}{2}}+x^{-\frac{1}{2}}=5$ 일 때, 다음의 값을 구하여라.

(1) $x+x^{-1}$　　　(2) $x^2+x^{-2}$

**14.** $\dfrac{a^m+a^{-m}}{a^m-a^{-m}}=4\ (a>0, a\neq 1)$ 일 때, $(a^m+a^{-m})(a^m-a^{-m})$ 의 값을 구하여라.

**15.** 다음 두 수의 대소를 비교하여라.

(1) $\sqrt[5]{16}$, $\sqrt[6]{64}$　　　(2) $\sqrt[4]{4}$, $\sqrt[8]{10}$

**16.** 함수 $y=3^x$ 와 $y=\left(\dfrac{1}{3}\right)^x$ 의 그래프를 그려라.

**17.** 함수 $f(x)=3^x$ 에 대하여 $f(a)=m$, $f(b)=n$ 이 성립한다. $a+b=3$ 일 때, $mn$ 의 값을 구하여라.

**18.** 다음 지수함수의 그래프를 그리고, 점근선을 구하여라.

(1) $y=-3^x+2$ (2) $y=\left(\dfrac{1}{2}\right)^{x-2}$

**19.** 다음 지수함수의 정의역과 치역을 구하고 그래프를 그려라.

(1) $y=2^{|x|}$ (2) $y=-2^{x-3}+2$ (3) $y=\dfrac{2^x+2^{-x}}{2}$

**20.** 함수 $y=f(x)$의 그래프가 오른쪽 그림과 같을 때, 함수 $y=2^{f(x)}$의 그래프를 그려라.

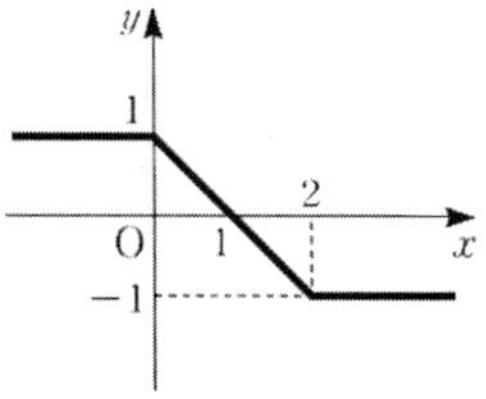


**21.** 함수 $f(x)=a^x$이라 할 때, 임의의 두 실수 $x, y$에 대하여

$$f\left(\frac{x+y}{2}\right) \leq \frac{f(x)+f(y)}{2}$$

임을 보여라.

**22.** 두 함수 $f(x)=\dfrac{a^x+a^{-x}}{2}$, $g(x)=\dfrac{a^x-a^{-x}}{2}$에 대하여 다음이 성립함을 보여라.

(1) 모든 실수 $x$에 대하여 $f(x) \geq 1$이다.

(2) $f(x)$는 우함수이다. 즉, $f(-x)=f(x)$이다.

(3) $g(x)$는 기함수이다. 즉, $g(-x)=-g(x)$이다.

(4) $\{f(x)\}^2-\{g(x)\}^2=1$

**23.** 어떤 방사성 물질은 시간이 지나감에 따라 일정한 비율로 붕괴된다. 초기의 질량 $y_0$가 $t$년 후에는 $y_0a^{\frac{t}{2}}$ ($a$는 상수)이 된다고 한다. 50년 후의 질량이 초기의 질량의 $\dfrac{1}{2}$이 된다고 할 때, 75년 후의 질량을 구하여라.

**24.** 어느 언론보도에 의하면 한국의 2011년 1인당 연간 전력소비량은 $9510\,kWh$ 로 일본($8110\,kWh$), 독일($7108\,kWh$)보다 많은 것으로 드러났다. 우리나라의 올해 전력소비량은 작년에 비해 $5.5\%$ 증가하였다. 이와 같은 증가 추세가 지속된다고 할 때, 전력소비량이 올해 전력 소비량의 $50\%$ 이상 증가하는 것은 몇 년 후부터인지 구하여라.(단, $(1.055)^7 \fallingdotseq 1.45$, $(1.055)^8 \fallingdotseq 1.53$ 으로 계산하여라.)

**25.** 어느 호수의 수면에서의 빛의 세기가 $I_0$ 일 때, 수심이 $d\,m$ 인 곳에서의 빛의 세기 $I_d$ 는

$$I_d = I_0 \cdot 2^{-0.25d}$$

과 같다. 빛의 세기가 수면에서의 빛의 세기의 $\frac{1}{8}$ 이 되려면 수면에서 몇 $m$ 내려가야 하는가?

**26.** 별의 등급은 육안으로 살펴 제일 밝은 별을 1 등성, 제일 어두운 별을 6 등성으로 분류하고 1 등성에서 6 등성까지의 밝기는 일정한 비율로 감소한다고 한다. 1 등성의 밝기가 6 등성의 밝기의 100 배일 때, 4 등성의 밝기는 6 등성의 밝기의 몇 배인가?(단, $10^{\frac{2}{5}} = 2.51$ 이다)

MEMO

제 6 장

# 로그함수



로그의 창안은 청천벽력과도 같이 세상에 나타났다. 이전의 어떤 작업도 로그의 창안에 이르지 못했으며 예상하거나 선도하지도 못했다. — Lord Moulton —

# Chapter 06 로그함수

1614년에 네이피어(Napier, 1550 ~ 1617)가 처음 발명한 로그는 행성의 운동을 연구하는 천문학과 같은 분야에서 복잡한 수를 계산하기 위한 유용한 도구로써 사용되었고, 1695년에 베르누이(Bernoulli, 1654 ~ 1705)는 로그함수가 지수함수의 역함수로 정의될 수 있음을 알아냈다.

우리가 사용하고 있는 지진의 강도(리히터 규모), 용액의 산성·알칼리성의 정도($pH$), 별의 밝기(등급) 등은 로그를 이용하여 나타내는 대표적인 예이다. 실제 규모의 값이 너무 크거나 너무 미세하여 직관적으로 비교하기 어려운 경우에는 새로운 수학적 도구인 로그를 이용하여 쉽게 계산할 수 있다.

## 6.1 로그의 뜻과 성질

지수함수 $y=a^x\,(a>0,\ a\neq 1)$는 실수 전체의 집합에서 양수 전체의 집합으로의 일대일 대응이다. 따라서 임의의 양수 $N$에 대하여

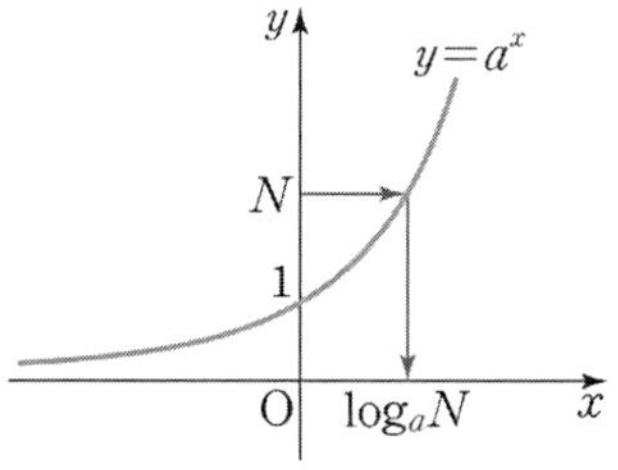


$$a^x = N$$

을 만족하는 실수 $x$는 오직 하나 존재한다. 이 수 $x$를

$$x = \log_a N$$

과 같이 나타내고, 이것을 $a$를 밑으로 하는 $N$의 로그(logarithm)라고 한다. 이때 $N$을 $\log_a N$의 진수(anti-logarithm)라고 한다.

### 로그의 정의

$a>0$, $a \neq 1$, $N>0$ 일 때

$$a^x = N \Leftrightarrow x = \log_a N$$

참고 위 정의에서 $a^x > 0$ 이므로 $\log_a N$의 진수는 양수이다. 그리고 1은 밑이 될 수 없다. 왜냐하면, 어떤 양수 $N$에 대하여 $1^x = N$을 만족하는 $x$를 정할 수가 없기 때문이다.

**예제 6-1**

다음 로그의 값을 구하여라.

(1) $\log_2 64$ (2) $\log_{\frac{1}{2}} \frac{1}{8}$

풀이 (1) $\log_2 64 = x$ 로 놓으면, 로그의 정의에 의하여

$$2^x = 64 \quad \therefore \ x = 6$$

(2) $\log_{\frac{1}{2}} \frac{1}{8} = x$ 로 놓으면 $\left(\frac{1}{2}\right)^x = \frac{1}{8} = \left(\frac{1}{2}\right)^3$ 이므로 $x = 3$ 이다.

■

로그의 정의와 지수법칙을 이용하여 로그의 성질에 대하여 알아보자.

$a>0$, $a \neq 1$ 인 실수 $a$ 에 대하여 $a^0 = 1$, $a^1 = a$ 이므로 이것을 로그로 나타내면

$$\log_a 1 = 0, \ \log_a a = 1$$

이다. 또, $x>0$, $y>0$ 일 때, $\log_a x = m$, $\log_a y = n$ 으로 놓으면 로그의 정의에 의하여

$$a^m = x, \ a^n = y$$

이다. $xy = a^m a^n = a^{m+n}$ 으로부터 $\log_a xy = m + n$ 이다. 따라서

$$\log_a xy = \log_a x + \log_a y$$

이다.

### 로그의 성질

$a>0$, $a \neq 1$, $x>0, y>0$ 이고, $p$ 가 임의의 실수일 때

(1) $\log_a a = 1, \log_a 1 = 0$

(2) $\log_a xy = \log_a x + \log_a y$

(3) $\log_a \dfrac{x}{y} = \log_a x - \log_a y$

(4) $\log_a x^p = p\log_a x$

**예제 6-2**

$2\log_3 9 - \log_3 \sqrt{5} + \log_3 \dfrac{\sqrt{5}}{9}$ 의 값을 구하여라.

**풀이** $2\log_3 9 - \log_3 \sqrt{5} + \log_3 \dfrac{\sqrt{5}}{9} = 2\log_3 3^2 - \log_3 5^{\frac{1}{2}} + \log_3 5^{\frac{1}{2}} - \log_3 9$

$= 4 - 2 = 2$

■

**예제 6-3**

$\log_{10} 2 = a$, $\log_{10} 3 = b$ 라고 할 때, 다음을 $a$ 와 $b$ 로 나타내어라.

(1) $\log_{10} 12$ (2) $\log_{10} \dfrac{9}{2}$ (3) $\log_{10} 45$

**풀이** (1) $\log_{10} 12 = \log_{10}(2^2 \times 3) = \log_{10} 2^2 + \log_{10} 3 = 2\log_{10} 2 + \log_{10} 3 = 2a + b$

(2) $\log_{10} \dfrac{9}{2} = \log_{10} 9 - \log_{10} 2 = \log_{10} 3^2 - \log_{10} 2 = 2\log_{10} 3 - \log_{10} 2$

$= 2b - a$

(3) $\log_{10} 45 = \log_{10}(9 \times 5) = \log_{10} 3^2 + \log_{10} 5 = 2\log_{10} 3 + \log_{10} \dfrac{10}{2}$

$= 2\log_{10} 3 + (\log_{10} 10 - \log_{10} 2) = 1 + 2b - a$

■

$\log_a b$ 를 양수 $c\,(c \neq 1)$ 를 밑으로 하는 로그로 바꾸어 보자.

$\log_a b = m$ 으로 놓으면 로그의 정의에 의하여

$$a^m = b$$

이다. 양변에 밑을 $c$ 로 하는 로그를 취하면

$$\log_c a^m = \log_c b$$

이다. 로그의 성질에 의하여 $m\log_c a = \log_c b$ 이므로

$$m = \frac{\log_c b}{\log_c a}$$

이다. 따라서

$$\log_a b = \frac{\log_c b}{\log_c a}$$

이다.

**로그의 밑의 변환**

$a>0$, $a \neq 1$, $b>0$, $c>0$, $c \neq 1$ 일 때

$$\log_a b = \frac{\log_c b}{\log_c a}$$

**예제 6-4**

다음의 식을 계산하어라.

(1) $\log_2 6 + \log_{\sqrt{2}} 2 - \log_2 \frac{3}{2}$  (2) $(\log_2 5 + \log_8 25)(\log_5 4 + \log_{25} 2)$

**풀이** (1) 로그의 성질에 의하여,

$$\log_2 6 = \log_2 (2 \times 3) = \log_2 2 + \log_2 3 = 1 + \log_2 3\,,$$

$$\log_{\sqrt{2}} 2 = \frac{\log_2 2}{\log_2 \sqrt{2}} = \frac{1}{\frac{1}{2}} = 2\,,$$

$$\log_2\frac{3}{2}=\log_2 3-\log_2 2=\log_2 3-1$$

이다. 그러므로

$$(\text{준식})= 1+\log_2 3+2-\log_2 3+1=4$$

(2) $$(\text{준식})=\left(\log_2 5+\frac{\log_2 25}{\log_2 8}\right)\left(\log_5 4+\frac{\log_5 2}{\log_5 25}\right)$$

$$=\left(\log_2 5+\frac{2}{3}\log_2 5\right)\left(2\log_5 2+\frac{1}{2}\log_5 2\right)$$

$$=\left(\frac{5}{3}\log_2 5\right)\left(\frac{5}{2}\log_5 2\right)=\frac{25}{6}$$

■

**예제 6-5**

$a, b, c$ 가 1 이 아닌 양수일 때, $\log_a b\cdot\log_b c\cdot\log_c a$ 를 계산하여라.

**풀이** 로그의 성질에 의하여, 밑을 10 으로 하는 로그로 변환하면

$$\log_a b\cdot\log_b c\cdot\log_c a=\frac{\log_{10}b}{\log_{10}a}\cdot\frac{\log_{10}c}{\log_{10}b}\cdot\frac{\log_{10}a}{\log_{10}c}=1$$

■

우리가 일상생활에서 사용하고 있는 기수법이 십진법이므로 로그를 계산할 때, 밑을 10 으로 하는 것이 편리하다. 10 을 밑으로 하는 로그를 상용로그[1](common logarithm)라고 하며, 상용로그 $\log_{10}N$ 은 보통 밑 10 을 생략하여 $\log N$ 과 같이 나타낸다. 10 의 거듭제곱 꼴의 수에 대한 상용로그의 값은 로그의 성질을 이용하여 쉽게 구할 수 있다. 예를 들면 다음과 같다.

$$\log 1000=\log 10^3=3\log 10=3$$

1) 영국의 수학자이며 천문학자인 H. Briggs(1561-1630)의 이름을 따서 브리그스의 로그라고도 한다. 10을 밑으로 하는 상용로그를 흔히 '브리그스 로그' 라고 부르는 까닭은 브리그스가 상용로그 값의 계산에 심혈을 기울여 1624년의 저서 '로그산술(Arithmetica Logarithmica)'에 1부터 2만까지, 9만부터 10만까지의 14자리 대수를 실었기 때문이다.

$$\log\sqrt{0.1} = \log\left(\frac{1}{10}\right)^{\frac{1}{2}} = -\frac{1}{2}\log 10 = -\frac{1}{2}$$

이 책의 부록에 있는 상용로그표는 0.01의 간격으로 1.00에서 9.99까지의 수에 대한 상용로그의 값을 반올림하여 소수점 아래 넷째 자리까지 구한 근삿값을 나타낸 것이다. 이 상용로그표를 이용하여 여러 수에 대한 상용로그의 값을 구할 수 있다.

| 수 | 0 | 1 | 2 | 3 | 4 | 5 | 6 | 7 | 8 | 9 |
|---|---|---|---|---|---|---|---|---|---|---|
| … | … | … | … | … | … | | | | | … |
| 6.7 | .8361 | .8267 | .8274 | .8280 | .8287 | .8293 | .8299 | .8306 | .8312 | .8319 |
| **6.8** | .8325 | .8331 | .8338 | .8344 | .8351 | .8357 | .8363 | **.8370** | .8376 | .8382 |
| 6.9 | .8388 | .8395 | .8401 | .8407 | .8414 | .8420 | .8426 | .8432 | .8439 | .8445 |
| … | … | … | … | … | … | | | | | … |

예를 들어 $\log 6.87$ 의 값을 구하려면 상용로그표에서 6.8 의 행과 7 의 열이 만나는 곳에 있는 수 .8370 를 찾으면 된다. 즉, $\log 6.87 = 0.8370$ 이다.

**예제 6-6**

다음 그림은 두 함수 $y = \log x$ 와 $y = x$ 의 그래프이다. 이 때, $bc$ 의 값을 구하여라.

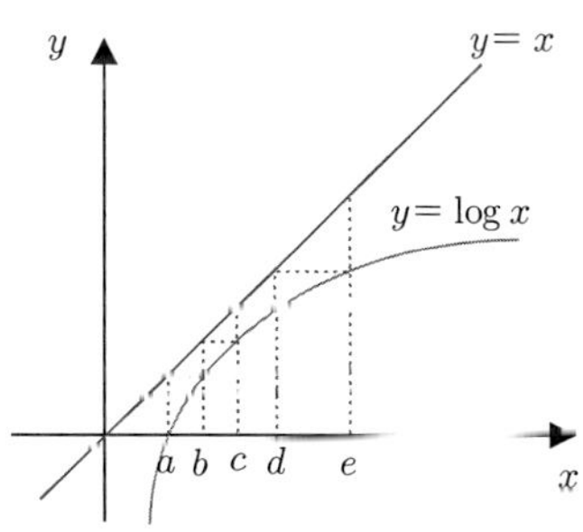


**풀이** $\log b = a$ , $\log c = b$ 이고, $y = \log x$ 가 $x$ 축과 만나는 점이 $a$ 이므로 $a = 1$ 이다.

그러므로 $b = 10$ , $c = 10^{10}$ 이다.

$$\therefore\ bc = 10 \cdot 10^{10} = 10^{11}$$

**예제 6-7**

지진의 크기를 나타내는 방법 중 하나인 리히터 규모 $M$과 지진의 진원지에서의 에너지의 크기 $E$ 사이에는

$$\log E = 11.8 + 1.5M$$

인 관계식이 성립한다.

(1) 지진의 리히터 규모가 1 증가하면 발생되는 지진의 에너지는 몇 배 증가하는지 구하여라.(단, $10^{1.5} = 31.62$로 계산한다.)

(2) 2010년 1월 중앙아메리카에 위치한 아이티에서 발생한 지진의 리히터 규모는 7.0이었다. 같은 해 2월 칠레에서 발생한 대지진의 리히터 규모는 8.8이었다. 그러면 두 지진의 위력은 몇 배 차이가 날까?(단, $10^{2.7} = 501$로 계산한다.)

**풀이** (1) 지진의 리히터 규모가 $M_1, M_2$일 때, 발생되는 지진의 에너지를 각각 $E_1, E_2$라고 하자. $\log E = 11.8 + 1.5M$에서 $M = \dfrac{\log E - 11.8}{1.5}$

이때, $M_2 - M_1 = 1$이면 $\dfrac{\log E_2 - 11.8}{1.5} - \dfrac{\log E_1 - 11.8}{1.5} = 1$이므로

$$\log E_2 - \log E_1 = 1.5$$

$$\log \frac{E_2}{E_1} = 1.5 \text{ 이므로 } \frac{E_2}{E_1} = 10^{1.5}$$

$$\therefore\ E_2 = 10^{1.5}E_1 = 31.62E_1$$

따라서 지진의 에너지는 31.62배 증가한다.

(2) 규모 8.8과 7.0인 지진의 진원지에서의 에너지의 크기를 각각 $E_1, E_2$라고 하면

$$\log \frac{E_1}{E_2} = \log E_1 - \log E_2$$

$$= (11.8 + 1.5 \times 8.8) - (11.8 + 1.5 \times 7.0) = 1.5 \times 1.8 = 2.7$$

$$\therefore\ \frac{E_1}{E_2} = 10^{2.7} = 501 \text{ (배)}$$

■

원금과 이자(원금×이율)를 합친 금액을 원리합계라고 한다. 원리합계는 이자의 계

산방법에 따라 단리법과 복리법으로 나누어 생각할 수 있다.

원금에 대해서만 약정된 이자율과 기간을 곱하여 이자를 계산하는 방법을 단리법(method of simple interest)이라고 한다. 단리법에 의하면 이자는 원금과 기간에 비례한다. 원금을 $a$, 이자율을 $r$, 기간을 $n$ 이라 하면, 단리법에 의한 이자 $b$ 는 $b=arn$ 이고, 원리합계 $S$ 는

$$S=a+arn=a(1+rn)$$

이다.

반면에, 일정 기간(단위기간)마다 이자를 계산하고 그것을 원금에 가산하는 방법을 복리법(method of compound interest)이라 하는데, 복리이자를 계산하는 단위기간은 1년, 6개월, 1개월 또는 다른 기준에 따라 정한다. 원금을 $a$, 단위기간의 이자율을 $r$, 기간을 $n$(이자의 계산 회수)이라 하면, 복리법에 의한 원리합계 $S$ 는 다음과 같다.

(i) 1년 후의 원리합계 : $S=a+ar=a(1+r)$

(ii) 2년 후의 원리합계 : $S=a(1+r)+a(1+r)r=a(1+r)^2$

(iii) 3년 후의 원리합계 : $S=a(1+r)^2+a(1+r)^2r=a(1+r)^3$

이와 같은 방법으로 반복 시행하면

(iv) $n$ 년 후의 원리합계 : $S=a(1+r)^n$

$a$ 원을 매년 초에 연이율 $r\%$ 의 복리로 $n$ 년 간 예금할 때, $n$ 년 말의 원리합계 $S$ 는 다음과 같다.

$$S=a(1+r)+a(1+r)^2+\cdots+a(1+r)^n$$

이것은 첫째 항이 $a(1+r)$ 이고 공비가 $(1+r)$ 인 등비수열이다. 따라서

$$\begin{aligned} S &= a(1+r)+a(1+r)^2+\cdots+a(1+r)^n \\ &= \frac{a(1+r)\{(1+r)^n-1\}}{(1+r)-1} \\ &= \frac{a(1+r)\{(1+r)^n-1\}}{r} \end{aligned}$$

참고 첫째 항이 $a$ 이고 공비가 $r$ 인 등비수열의 $n$ 항까지의 합은 $S_n=\dfrac{a(r^n-1)}{r-1}$ 이다.

**예제 6-8**

10 만원을 연이율 6 % 로 매년 초에 복리로 정기예금을 할 때, 10 년 후의 원리합계 $S$ 를 구하여라.

**풀이** $S=10^5(1+0.06)+10^5(1+0.06)^2+\cdots+10^5(1+0.06)^{10}$

이것은 첫째 항이 $10^5(1+0.06)=10^5\times 1.06$ 이고 공비가 1.06 인 등비수열이다. 따라서

$$S=\frac{10^5\cdot 1.06(1.06^{10}-1)}{0.06}$$

이다. 여기서, 상용로그표를 이용하여, $\log x=\log 1.06^{10}$ 을 만족하는 $x$ 를 구하면

$$x \fallingdotseq 1.79$$

이다. 따라서

$$S=\frac{10^5\cdot 1.06\cdot 0.79}{0.06}\fallingdotseq 10^5\cdot 13.9567=1{,}395{,}670\ (\text{원})$$

■

반감기의 계산은 다음과 같다. 남아 있는 방사성 원소의 양을 $R$, 방사성 원소의 처음 양을 $R_0$, 절대 연대(걸린 시간)을 $t$, 그리고 반감기를 $T$ 라고 하면

$$R(t)=R_0\left(\frac{1}{2}\right)^{\frac{t}{T}}$$

이 성립한다.

**예제 6-9**

화석이 된 어떤 생물의 생존 시기를 추정할 때 $^{14}C$ (탄소-14)를 사용한다. 방사성 원소 $^{14}C$ 의 양이 $\frac{1}{2}$ 로 줄어드는데 걸리는 시간은 5,700 년이다. 어느 생물체의 화석 속에 있는 원소 $^{14}C$ 의 양을 조사해 보았더니, 생존할 당시의 20 % 가 남아 있었다면 이 생물체는 약 몇 년 전에 죽었다고 추정할 수 있겠는가?

**풀이** 살아있던 당시의 $^{14}C$ 의 처음 양을 $R_0$ 라 하면

$$\frac{1}{5}R_0 = R_0\left(\frac{1}{2}\right)^{\frac{t}{5700}}$$

이 성립한다. 그러므로 $\frac{1}{5} = \left(\frac{1}{2}\right)^{\frac{t}{5700}}$ 이다. 양변에 밑이 $\frac{1}{2}$ 인 로그를 취하고 정리하면

$$t = \log_{\frac{1}{2}}\frac{1}{5} \times 5700 = \frac{-\log 5}{-\log 2} \times 5700$$

$$= \frac{\log 2 - 1}{-\log 2} \times 5700 = \frac{0.6990}{0.3010} \times 5700$$

$$\fallingdotseq 13,236.88$$

이다. 따라서 약 13,237 년이다.

■

소리의 크기를 나타내는 단위는 $W/m^2$ 이며 $1\,W/m^2$ 는 $1\,m^2$ 의 면적당 $1\,W$ 의 에너지를 가지고 있는 소리의 크기를 뜻한다. 사람이 들을 수 있는 가장 작은 소리는

$$I_0 = 10^{-12}\ W/m^2$$

이고, 가장 큰 소리는 $10^2\ W/m^2$ 이다. 그런데 $10^{-12}$ 부터 $10^2$ 까지의 범위는 매우 크므로 소리의 상대적인 크기를 편리하게 나타내기 위하여 데시벨(decibel, $dB$)이라는 단위를 사용한다. 이때, $I(W/m^2)$ 인 소리의 크기를 데시벨 단위로 바꾸면

$$dB = 10\log\frac{I}{I_0}$$

가 된다. 소음의 크기를 표현하는 데시벨은 10 분의 1 을 의미하는 데시(deci)와 전화기를 발명한 알렉산더 그레이엄 벨(Bell)의 이름을 딴 말로 알려져 있다.

예를 들면, 나뭇잎이 흔들리는 소리와 시계 초침이 돌아가는 소리는 $20\,dB$ 이다. 심야의 시내나 도서관 열람실은 약 $40\,dB$ 이며 조용한 사무실은 $60\,dB$ 정도다. 지하철 차 안은 약 $80\,dB$ 정도이며 전철이 통과하는 다리 밑에서는 $100\,dB$ 정도가 된다. 공항 부근의 비행기 소음은 활주로에서 $1\,km$ 떨어진 곳에서는 $100\,dB$ 정도이다.

| 소리의 종류 | $I$ | $\frac{I}{I_0}$ | $10\log\frac{I}{I_0}$ |
|---|---|---|---|
| 표준음 | $10^{-12}\ W/m^2$ | $\frac{10^{-12}}{10^{-12}}=1$ | $0\,dB$ |
| 조용한 사무실 | $10^{-6}\ W/m^2$ | $\frac{10^{-6}}{10^{-12}}=10^6$ | $60\,dB$ |
| 지하철 내의 소음 | $10^{-4}\ W/m^2$ | $\frac{10^{-4}}{10^{-12}}=10^8$ | $80\,dB$ |
| 기차의 경적 소리 | $10^0\ W/m^2$ | $\frac{10^0}{10^{-12}}=10^{12}$ | $120\,dB$ |

정상적인 귀로 들을 수 있는 가장 작은 소리의 크기인 $0\,dB$을 기준으로 $10\,dB$씩 증가하는 경우 소리의 세기는 10배씩 강해진다. $20\,dB$의 소리는 $10\,dB$의 소리보다 2배가 아니라 10배 강한 소리이고, 그러므로 $0\,dB$의 소리보다 10배의 10배, 즉 100배 강하다.

**예제 6-10**

일상적인 대화 소리는 $60\,dB$, 여름철의 매미 소리는 $80\,dB$이라고 한다. 이 두 소리의 크기를 각각 구하여라. 또한 매미 소리의 크기는 일상적인 대화 소리의 크기의 몇 배인가?

**풀이** 일상적인 대화 소리의 크기를 $I_1$, 매미 소리의 크기를 $I_2$라고 하자.

$$60 = 10\log\frac{I_1}{10^{-12}} \text{ 에서 } \frac{I_1}{10^{-12}} = 10^6 \text{ 이므로 } I_1 = 10^{-6}\ W/m^2$$

$$80 = 10\log\frac{I_2}{10^{-12}} \text{ 에서 } \frac{I_2}{10^{-12}} = 10^8 \text{ 이므로 } I_2 = 10^{-4}\ W/m^2$$

$\frac{I_2}{I_1} = \frac{10^{-4}}{10^{-6}} = 100$ 이므로 $80\,dB$의 소리는 $60\,dB$의 소리에 비해 세기가 100배 강하다.

■

**예제 6-11**

전파가 어떤 벽을 투과할 때 전파의 세기가 $A$ 에서 $B$ 로 바뀌면, 그 벽의 전파감쇄비 $F$ 는

$$F = 10\log\left(\frac{B}{A}\right)\ (\text{데시벨})$$

로 정의한다. 전파감쇄비가 $-3$ (데시벨) 인 벽을 투과한 전파의 세기는 투과하기 전 세기의 몇 배인가? (단, $10^{\frac{7}{10}} = 5$ 로 계산한다.)

**풀이** $-3 = 10\log\left(\frac{B}{A}\right)$ 에서 $\log\left(\frac{B}{A}\right) = -\frac{3}{10}$

$$\frac{B}{A} = 10^{-\frac{3}{10}} = 10^{1} \times 10^{-\frac{3}{10}} \times 10^{-1}$$

$$= 10^{\frac{7}{10}} \times \frac{1}{10} = \frac{1}{2}\ (\because 10^{\frac{7}{10}} = 5)$$

■

## 6.2 로그함수

지수함수 $y = a^x\ (a > 0,\ a \neq 1)$은 실수 전체의 집합에서 양의 실수 전체의 집합으로의 일대일 대응이 되므로 그 역함수가 존재한다. 이제 지수함수 $y = a^x$ 의 역함수를 구해 보자.

지수함수 $y = a^x$ 에서 $x$ 와 $y$ 를 바꾸어 놓으면 $x = a^y$ 이다. 이것은 로그의 정의에 의하여

$$x = a^y \Leftrightarrow y = \log_a x \quad (a > 0,\ a \neq 1)$$

이다. 이 지수함수 $y = a^x$ 의 역함수 $y = \log_a x$ 를 $a$ 를 밑으로 하는 로그함수(logarithmic function)라고 한다.

모든 실수 $x$ 에 대하여 $\log_a(a^x) = x$

모든 양수 $x > 0$ 에 대하여 $a^{\log_a x} = x$

로그함수 $y=\log_a x\,(a>0\,,\ a\neq 1)$는 지수함수 $y=a^x\,(a>0\,,\ a\neq 1)$의 역함수이므로, 로그함수 $y=\log_a x$ 의 정의역은 양의 실수 전체의 집합이고, 치역은 실수 전체의 집합이다.

또, 역함수의 성질로부터 로그함수 $y=\log_a x$ 의 그래프는 $y=a^x$ 의 그래프와 직선 $y=x$ 에 대하여 대칭이다. 따라서 $y=\log_a x$ 의 그래프는 $a$ 의 값의 범위에 따라 다음과 같다.

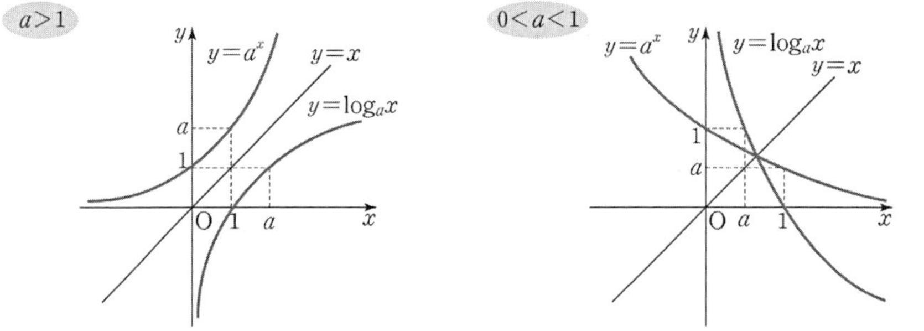


일반적으로 로그함수 $y=\log_a x\,(a>0\,,\ a\neq 1)$는 다음과 같은 성질을 갖는다.

**로그함수 $y=\log_a x\,(a>0\,,\ a\neq 1)$의 성질**

(1) 정의역은 양의 실수 전체의 집합이고, 치역은 실수 전체의 집합이다.
(2) 그래프는 점 $(1,0)$을 지나고, $y$축을 점근선으로 갖는다.
(3) $a>1$ 일 때, $x$ 의 값이 증가하면 $y$ 의 값도 증가한다.
$0<a<1$ 일 때, $x$ 의 값이 증가하면 $y$ 의 값은 감소한다.

**예제 6-12**

로그함수 $y=\log_2(x-1)+2$ 의 그래프를 그리고, 정의역, 치역, 점근선을 구하여라.

**풀이** 함수 $y=\log_2(x-1)+2$ 의 그래프는 함수 $y=\log_2 x$ 의 그래프를 $x$ 축의 방향으로 1만큼, $y$ 축의 방향으로 2만큼 평행이동한 것이다. 한편, 진수는 양수이어야 하므로

$$x-1>0 \quad \therefore \; x>1$$

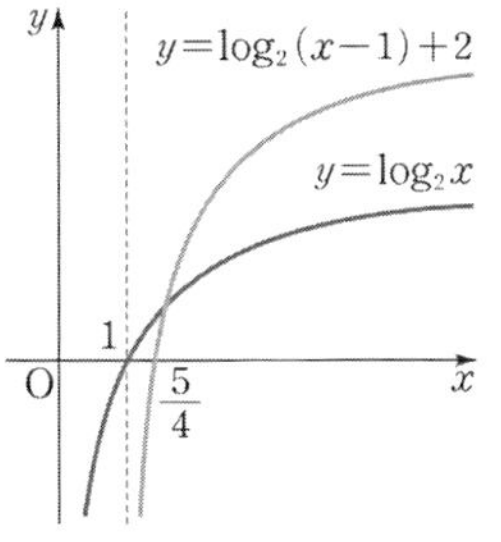


따라서 정의역은 $\{x \mid x>1\}$, 치역은 실수 전체의 집합, 점근선은 $x=1$ 이다. ■

**예제 6-13**

함수 $y=\log_2(8x+16)$ 의 그래프는 $y=\log_2 x$ 의 그래프를 $x$ 축의 방향으로 $a$ 만큼, $y$ 축의 방향으로 $b$ 만큼 평행이동한 것이다. 이 때, $a, b$ 의 값을 구하여라.

**풀이** $y=\log_2(8x+16)=\log_2 8(x+2)=\log_2 8+\log_2(x+2)$

$=\log_2(x+2)+3$

따라서 $y=\log_2(8x+16)$ 의 그래프는 $y=\log_2 x$ 의 그래프를 $x$ 축으로 $-2$ 만큼, $y$ 축 방향으로 3 만큼 평행이동한 것이다. ■

**예제 6-14**

다음 함수의 그래프를 그려라. 그리고 두 함수 사이의 위치 관계를 설명하여라.

(1) $y=\log_2 x$ (2) $y=\log_{\frac{1}{2}} x$

**풀이** (1) 함수 $y=\log_2 x$ 는 정의에 의하여

$$x=2^y$$

이다. 여기서, $x$ 와 $y$ 를 바꾸면 $y=2^x$ 이다. 즉, $y=\log_2 x$ 는 $y=2^x$ 의 역함수이다. 따라서 $y=\log_2 x$ 의 그래프는 $y=2^x$ 와 $y=x$ 에 대하여 대칭이다.

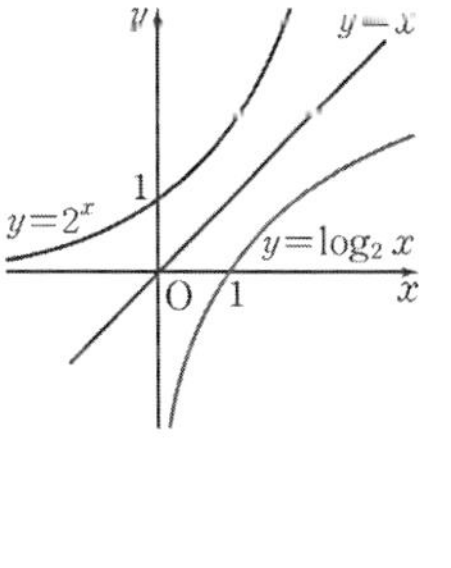

(2) 로그의 성질에 의하여,

$$y = \log_{\frac{1}{2}} x = \frac{\log_2 x}{\log_2 \frac{1}{2}} = -\log_2 x$$

이다. 따라서 이 함수는 $y = \log_2 x$ 의 그래프와 $x$ 축에 대하여 대칭이다.

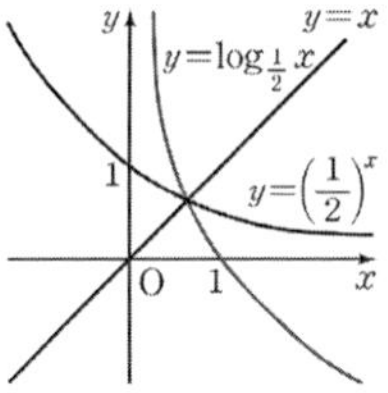


■

**예제 6-15**

다음 그림은 두 함수 $y = 3^x$, $y = x$ 의 그래프이다.

$$\log_3(\log_3 c) + \log_3(\log_3 e)$$

의 값을 구하여라.

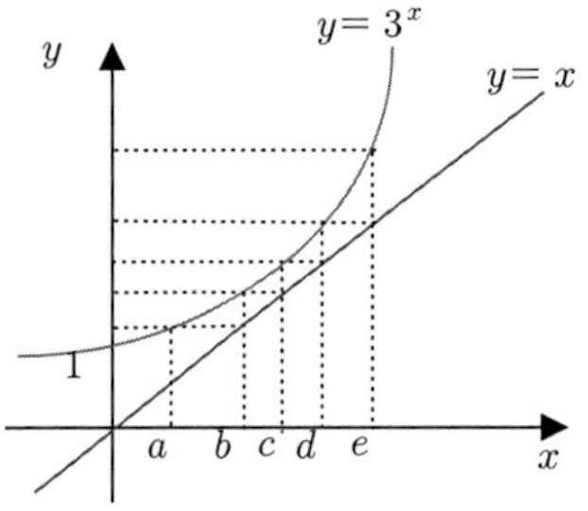


**풀이** $3^a = b$, $3^b = c$, $3^c = d$, $3^d = e$ 임을 알 수 있다.

각각의 식에 밑을 3 으로 하는 로그를 취하면

$$a = \log_3 b,\ b = \log_3 c,\ c = \log_3 d,\ d = \log_3 e$$

을 얻는다. 따라서

$$\log_3(\log_3 c) + \log_3(\log_3 e) = \log_3 b + \log_3 d = a + c$$

■

**예제 6-16**

함수 $y = \dfrac{2^x - 2^{-x}}{2}$ 의 역함수를 구하여라.

**풀이** $y=\dfrac{2^x-2^{-x}}{2}$ 에서 $2y=2^x-2^{-x}$ 이고 양변에 $2^x$ 를 곱하면

$$(2^x)^2-(2y)2^x-1=0$$

이다. 이 식은 $2^x$ 에 관한 이차방정식이므로 근의 공식에 의하여

$$2^x=y\pm\sqrt{y^2+1}$$

이다. 모든 $x$ 에 대하여 $2^x>0$ 이므로

$$2^x=y+\sqrt{y^2+1}$$

이다. 그러므로 양변에 밑이 2 인 로그를 취하면

$$x=\log_2(y+\sqrt{y^2+1})$$

이고, $x$ 와 $y$ 를 서로 바꾸면 역함수

$$y=\log_2(x+\sqrt{x^2+1})$$

을 얻는다.

■

## 연습문제

**1.** $\log 2$ 가 무리수임을 증명하여라.

**2.** 다음 식을 계산하여라.

(1) $\log_2\left(\cos\frac{\pi}{3}\right)-\log_2\left(\sin\frac{\pi}{3}\right)+\log_2\left(\tan\frac{\pi}{3}\right)$

(2) $\log_2 8+\log_3\sqrt{2}-\frac{1}{2}\log_3\sqrt{12}$

(3) $\log_3 12+\log_2\left(\frac{9}{2}\right)^2$

**3.** 다음의 식을 계산하여라.

(1) $(\log_3\sqrt{8}+\log_{\sqrt{3}}\sqrt{2})(\log_8 9+\log_4 3)$ (2) $(\log_5\sqrt{5}+\log_7 7\sqrt{7})^{\log_2 7}$

(3) $\log_{\sqrt{2}}\sqrt{3}\cdot\log_{\sqrt{3}}\left(\frac{1}{8}\right)$ (4) $\log\sqrt{3}+\frac{5}{2}\log 2-\log\sqrt{24}$

(5) $\dfrac{\log_3 90}{\log_3 100}-\dfrac{\log_3 30}{\log_3 10}$

**4.** 다음을 구하여라.

(1) $\log_2(\log_3 a)=\log_3(\log_2 b)=1$ 일 때, $a+b$ 의 값을 구하여라.

(2) $\log_2(\log_3(\log_4 a))=\log_3(\log_4(\log_2 b))=\log_4(\log_2(\log_3 c))=0$ 일 때, $a+b+c$ 의 값을 구하여라.

**5.** 다음을 계산하여라.

$$\log_3\left(1-\frac{1}{2}\right)+\log_3\left(1-\frac{1}{3}\right)+\log_3\left(1-\frac{1}{4}\right)+\cdots+\log_3\left(1-\frac{1}{81}\right)$$

**6.** $\log 2 = a, \log 3 = b$ 라고 할 때, 다음을 $a$ 와 $b$ 로 나타내어라.

(1) $\log \sqrt{30}$ (2) $\log_{\frac{1}{8}} \frac{1}{9}$

(3) $\log_{\sqrt{6}} 60$ (4) $\log 7 - \log 56$

**7.** $a > 0$, $a \neq 1$, $x > 0$, $y > 0$ 이고, $p$ 가 임의의 실수일 때, 다음이 성립함을 증명하여라.

(1) $\log_a \frac{x}{y} = \log_a x - \log_a y$ (2) $\log_a x^p = p \log_a x$

**8.** $a, b$ 가 1이 아닌 양수일 때, $\log_a b = \frac{1}{\log_b a}$ 이 성립함을 증명하어라.

**9.** 상용로그표를 이용하여 다음을 구하여라.

(1) 연이율 4% 의 복리로 계산하는 어떤 은행의 10 년 만기 신탁예금에 예치하였다. 10 년 후의 원리합계는 원금의 몇 배인가?

(2) 6 개월에 2% 의 복리로 계산하는 은행상품에 10 년간 예치하여 찾을 때 원리합계는 원금의 몇 배인가?

(3) (2)에서 원리합계가 원금의 2 배가 되는 것은 몇 년 후인가?

**10.** 미국 통계국에서 발표한 예측에 의하면 2012 년 5 월의 세계 인구는 70.2 억 명이다. 그리고 매년 1.2% 의 비율(2010 년 기준)로 인구가 증가하고 있다. 상용로그표를 이용하여 다음을 구하여라.

(1) 20 년이 지난 2032 년 5 월에는 세계의 인구가 몇 명이 될까?

(2) 80 억 명이 되는 해는 언제일까?

**11.** 컴퓨터의 저장매체인 하드디스크에 표시되어 있는 1GB (gigabyte)는 $10^9$ (byte)를 나타낸다. 그런데 컴퓨터의 운영체제는 $2^{30}$ (byte)를 1GB 로 인식하기 때문에 하드디스크에 표시된 용량과 컴퓨터에서 인식하는 용량의 차이가 발생한다. 예를 들어, 100GB 로 표시된 하드디스크를 컴퓨터에 설치하면 컴퓨터는 $100 \times \frac{10^9}{2^{30}}$ GB 로 인식한다. 이것은 하드디스크 제조회사는 하드디스크의 용량을 10 진수로 표기하는 반면에 컴퓨터에서는 2 진수로 표기하기 때문이다. 만약 640 $GB$ 로 표시된 하드디스크를 컴퓨터에 설치했을 때, 컴퓨터가 인식하는 용량의 근삿값을 상용로그표를 이용하여 구하여라.

**12.** 용액의 산성, 알칼리성의 정도를 나타내는 $pH$ 라는 척도를 사용한다. 물은 다음과 같이 전이한다.

$$H_2 0 \Leftrightarrow H^+ + OH^-$$

그리고 $H^+$ 와 $OH^-$ 의 농도는 순수한 물과 중성용액에서는 같은 양이고 어느 것이나 $1l$ 중에 $H^+$ 와 $OH^-$ 는 각각 $10^{-7}$ mole을 함유하고 있다. 이와 같은 농도를 각각 수소이온농도, 수산화이온농도라고 하며 $[H^+]$, $[OH^-]$ 으로 표시한다. 이 양자의 곱은 항상 용액에 $10^{-14}$ 으로 일정하다. 즉,

$$[OH^-] = 10^{-14} \times \frac{1}{[H^+]}$$

이 성립하고, 용액의 산성, 알칼리성의 정도를 나타내는 $pH$ 는

$$pH = -\log[H^+]$$

로 정의한다. $pH$를 나타내는 지수는 물속에 녹아있는 수소이온 $[H^+]$ 의 무게로 표시하는데 수소이온농도가 7 이라고 하면 물속에 녹아있는 수소이온의 무게가 0.00000007$g$ 녹아 있다는 뜻으로 이것은 순수한 물(증류수)이 25 ℃에서 나타내는 값이며 이것은 중성이다. 7 보다 큰 값은 알칼리성, 작은 값은 산성임을 의미한다. 이 때, $[OH^-] = 10^{-8}$ 인 용액의 $pH$ 의 값을 구하여라.

**13.** 다음 그림은 두 함수 $y=2^x$, $y=\log_2 x$ 의 그래프이다. $\log_2(\log_2 \alpha)$의 값을 구하여라.(단, 점선은 각 축에 평행하다.)

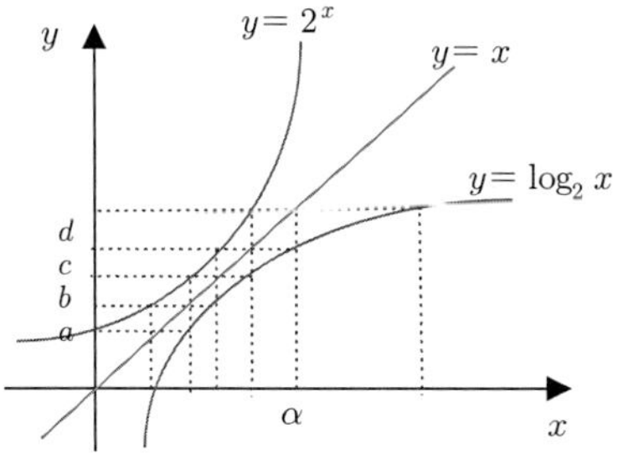


**14.** 다음 그림은 $f(x)=\log_a x$ 의 그래프이다. 이 때, $f\left(\frac{1}{12}\right)$의 값을 구하여라.

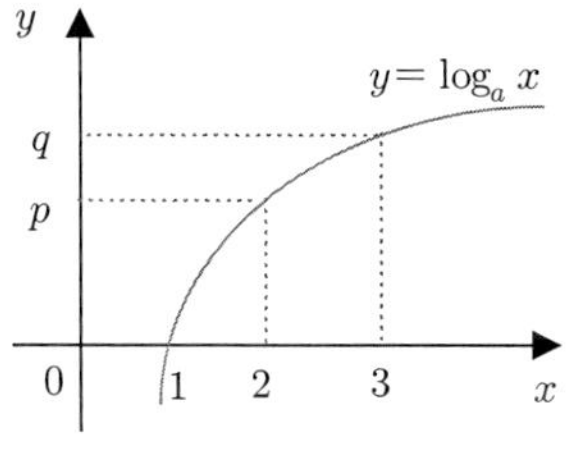


**15.** 함수 $f(x)=\log_2(x+\sqrt{x^2+1})$의 역함수를 $f^{-1}(x)$라 할 때, $f^{-1}(1)$의 값을 구하여라.

**16.** 함수 $y=\log_a(x+b)$ $(a>0,\ a\neq 1)$의 그래프가 아래 그림과 같을 때, 함수 $y=\log_b(x+a)$의 그래프를 그려라.

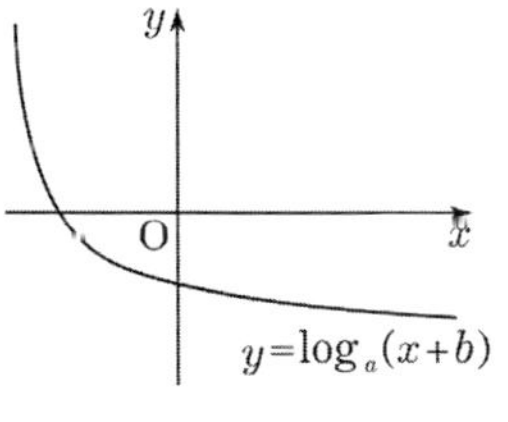

**17.** 별의 밝기는 등급으로 나타낸다. 기원전 2 세기경 그리스의 히파르코스(Hipparchos)는 약 1,000 개의 별을 밝기에 따라 6 개의 등급으로 분류하였다. 가장 밝은 20 여 개의 별들을 1 등급, 육안으로 겨우 식별이 가능한 별들을 6 등급, 그리고 그 중간 밝기인 나머지 별들은 밝기 정도에 따라 2, 3, 4, 5 등급으로 분류하였다. 19 세기에 영국의 허셜(Herschell, W. F.)은 이러한 별들의 광도비를 연구하여 1 등성의 밝기가 6 등성의 밝기의 100 배임을 발견하였고, 1856 년 래드클리프 천문대의 포그슨(Pogson, R. N.)은 별의 등급($m$)과 별의 밝기($I$) 간의 관계를 나타내는 다음과 같은 포그슨의 공식(Pogson's formula)을 발표하였다.

$$m = -\frac{5}{2}\log I + C \quad (C\text{는 상수})$$

(1) 각 등급 간의 밝기의 비가 일정하다면 두 별의 밝기의 비를 구하여라.

(2) 두 별의 등급을 각각 $m_1, m_2$, 밝기를 각각 $I_1, I_2$라 할 때, 포그슨 공식

$$m_2 - m_1 = k\log\frac{I_1}{I_2}$$

을 만족시키는 상수 $k$의 값을 구하여라.

(3) (2)를 이용하여, 2 등급인 별의 밝기는 4 등급의 밝기의 약 몇 배인지 구하여라. (단, $100^{\frac{1}{5}} \fallingdotseq 2.5$ 이다.)

(4) 보름달의 밝기의 등급은 $-12.7$ 이고, 태양의 밝기의 등급은 $-26.7$ 이다. (2)를 이용하여, 태양의 밝기는 보름달의 밝기의 몇 배인지 구하여라. (단, $\log 2 = 0.3$ 으로 계산한다.)

**18.** 별을 눈으로 보았을 때 보이는 별의 밝기를 겉보기 등급이라고 한다. 그러나 겉보기 등급은 별의 밝기를 나타내 줄 수 없다. 실제로는 아주 밝지만 지구로부터 멀리 떨어져 있기 때문에 어두워 보이는 별들도 있고, 반대로 별로 밝지 않은 별이지만 지구와 가까운 거리에 있기 때문에 상대적으로 밝아 보이는 별들도 있다. 따라서 별의 실제 밝기를 비교하기 위해서는 별을 같은 거리에 가져다 놓고 보아야 한다. 거리가 알려진 별을 10 파섹의 거리에 옮겨 놓았을 때 밝기를 계산하여 그 결과를 등급으로 표시한 것을 절대등급이라고 한다. 겉보기 등급이 $-26.7$ 인 태양은 절대등급이 4.8 로 어두운 별에 속한다.

어떤 별의 겉보기 등급을 $m$, 절대등급을 $M$이라 하고 지구로부터 그 별까지의 거리를 $x(pc)$라 하면 관계식

$$m - M = 5\log x - 5$$

가 성립한다. 절대등급이 같은 두 별 $A, B$에 대하여 지구로부터 $A$별까지의 거리가 지구로부터 $B$별까지의 거리의 4배일 때, $A$별의 겉보기 등급을 $a$, $B$별의 겉보기 등급을 $b$라고 하자. 이 때, $a-b$의 값을 구하여라. (단, $\log 2 = 0.3$으로 계산한다.)

MEMO

# 제 7 장

# 함수의 극한과 연속



하나의 양 $x$ 가 상상할 수 있을 만큼 작게 주어진 어떤 양보다 더욱 가까이 어떤 양 $a$ 에 접근하면 $a$ 는 $x$ 의 극한이다. − Jean Le Rond D'Alembert −

# Chapter 07 함수의 극한과 연속

미적분학에서 극한은 가장 중요한 개념이다. 극한은 함수의 어느 한 점 근방에서의 변화 또는 무한대에서의 움직임을 관찰할 수 있는 강력한 도구이다.

고대 그리스의 아르키메데스(Archimedes, B.C.287 ~ B.C.212)는 원에 내접한 정 $n$ 각형의 넓이의 극한을 이용하여 원주율의 근삿값을 계산하였다. 프랑스의 수학자 코시(Cauchy, 1789 ~ 1857)는 극한 이론을 전개하여 함수의 연속성을 명확하고 엄밀하게 정의함으로써 미적분학의 기초를 확립하였다.

## 7.1 함수의 극한

$x$가 $a$보다 큰 값(작은 값)을 가지면서 $a$에 한없이 가까워지는 것을 각각 기호로 다음과 같이 나타낸다.

$$x \to a^+, \ x \to a^-$$

함수 $f(x)$에서 $x$의 값이 $a$보다 크면서 $a$에 한없이 가까워질 때, $f(x)$의 값이 일정한 값 $\alpha$에 한없이 가까워지면 $\alpha$를 $x=a$에서의 함수 $f(x)$의 우극한이라고 하며, 기호로 다음과 같이 나타낸다.

$$\lim_{x \to a^+} f(x) = \alpha$$

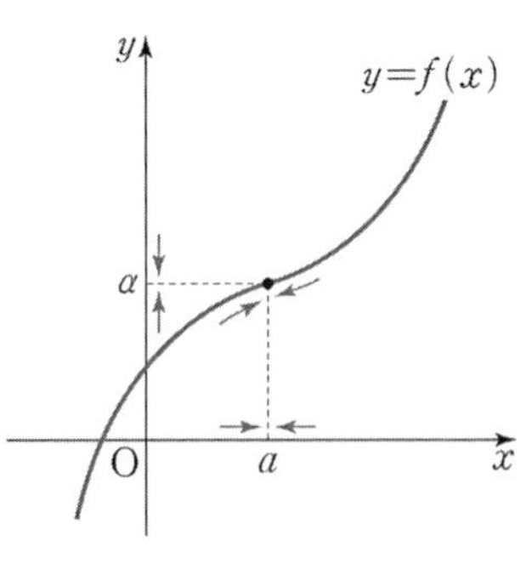


또, $x$의 값이 $a$보다 작으면서 $a$에 한없이 가까워질 때, $f(x)$의 값이 일정한 값 $\beta$에 한없이 가까워지면 $\beta$를 $x=a$에서의 함수 $f(x)$의 좌극한이라고 하며, 기호로 다음과 같이 나타낸다.

$$\lim_{x \to a^-} f(x) = \beta$$

$x \to a$ 일 때, 함수 $f(x)$ 의 극한값이 $\alpha$ 라는 것은 $x=a$ 에서의 우극한과 좌극한이 존재하고, 그 값이 모두 $\alpha$ 와 같음을 뜻한다. 즉,

$$\lim_{x \to a^+} f(x) = \alpha = \lim_{x \to a^-} f(x) \Leftrightarrow \lim_{x \to a} f(x) = \alpha$$

따라서 우극한과 좌극한이 모두 존재하더라도 그 값이 서로 같지 않으면 $\lim_{x \to a} f(x)$ 는 존재하지 않는다.

**예제 7-1**

주어진 함수 $g$ 의 그래프에 대하여 다음을 구하여라.

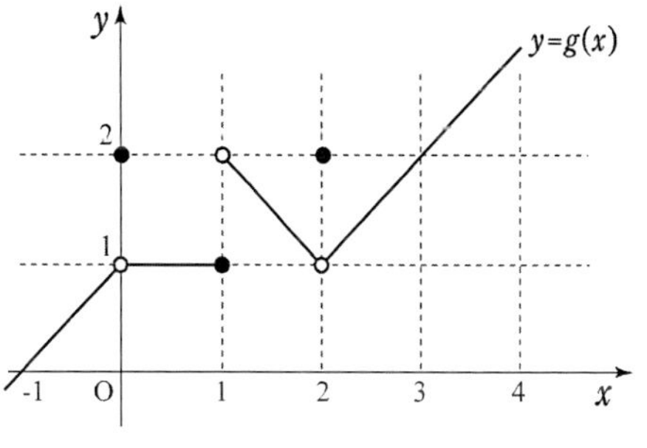


(1) $\lim_{x \to 1^-} g(x)$ (2) $\lim_{x \to 1^+} g(x)$ (3) $\lim_{x \to 2} g(x)$

**풀이** (1) $\lim_{x \to 1^-} g(x) = 1$

(2) $\lim_{x \to 1^+} g(x) = 2$

(3) $\lim_{x \to 2} g(x) = 1$

■

**예제 7-2**

$\lim_{x \to 1} \frac{|x-1|}{x-1}$ 의 극한값을 구하여라.

**풀이** $x \to 1^+$ 이면 $x-1>0$ 이고, $x \to 1^-$ 이면 $x-1<0$ 이므로

$$\lim_{x \to 1^+} \frac{|x-1|}{x-1} = \lim_{x \to 1^+} \frac{x-1}{x-1} = 1, \quad \lim_{x \to 1^-} \frac{|x-1|}{x-1} = \lim_{x \to 1^-} \frac{-(x-1)}{x-1} = -1$$

따라서 $\lim_{x \to 1} \frac{|x-1|}{x-1}$ 은 존재하지 않는다.

■

변수 $x$ 가 실수 $a$ 에 한없이 가까워질 때, 함수 $f(x)$ 의 값이 어떻게 변하는지 알아보자. 예를 들어, 함수 $f(x) = x + 1$ 은 아래 표에서 알 수 있듯이 $x$ 의 값이 1 에 한없이 가까워질 때, 함숫값 $f(x)$ 가 2 에 한없이 가까워진다.

| $x$ | $\cdots$ | 0.9 | 0.99 | 0.999 | 1 | 1.001 | 1.01 | 1.1 | $\cdots$ |
|---|---|---|---|---|---|---|---|---|---|
| $f(x)$ | $\cdots$ | 1.9 | 1.99 | 1.999 | 2 | 2.001 | 2.01 | 2.1 | $\cdots$ |

또, 함수 $g(x) = \frac{x^2-1}{x-1}$ 에서 $x = 1$ 이면 분모가 0 이 되므로 $x = 1$ 에서의 함숫값 $g(1)$ 은 정의되지 않는다. 하지만 $x \neq 1$ 이면

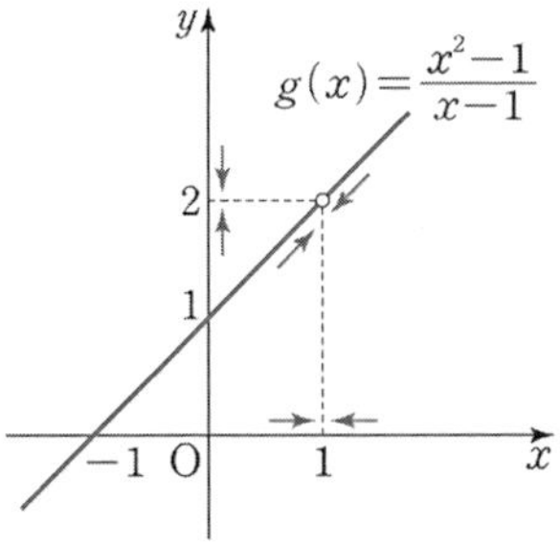


$$g(x) = \frac{x^2-1}{x-1} = \frac{(x+1)(x-1)}{x-1} = x + 1$$

이므로 $x$ 가 1 이 아닌 값을 가지면서 1 에 한없이 가까워지면 함숫값 $g(x)$ 는 2 에 한없이 가까워진다.

**예제 7-3**

다음 극한값을 구하여라.

(1) $\lim_{x \to 3} (x^2 - 5)$ (2) $\lim_{x \to 3} \frac{x^2-9}{x-3}$

풀이 (1) $x \to 3$ 일 때, $x^2 - 5 \to 4$ 이므로

$$\therefore \lim_{x \to 3} (x^2 - 5) = 4$$

(2) $x \neq 3$ 이면 $\frac{x^2-9}{x-3} = \frac{(x+3)(x-3)}{x-3} = x + 3$ 이고

$x \to 3$ 일 때, $x+3 \to 6$ 이므로

$$\therefore \lim_{x \to 3} \frac{x^2-9}{x-3} = \lim_{x \to 3}(x+3) = 6$$

■

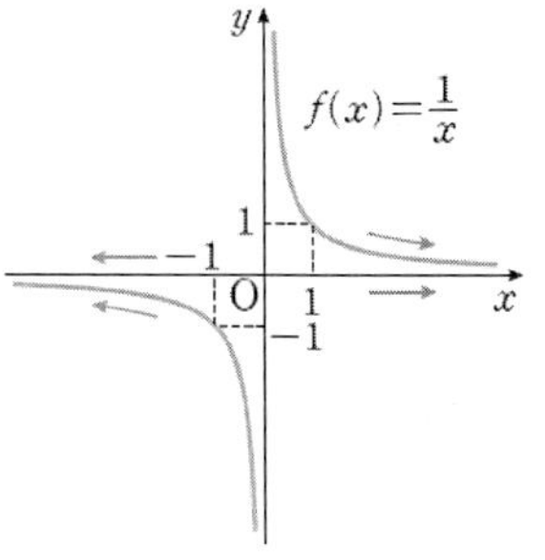


함수 $f(x) = \dfrac{1}{x}$ 에서 $x$ 의 값이 한없이 커지면 $f(x)$ 의 값은 0 에 한없이 가까워지고, $x$ 의 값이 음수이면서 그 절댓값이 한없이 커질 때에도 $f(x)$ 의 값은 0 에 한없이 가까워진다.

함수 $f(x)$ 에서 $x$ 의 값이 한없이 커질 때, 함숫값 $f(x)$ 가 일정한 값 $\alpha$ 에 한없이 가까워지면 함수 $f(x)$ 는 $\alpha$ 에 수렴한다고 하고, 기호로

$$\lim_{x \to \infty} f(x) = \alpha$$

와 같이 나타낸다. 또, $x$ 의 값이 음수이면서 그 절댓값이 한없이 커질 때, 함숫값 $f(x)$ 가 일정한 값 $\beta$ 에 한없이 가까워지면 함수 $f(x)$ 는 $\beta$ 에 수렴한다고 하고, 기호로

$$\lim_{x \to -\infty} f(x) = \beta$$

와 같이 나타낸다.

**예제 7-4**

다음 극한값을 구하여라

(1) $\displaystyle\lim_{x \to \infty} \frac{1}{x+2}$　　(2) $\displaystyle\lim_{x \to -\infty} \left(-\frac{3}{x}+2\right)$　　(3) $\displaystyle\lim_{x \to \infty} \frac{1}{|x-2|}$

**풀이** (1) $\displaystyle\lim_{x \to \infty} \frac{1}{x+2} = 0$

(2) $\displaystyle\lim_{x \to -\infty} \left(-\frac{3}{x}+2\right) = 2$

(3) $\lim_{x \to \infty} \frac{1}{|x-2|} = 0$

함수의 극한에 대하여 다음과 같은 성질이 성립한다.

**극한의 성질**

$\lim_{x \to a} f(x) = \alpha$, $\lim_{x \to a} g(x) = \beta$ ($\alpha, \beta$는 실수)일 때

(1) $\lim_{x \to a} kf(x) = k\lim_{x \to a} f(x) = k\alpha$ (단, $k$는 상수)

(2) $\lim_{x \to a} \{f(x) \pm g(x)\} = \lim_{x \to a} f(x) \pm \lim_{x \to a} g(x) = \alpha \pm \beta$ (복부호 동순)

(3) $\lim_{x \to a} f(x)g(x) = \lim_{x \to a} f(x) \cdot \lim_{x \to a} g(x) = \alpha\beta$

(4) $\lim_{x \to a} \frac{f(x)}{g(x)} = \frac{\lim_{x \to a} f(x)}{\lim_{x \to a} g(x)} = \frac{\alpha}{\beta}$ (단, $g(x) \neq 0$, $\beta \neq 0$)

$\lim_{x \to a} f(x) = \lim_{x \to a} g(x) = 0$ 일 때, $\lim_{x \to a} \frac{f(x)}{g(x)}$ 의 값은 인수분해 또는 유리화를 이용하여 식을 변형하여 극한값을 구하면 편리하다.

**예제 7-5**

다음 극한값을 구하여라.

(1) $\lim_{x \to 2} \frac{x^2 - x - 2}{x - 2}$　　(2) $\lim_{x \to 5} \frac{\sqrt{x+4} - 3}{x - 5}$

**풀이** (1) 분자를 인수분해하여 극한값을 구하면

$$\lim_{x \to 2} \frac{x^2 - x - 2}{x - 2} = \lim_{x \to 2} \frac{(x-2)(x+1)}{x-2} = \lim_{x \to 2} (x+1) = 3$$

(2) 분자를 유리화하여 극한값을 구하면

$$\lim_{x \to 5} \frac{\sqrt{x+4}-3}{x-5} = \lim_{x \to 5} \frac{(x+4)-9}{(x-5)(\sqrt{x+4}+3)}$$
$$= \lim_{x \to 5} \frac{x-5}{(x-5)(\sqrt{x+4}+3)}$$
$$= \lim_{x \to 5} \frac{1}{\sqrt{x+4}+3} = \frac{1}{6}$$

■

**예제 7-6**

다음 극한값을 구하여라.

(1) $\lim_{x \to \infty} \frac{3x^2-1}{x^2-x+2}$　　(2) $\lim_{x \to \infty} \frac{\sqrt{x^2-2013}-x}{x-\sqrt{x^2-2012}}$

**풀이** (1) 분모의 최고차항 $x^2$으로 분자, 분모를 각각 나누어 극한값을 구하면

$$\lim_{x \to \infty} \frac{3x^2-1}{x^2-x+2} = \lim_{x \to \infty} \frac{3-\frac{1}{x^2}}{1-\frac{1}{x}+\frac{2}{x^2}} = \frac{3-0}{1-0+0} = 3$$

(2) 분자, 분모를 각각 유리화하여 식을 정리하면

$$\lim_{x \to \infty} \frac{\sqrt{x^2-2013}-x}{x-\sqrt{x^2-2012}} = \lim_{x \to \infty} \frac{-2013(x+\sqrt{x^2-2012})}{2012(\sqrt{x^2-2013}+x)}$$

분모의 최고차항인 $x$로 분자, 분모를 각각 나누어 극한값을 구하면

$$\lim_{x \to \infty} \frac{-2013\left(1+\sqrt{1-\frac{2012}{x^2}}\right)}{2012\left(\sqrt{1-\frac{2013}{x^2}}+1\right)} = -\frac{2013}{2012}$$

■

**예제 7-7**

다음 등식이 성립하도록 하는 상수 $a$, $b$의 값을 구하여라.

(1) $\lim_{x \to 1} \frac{2x^2+x+a}{x^2-1} = b$　　(2) $\lim_{x \to 1} \frac{\sqrt{2x+a}-\sqrt{x+3}}{x^2-1} = b$

풀이 (1) $x \to 1$ 일 때, 분모가 $x^2 - 1 \to 0$ 이므로 분자도 $2x^2 + x + a \to 0$ 이어야 하므로 $3 + a = 0$ 에서 $a = -3$. 따라서

$$\lim_{x \to 1} \frac{2x^2 + x - 3}{x^2 - 1} = \lim_{x \to 1} \frac{(2x+3)(x-1)}{(x-1)(x+1)} = \frac{5}{2} = b$$

(2) $x \to 1$ 일 때 분모$\to 0$ 이므로 분자$\to 0$ 이어야 한다.

$$\sqrt{2+a} - \sqrt{4} = 0 \quad \therefore a = 2$$

$$(\text{준식}) = \lim_{x \to 1} \frac{\sqrt{2x+2} - \sqrt{x+3}}{x^2 - 1} = \lim_{x \to 1} \frac{x-1}{(x^2-1)(\sqrt{2x+2} + \sqrt{x+3})}$$

$$= \lim_{x \to 1} \frac{1}{(x+1)(\sqrt{2x+2} + \sqrt{x+3})} = \frac{1}{8}$$

$$\therefore b = \frac{1}{8}$$

■

### 샌드위치 정리(sandwich theorem)

$\lim_{x \to a} f(x) = \alpha$, $\lim_{x \to a} g(x) = \beta$ ($\alpha, \beta$는 실수)일 때, $a$에 가까운 모든 $x$에 대하여

$$f(x) \le h(x) \le g(x) \text{ 이고 } \alpha = \beta \text{ 이면 } \lim_{x \to a} h(x) = \alpha$$

### 예제 7-8

$\lim_{x \to 0} x \sin \frac{1}{x}$ 의 값을 구하여라.

풀이 $0 \le \left| \sin \frac{1}{x} \right| \le 1$ 이므로 $0 \le \left| x \sin \frac{1}{x} \right| = |x| \left| \sin \frac{1}{x} \right| \le |x|$

이때, $\lim_{x \to 0} |x| = 0$ 이므로 $\lim_{x \to 0} \left| x \sin \frac{1}{x} \right| = 0$

$$\therefore \lim_{x \to 0} x \sin \frac{1}{x} = 0$$

■

## 7.2 함수의 연속

함수 $f(x)=x+1$에서

$$\lim_{x\to 1} f(x)=f(1)$$

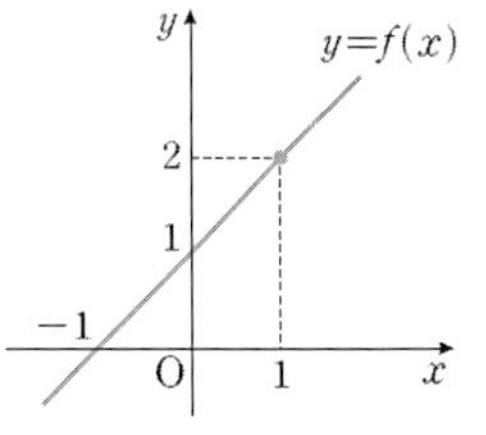


이 성립하고, 그래프는 오른쪽 그림과 같이 $x=1$에서 연결되어 있음을 알 수 있다.

그러나 함수 $g(x)=\begin{cases} \dfrac{x^2-1}{x-1} & (x\neq 1) \\ 1 & (x=1) \end{cases}$에서는

$$\lim_{x\to 1} g(x)\neq g(1)$$

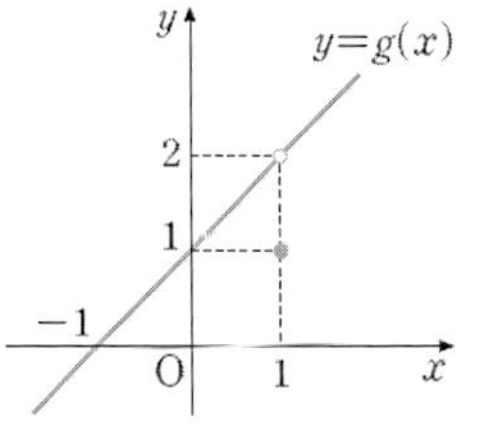


이 성립하고, 그래프는 오른쪽 그림과 같이 $x=1$에서 끊어져 있다.

함수 $f(x)$가 실수 $a$에 대하여

( i ) $x=a$에서 함숫값 $f(a)$가 정의되어 있고

(ii) 극한값 $\lim_{x\to a} f(x)$가 존재하며

(iii) $\lim_{x\to a} f(x)=f(a)$

일 때, 함수 $f(x)$는 $x=a$에서 연속이라 한다. 한편, 함수 $f(x)$가 $x=a$에서 연속이 아닐 때, $f(x)$는 $x=a$에서 불연속이라고 한다. 즉, 위의 세 가지 조건 중 어느 한 가지라도 만족하지 않으면 함수 $f(x)$는 $x=a$에서 불연속이다.

**예제 7-9**

다음 함수의 $x=1$에서의 연속 또는 불연속을 조사하여라.

(1) $f(x)=x^2+x-3$  (2) $g(x)=\dfrac{|x-1|}{x-1}$

**풀이** (1) 함수 $f(x)=x^2+x-3$는

( i ) $f(1)=-1$이므로 $x=1$에서 정의되어 있다.

(ii) $\lim_{x \to 1^+}(x^2+x-3)=-1$, $\lim_{x \to 1^-}(x^2+x-3)=-1$ 이므로

극한값 $\lim_{x \to 1} f(x)$ 가 존재한다.

(iii) $\lim_{x \to 1} f(x) = f(1) = -1$

따라서 함수 $f(x)$는 $x=1$에서 연속이다.

(2) 함수 $g(x) = \dfrac{|x-1|}{x-1}$ 은 $x=1$에서 정의되지 않으므로 $x=1$에서 불연속이다.

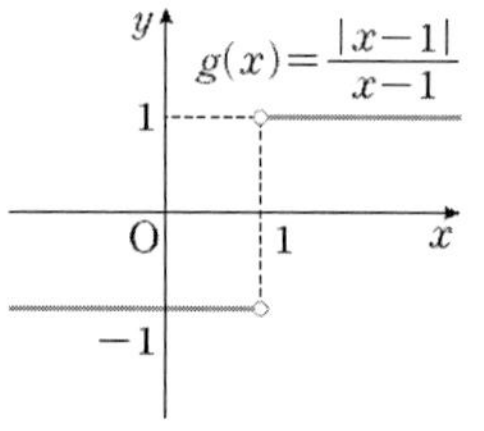


함수 $f(x)$가 어떤 구간에 속하는 모든 점에서 연속일 때, 함수 $f(x)$는 그 구간에서 연속 또는 연속함수(continuous function)라고 한다. 특히, 함수 $f(x)$가

( i ) 개구간 $(a, b)$에서 연속이며

(ii) $\lim_{x \to a^+} f(x) = f(a)$, $\lim_{x \to b^-} f(x) = f(b)$

이면 함수 $f(x)$는 폐구간 $[a, b]$에서 연속이라고 한다.

**예제 7-10**

함수 $f(x) = \begin{cases} \dfrac{x^2+x+a}{x-1} & (x \neq 1) \\ b & (x=1) \end{cases}$ 가 모든 실수 $x$에 대하여 연속이 되도록 상수 $a$, $b$의 값을 구하여라.

**풀이** 함수 $f(x)$가 모든 실수 $x$에 대해 연속이므로 $x=1$에서도 연속이다.

따라서 $\lim_{x \to 1} f(x) = f(1)$이 성립해야 한다.

$x \to 1$일 때, 분모가 0이므로 $\lim_{x \to 1}(x^2+x+a)=0$ $\therefore$ $2+a=0, a=-2$

$$\lim_{x \to 1} \frac{x^2+x-2}{x-1} = \lim_{x \to 1} \frac{(x+2)(x-1)}{x-1} = 3 \quad \therefore\ b=3$$

국세청에서는 근로 소득세 산정의 기준이 되는 과세표준 금액이 많은 사람에게 더 많은 세금이 부과되도록 하기 위해 그 금액에 따라 소득세율을 다르게 적용한다.

| 종합소득 과세표준 | 기 본 세 율 |
|---|---|
| 1,200만 원 이하 | 과세표준의 100분의 6 |
| 4,600만 원 이하 | 72만원+1,200만원 초과금액의 100분의 15 |
| 8,800만 원 이하 | 582만원+4,600만원 초과금액의 100분의 24 |
| 3억 원 이하 | 1,590만원+8,800만원 초과금액의 100분의 35 |
| 3억 원 초과 | 9,010만원+3억 원 초과금액의 100분의 38 |

**예세 7-11**

종합소득 과세표준이 $x$ 만 원인 근로자의 2012년도 근로소득세(산출세액)를 $f(x)$ 만 원이라고 할 때, 함수 $f(x)$ 를 나타내면 다음과 같다.

$$f(x)=\begin{cases} 0.06x & 0 \le x \le 1,200 \\ a+0.15(x-1,200) & 1,200 \le x \le 4,600 \\ 582+0.24(x-4,600) & 4,600 \le x \le 8,800 \\ b+0.35(x-8,800) & 8,800 \le x \le 30,000 \\ 9010+0.38(x-30,000) & x \ge 30,000 \end{cases}$$

(1) 이 함수가 연속이 되도록 상수 $a, b$ 의 값을 구하여라.

(2) 종합소득 과세표준이 10,000 만 원인 사람의 산출세액을 구하여라.

**풀이** (1) $\lim_{x \to 1200} f(x) = 0.06 \times 1200 = 72$,

$\lim_{x \to 1200^+} f(x) = a + 0.15(1200 - 1200) = a$

$\lim_{x \to 1200^-} f(x) = \lim_{x \to 1200^+} f(x)$ 가 성립해야 하므로 $a = 72$

같은 방법으로, $\lim_{x \to 8800^-} f(x) = \lim_{x \to 8800^+} f(x)$ 가 성립하는 $b$ 의 값은 $b = 1590$ 이다.

(2) $f(10000) = 1590 + 0.35(10000 - 8800) = 2010$ (만원)

■

두 함수 $f(x)$, $g(x)$가 모두 $x=a$에서 연속이면 연속의 정의와 함수의 극한에 대한 성질에 의하여

$$\lim_{x\to a} kf(x) = k\lim_{x\to a} f(x) = kf(a) \quad (\text{단, } k\text{는 상수})$$

$$\lim_{x\to a}\{f(x)\pm g(x)\} = \lim_{x\to a} f(x) \pm \lim_{x\to a} g(x) = f(a)\pm g(a) \quad (\text{복부호 동순})$$

$$\lim_{x\to a} f(x)g(x) = \lim_{x\to a} f(x)\lim_{x\to a} g(x) = f(a)g(a)$$

가 된다. 특히, $g(a)\neq 0$이면

$$\lim_{x\to a}\frac{f(x)}{g(x)} = \frac{\lim_{x\to a} f(x)}{\lim_{x\to a} g(x)} = \frac{f(a)}{g(a)}$$

가 된다. 따라서 함수 $kf(x)$, $f(x)\pm g(x)$, $f(x)g(x)$, $\dfrac{f(x)}{g(x)}$ 도 역시 $x=a$ 에서 연속이다.

이와 같은 방법으로 생각하면 다음과 같은 성질이 성립한다.

**연속함수의 성질**

어떤 구간에서 두 함수 $f(x)$, $g(x)$가 연속이면 다음 함수들도 그 구간에서 연속이다.

(1) $kf(x)$ (단, $k$는 상수)

(2) $f(x)\pm g(x)$

(3) $f(x)g(x)$

(4) $\dfrac{f(x)}{g(x)}$ (단, $g(x)\neq 0$)

**예제 7-12**

두 함수 $f(x)=x^2-1$, $g(x)=|x|$에 대하여 함수 $f(x)g(x)$와 함수 $\dfrac{f(x)}{g(x)}$가 연속인 구간을 각각 구하여라.

**풀이** 이차함수 $f(x)=x^2-1$, 절댓값 함수 $g(x)=|x|$은 모든 실수 $x$에서 연속이다. 따라서 연속함수의 성질(3)에 의하여 함수

$$f(x)g(x) = (x^2-1)|x|$$

는 모든 실수, 즉 구간 $(-\infty, \infty)$에서 연속이다.

또, 연속함수의 성질(4)에 의하여 함수 $\frac{f(x)}{g(x)} = \frac{x^2-1}{|x|}$ 은 $x \neq 0$ 인 실수, 즉 구간 $(-\infty, 0)$, $(0, \infty)$ 에서 연속이다.

■

함수 $f(x)$ 가 폐구간 $[a, b]$ 에서 연속이고 $f(a) \neq f(b)$ 이면, 오른쪽 그림과 같이 $f(a)$ 와 $f(b)$ 사이에 있는 임의의 값 $k$ 에 대하여 직선 $y=k$ 와 함수 $y=f(x)$ 의 그래프는 적어도 한 점에서 만나게 된다. 따라서 다음과 같은 중간값의 정리가 성립한다.

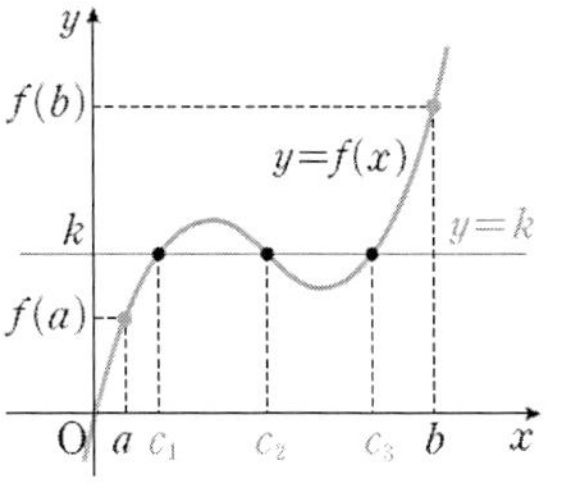


### 중간값의 정리

함수 $f(x)$가 폐구간 $[a, b]$ 에서 연속이고 $f(a) \neq f(b)$ 이면, $f(a)$ 와 $f(b)$ 사이에 있는 임의의 값 $k$ 에 대하여

$$f(c) = k$$

인 실수 $c$ 가 $a$ 와 $b$ 사이에 적어도 하나 존재한다.

함수 $f(x)$ 가 폐구간 $[a, b]$ 에서 연속이고 $f(a)$ 와 $f(b)$ 의 부호가 서로 다르면, 중간값의 정리에 의하여 방정식 $f(x)=0$ 은 $a$ 와 $b$ 사이에 적어도 하나의 실근을 가진다.

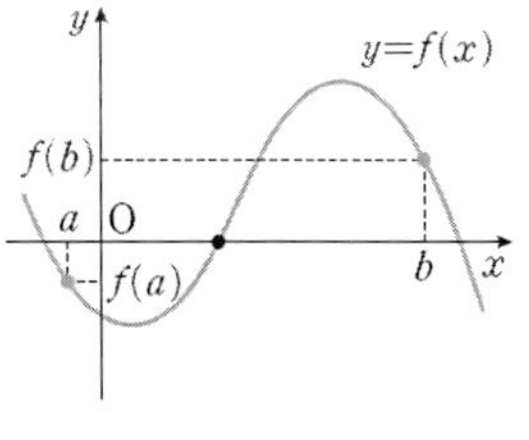


**예제 7-13**

삼차방정식 $x^3+2x+1=0$ 은 개구간 $(-1, 0)$ 에서 적어도 하나의 실근을 가짐을 보여라.

**풀이** 함수 $f(x)=x^3+2x+1$ 는 폐구간 $[-1, 0]$ 에서 연속이고

$$f(-1) = -2 < 0, \ f(0) = 1 > 0$$

이므로 중간값의 정리에 의하여 $f(c)=0$ 인 실수 $c$ 가 $-1$ 과 $0$ 사이에 적어도 하나 존재한다. 즉, 삼차방정식 $x^3+2x+1=0$ 은 개구간 $(-1, 0)$ 에서 적어도 하나의 실근을 가진다.

■

## 연습문제

**1.** 주어진 함수 $f$ 의 그래프에 대하여 극한값을 구하여라.

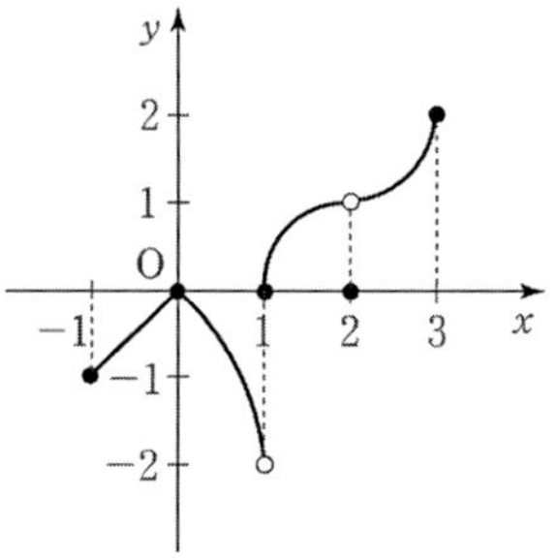

(1) $\lim_{x \to 1^-} f(x)$　　(2) $\lim_{x \to 1^+} f(x)$

(3) $\lim_{x \to 2} f(x)$　　(4) $\lim_{x \to 0} f(x)$

**2.** 다음 극한값을 구하여라.

(1) $\lim_{x \to 2^-} \frac{|x^2-4|}{x-2}$　　(2) $\lim_{x \to 3^-} \frac{\sqrt{x}-\sqrt{3}}{|x-3|}$　　(3) $\lim_{x \to 2} \frac{x^2-4}{|x-2|}$

**3.** 다음 극한값을 구하여라.

(1) $\lim_{x \to -2} (4-x^2)$　　(2) $\lim_{x \to -1} \frac{x^3+1}{x+1}$　　(3) $\lim_{x \to 3} \frac{\sqrt{x^2-8}-1}{x-3}$

**4.** 함수 $f(x)=[x+2]+[-x]$ 에 대하여 $\lim_{x \to 0} f(x)$ 의 값을 구하여라. 단, $[x]$ 는 $x$ 보다 크지 않은 최대 정수이다.

**5.** 함수 $f(x)=[x]+[-x]$에 대한 다음 설명 중 옳은 것을 고르시오.

I. 치역은 $\{0, -1\}$이다.

II. 모든 실수 $a$에 대하여 $\lim_{x\to a} f(x)$의 값이 존재한다.

III. 정수 $n$에 대하여 $\lim_{x\to n} f(x)=f(n)$이다.

**6.** $A=\lim_{x\to 1^-}\frac{[x]}{x}$, $B=\lim_{x\to 0^-}\frac{[x-2013]}{x-2013}$, $C=\lim_{x\to 0^+}\frac{[x-2013]}{x-2013}$일 때, $A$, $B$, $C$의 대소 관계를 나타내어라. (단, $[x]$는 $x$보다 크지 않은 최대 정수이다.)

**7.** $\lim_{x\to a}\frac{f(x)}{g(x)}=\alpha$ ($\alpha$는 실수)이고, $\lim_{x\to a} g(x)=0$이면 $\lim_{x\to a} f(x)=0$임을 보여라.

**8.** 함수 $f(x)$가 $0<x<1$인 실수 $x$에 대하여 $\sin x < f(x) < \tan x$를 만족할 때, $\lim_{x\to 0^+}\frac{f(x)}{\sin x}$의 값을 구하여라.

**9.** 다음 극한값을 구하여라.

(1) $\lim_{x\to 1}\frac{3x^3-5x^2+x+1}{x^2-2x+1}$ (2) $\lim_{x\to 0}\frac{3x^2}{1-\sqrt{1-x^2}}$

**10.** 다음 극한값을 구하여라

(1) $\lim_{x\to 0}\frac{1}{x}\left\{\frac{1}{(x-2)^2}-\frac{1}{4}\right\}$ (2) $\lim_{x\to 0}\frac{1}{x}\left(\frac{1}{\sqrt{x+1}}-1\right)$

**11.** $\lim_{x \to 0} \frac{x}{\sqrt{k-x} - \sqrt{k+x}} = -2$ 일 때, 상수 $k$의 값을 구하여라.

**12.** 다음 극한값을 구하여라.

(1) $\lim_{x \to \infty} \left( \sqrt{x^2+6x+4} - x \right)$ (2) $\lim_{x \to -\infty} \frac{x - \sqrt{x^2-1}}{x+1}$

**13.** 다음 등식이 성립하도록 하는 상수 $a, b$ 의 값을 구하여라.

(1) $\lim_{x \to 2} \frac{x-2}{x^2+ax+b} = \frac{1}{3}$ (2) $\lim_{x \to 2} \frac{\sqrt{x^2+a}-b}{x-2} = \frac{2}{5}$

**14.** 함수 $f(x) = 4x - 5$ 와 3 이 0.01 보다 더 작게 차이가 나기 위해서는 $x$ 가 2 에 얼마나 가까이 접근해야 하는가? 즉, $|x-2| < a$ 일 때 $|f(x) - 3| < 0.01$ 을 만족하는 상수 $a$ 의 최댓값을 구하여라.

**15.** 함수 $f(x) = \begin{cases} \frac{x^2+ax+b}{x+2} & (x \neq -2) \\ 5 & (x = -2) \end{cases}$ 가 모든 실수 $x$ 에 대하여 연속이 되도록 상수 $a, b$ 의 값을 구하여라.

**16.** 다음 표는 한 택배회사에서 새롭게 시행하고자 하는 요금체계로 거리가 멀수록 더 많은 요금을 내고, 할인요금도 더 많아진다고 한다.

| | 요금(원/km) | 할인요금(원) |
|---|---|---|
| 5km 이상 - 20km 미만 | 700 | 0 |
| 20km 이상 - 40km 미만 | 900 | $a$ |
| 40km 이상 - 70km 미만 | 1000 | 8000 |
| 70km이상 | 1200 | $b$ |

출발지부터 도착지까지의 거리를 $x$ (km), 이 택배회사에 지불하는 금액을 $y$ (원)이라고 할 때, 함수 $y = f(x)$ 가 연속함수가 되도록 상수 $a$ , $b$ 의 값을 구하여라. 단, $x \geq 5$ 이다.

**17.** 두 함수 $f(x)$, $g(x)$를 다음과 같이 정의한다.

$$f(x)=\begin{cases}\dfrac{|x|}{x} & (x\neq 0)\\ 0 & (x=0)\end{cases}, \quad g(x)=x^2$$

이 때, 옳은 것을 모두 고르시오.

I. $\lim\limits_{x\to 0}f(x)$는 존재하지 않는다.

II. $\lim\limits_{x\to 0}f(g(x))=1$

III. $\lim\limits_{x\to 0}f(g(x))\neq f\left(\lim\limits_{x\to 0}g(x)\right)$

**18.** $(x-2013)f(x)=x^2-2013^2$을 만족시키는 함수 $f(x)$가 임의의 실수 $x$에서 연속일 때, $f(2013)$의 값을 구하여라.

**19.** 두 함수 $f(x)=\begin{cases}\dfrac{|x|}{x}, & x\neq 0\\ 0, & x=0\end{cases}$, $g(x)=\cos x$에 대하여 $0<x<3\pi$에서 정의된 합성함수 $(f\circ g)(x)$의 불연속점의 개수를 구하여라.

**20.** 함수 $f(x)$의 그래프는 다음 그림과 같을 때, $\lim\limits_{x\to 1^+}f(f(x))$와 $\lim\limits_{x\to 1^-}f(f(x))$를 각각 구하여라.

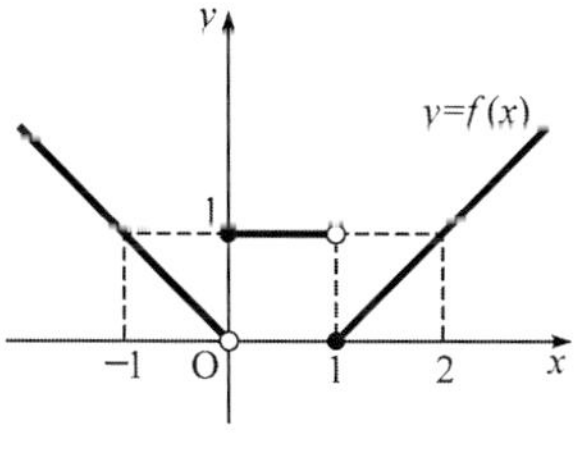

**21.** 함수 $y=[\,2\cos x\,]\ (0 \le x \le \pi)$ 의 불연속점의 개수를 구하여라. 단, $[x]$는 $x$보다 크지 않은 최대 정수이다.

**22.** 함수 $f(x)=x^2-2x$ , $g(x)=x-2$ , $h(x)=\sqrt{x-1}$ 에 대하여 다음 함수가 연속인 구간을 구하여라.

(1) $f(x)g(x)$ (2) $f(x)+h(x)$

(3) $\dfrac{g(x)}{f(x)}$ (4) $\dfrac{h(x)}{g(x)}$

**23.** 방정식 $x-\cos x=0$ 의 실근이 0과 $\dfrac{\pi}{4}$ 사이에 적어도 하나 존재함을 보여라.

**24.** 함수 $f(x)$가 폐구간 $[a,b]$ 에서 연속이고 $f(a)=b, f(b)=a$ 이면

$$f(c)=c\,(a<c<b)$$

인 $c$가 존재함을 증명하여라.

**25.** 연속함수 $f(x)$ 에 대하여 $f(x)=f(-x)$ , $f(-1)f(-2)<0$ , $f(3)f(4)<0$ 이 성립할 때, $f(x)=0$ 을 만족시키는 $x$ 는 적어도 몇 개 존재하는가?

# 제 8 장

# 미분법



수학을 공부하지 않은 대부분 사람들에게는 믿기지 않게 보이는 일들이 있다.

— Archimedes —

# Chapter 08 미분법

세상의 모든 것은 시간의 흐름에 따라 변화한다. 미분은 변화하는 양을 분석하는 도구이다. 예를 들어, 시간에 대한 박테리아 개체수의 변화율, 인구의 증가율, 제품 가격의 변화율, 제품을 생산하는데 드는 비용의 변화율 등이 있다. 이처럼 변화율의 계산은 실생활이나 자연에서 변화하는 현상을 이해하는 데 중요한 의미를 갖는다. 이런 변화율은 평균변화율의 극한값이다.

## 8.1 미분계수

함수 $y=f(x)$에서 $x$의 값이 $a$에서 $b$까지 변할 때, $y$의 값은 $f(a)$에서 $f(b)$까지 변한다. 이때, $x$의 값의 변화량 $b-a$를 $x$의 증분이라 하고, $\Delta x$로 나타낸다.

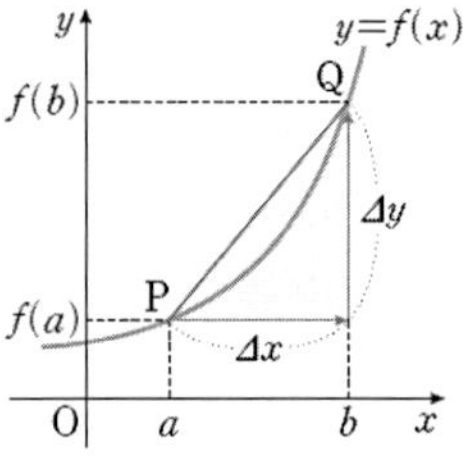


또, 이에 대한 $y$의 값의 변화량 $f(b)-f(a)$를 $y$의 증분이라 하고, $\Delta y$로 나타낸다. 즉,

$$\Delta x = b-a, \ \Delta y = f(b)-f(a)$$

이다.

함수 $y=f(x)$에서 $x$의 증분 $\Delta x$에 대한 $y$의 증분 $\Delta y$의 비율

$$\frac{\Delta y}{\Delta x} = \frac{f(a+\Delta x)-f(a)}{\Delta x}$$

를 $x$의 값이 $a$에서 $a+\Delta x$까지 변할 때의 평균변화율(average rate of change)이라고 한다.

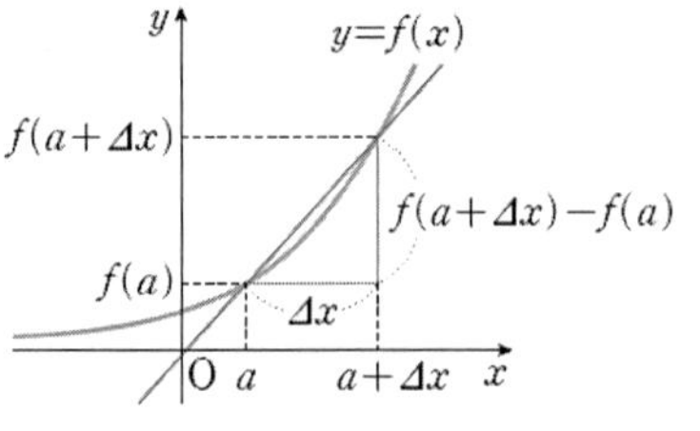

이때, $\Delta x \to 0$ 일 때 평균변화율의 극한값

$$\lim_{\Delta x \to 0} \frac{\Delta y}{\Delta x} = \lim_{\Delta x \to 0} \frac{f(a+\Delta x)-f(a)}{\Delta x}$$

가 존재하면 함수 $y=f(x)$ 는 $x=a$ 에서 미분가능하다고 하고, 이 극한값을 함수 $y=f(x)$ 의 $x=a$ 에서의 순간변화율 또는 미분계수(differential coefficient)라 하며, 기호로 $f'(a)$ 와 같이 나타낸다.

**예제 8-1**

함수 $f(x)=x^2-2x$ 의 $x=3$ 에서의 미분계수를 구하여라.

풀이 $f'(a) = \lim_{\Delta x \to 0} \frac{f(a+\Delta x)-f(a)}{\Delta x}$ 이므로 $a=3$ 을 대입하면

$$f'(3) = \lim_{\Delta x \to 0} \frac{f(3+\Delta x)-f(3)}{\Delta x}$$

$$= \lim_{\Delta x \to 0} \frac{\{(3+\Delta x)^2-2(3+\Delta x)\}-(3^2-2\cdot 3)}{\Delta x}$$

$$= \lim_{\Delta x \to 0} (4+\Delta x) = 4$$

■

참고 $x$ 의 증분 $\Delta x$ 대신 $h$ 를 사용하여 다음과 같이 나타낼 수 있다.

$$f'(a) = \lim_{h \to 0} \frac{f(a+h)-f(a)}{h}$$

**예제 8-2**

함수 $f(x)$ 에서 $f'(a)=1$ 일 때, $\lim_{h \to 0} \frac{f(a+3h)-f(a-2h)}{h}$ 의 값을 구하여라.

풀이 $(\text{준식}) = \lim_{h \to 0} \frac{f(a+3h)-f(a)-f(a-2h)+f(a)}{h}$

$$= \lim_{h \to 0} \frac{f(a+3h)-f(a)-\{f(a-2h)-f(a)\}}{h}$$

$$= \lim_{h \to 0} \frac{f(a+3h)-f(a)}{h} - \lim_{h \to 0} \frac{f(a-2h)-f(a)}{h}$$

$$= \lim_{h \to 0} \frac{f(a+3h)-f(a)}{3h} \cdot 3 - \lim_{h \to 0} \frac{f(a-2h)-f(a)}{-2h} \cdot (-2)$$

$$= f'(a) \cdot 3 - f'(a) \cdot (-2) = 5$$

■

함수 $y=f(x)$가 어떤 구간에 속하는 모든 $x$의 값에서 미분가능할 때, 함수 $y=f(x)$는 그 구간에서 미분가능하다고 한다. 특히, 함수 $y=f(x)$가 정의역에 속하는 모든 $x$의 값에서 미분가능할 때, 함수 $y=f(x)$는 미분가능한 함수라고 한다.

한편, $a+\Delta x=x$라고 하면 $\Delta x=x-a$이고, $\Delta x \to 0$일 때 $x \to a$이므로

$$\lim_{\Delta x \to 0} \frac{\Delta y}{\Delta x} = \lim_{\Delta x \to 0} \frac{f(a+\Delta x)-f(a)}{\Delta x} = \lim_{x \to a} \frac{f(x)-f(a)}{x-a}$$

이다. 따라서

$$f'(a) = \lim_{x \to a} \frac{f(x)-f(a)}{x-a}$$

와 같이 나타낼 수 있다.

**예제 8-3**

$f'(3)=\sqrt{3}$일 때, $\lim_{x \to \sqrt{3}} \frac{f(x^2)-f(3)}{x-\sqrt{3}}$의 값을 구하여라.

**풀이** $$\lim_{x \to \sqrt{3}} \frac{f(x^2)-f(3)}{x-\sqrt{3}} = \lim_{x \to \sqrt{3}} \left\{ \frac{f(x^2)-f(3)}{(x-\sqrt{3})(x+\sqrt{3})} \times (x+\sqrt{3}) \right\}$$

$$= \lim_{x \to \sqrt{3}} \frac{f(x^2)-f(3)}{x^2-3} \cdot \lim_{x \to \sqrt{3}} (x+\sqrt{3})$$

$$= f'(3) \times 2\sqrt{3} = 6$$

■

함수 $y=f(x)$ 의 그래프 위의 두 점 $P(a, f(a))$, $Q(a+\Delta x, f(a+\Delta x))$ 에 대하여 평균변화율

$$\frac{\Delta y}{\Delta x}=\frac{f(a+\Delta x)-f(a)}{\Delta x}$$

는 직선 $PQ$ 의 기울기와 같다.

여기서, $\Delta x \to 0$ 이면 점 $Q$ 는 곡선 $y=f(x)$ 를 따라 점 $P$ 에 한없이 가까워지고, 직선 $PQ$ 는 점 $P$ 를 지나는 일정한 직선 $PT$ 에 한없이 가까워진다. 즉 $\Delta x \to 0$ 일 때 직선 $PQ$ 의 기울기의 극한값은 직선 $PT$ 의 기울기이다.

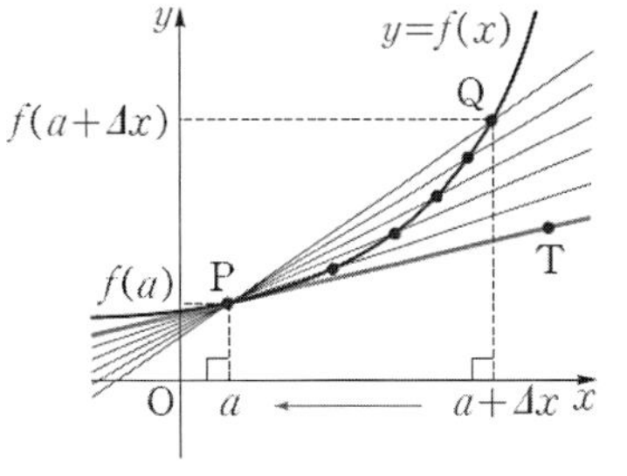


이 직선 $PT$ 를 점 $P$ 에서의 곡선 $y=f(x)$ 의 접선(tangent line)이라 하며 점 $P$ 를 접점이라고 한다. 따라서 $\Delta x \to 0$ 일 때, 직선 $PQ$ 의 기울기의 극한값, 즉 함수 $y=f(x)$ 의 $x=a$ 에서의 미분계수

$$f'(a)=\lim_{\Delta x \to 0}\frac{f(a+\Delta x)-f(a)}{\Delta x}$$

는 곡선 $y=f(x)$ 위의 점 $P$ 에서의 접선 $PT$ 의 기울기와 같음을 알 수 있다.

**예제 8-4**

곡선 $f(x)=\sqrt{x}$ 위의 점 $(1, 1)$ 에서의 접선의 기울기를 구하여라.

**풀이** 점 $(1, 1)$ 에서의 접선의 기울기는 미분계수 $f'(1)$ 과 같으므로

$$\begin{aligned} f'(1) &= \lim_{\Delta x \to 0}\frac{f(1+\Delta x)-f(1)}{\Delta x} \\ &= \lim_{\Delta x \to 0}\frac{\sqrt{1+\Delta x}-1}{\Delta x}=\lim_{\Delta x \to 0}\frac{\Delta x}{\Delta x(\sqrt{1+\Delta x}+1)} \\ &= \lim_{\Delta x \to 0}\frac{1}{\sqrt{1+\Delta x}+1}=\frac{1}{2} \end{aligned}$$

■

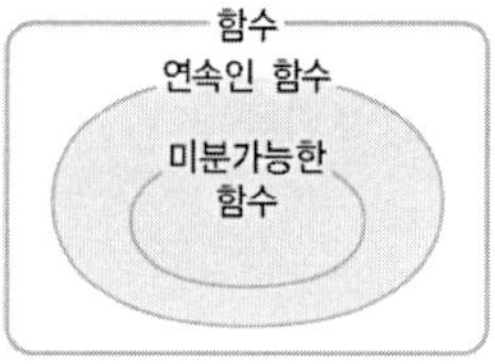


함수 $y=f(x)$가 $x=a$에서 미분가능하면 미분계수

$$f'(a)=\lim_{\Delta x\to 0}\frac{f(x)-f(a)}{x-a}$$

가 존재하므로

$$\begin{aligned}\lim_{x\to a}\{f(x)-f(a)\}&=\lim_{x\to a}\frac{f(x)-f(a)}{x-a}\cdot(x-a)\\&=\lim_{x\to a}\frac{f(x)-f(a)}{x-a}\cdot\lim_{x\to a}(x-a)\\&=f'(a)\cdot 0=0\end{aligned}$$

따라서

$$\lim_{x\to a}f(x)=f(a)$$

이다. 즉, 함수 $y=f(x)$는 $x=a$에서 연속이다.

일반적으로 함수 $y=f(x)$가 $x=a$에서 미분가능하면 함수 $y=f(x)$는 $x=a$에서 연속이다. 그러나 그 역은 일반적으로 성립하지 않는다.

**예제 8-5**

**함수 $f(x)=|x^2-1|$가 $x=1$에서 연속이지만 미분가능하지 않음을 보여라.**

**풀이** (i) $x=1$에서의 연속성

$f(1)=0$이고 $\lim_{x\to 1}f(x)=\lim_{x\to 1}|x^2-1|=0$이므로 $\lim_{x\to 1}f(x)=f(1)$

따라서 함수 $f(x)=|x^2-1|$가 $x=1$에서 연속이다.

(ii) $x=1$에서의 미분가능성

$$\lim_{x\to 1^+}\frac{f(x)-f(1)}{x-1}=\lim_{x\to 1^+}\frac{(x^2-1)-0}{x-1}=2$$

$$\lim_{x\to 1^-}\frac{f(x)-f(1)}{x-1}=\lim_{x\to 1^-}\frac{(1-x^2)-0}{x-1}=-2$$

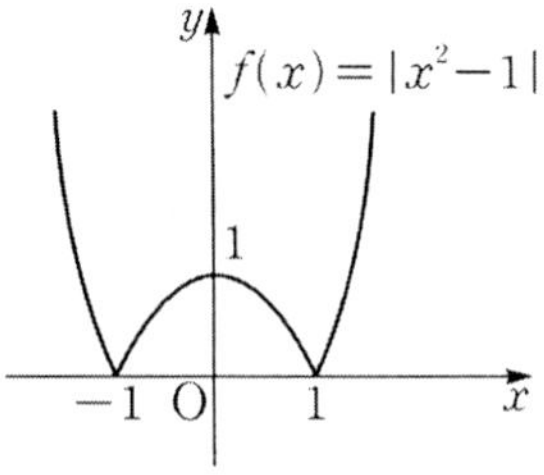


따라서 $\lim_{x\to 1}\frac{f(x)-f(1)}{x-1}$는 존재하지 않는다.

즉, 함수 $f(x)=|x^2-1|$가 $x=1$에서 미분가능하지 않다. ■

**예제 8-6**

함수 $f(x)=\begin{cases} x^2+1 & (x\geq 1) \\ ax+b & (x<1) \end{cases}$가 모든 실수 $x$에 대하여 미분가능할 때, 상수 $a,b$의 값을 구하여라.

**풀이** (i) 함수 $f(x)$는 $x=1$에서 연속이므로

$1^2+1=a+b$ 에서 $a+b=2$ $\cdots\cdots$①

(ii) 함수 $f(x)$가 $x=1$에서 미분가능하므로

$$\lim_{h\to 0^+}\frac{f(1+h)-f(1)}{h}=\lim_{h\to 0^+}\frac{(1+h)^2-1^2}{h}=\lim_{h\to 0^+}\frac{2h+h^2}{h}$$
$$=\lim_{h\to 0^+}(2+h)=2$$
$$\lim_{h\to 0^-}\frac{f(1+h)-f(1)}{h}=\lim_{h\to 0^-}\frac{a(1+h)+b-(a+b)}{h}$$
$$=\lim_{h\to 0^-}\frac{ah}{h}=a \quad \therefore\ a=2$$

①에서 $b=0$

## 8.2 도함수

함수 $y=f(x)$가 어떤 구간에서 미분가능하면 그 구간에 속하는 모든 $x$에 대하여 미분계수 $f'(x)$를 대응시키는 새로운 함수 $f':x\rightarrow f'(x)$ 즉,

$$f'(x)=\lim_{\Delta x\to 0}\frac{f(x+\Delta x)-f(x)}{\Delta x}$$

가 존재한다. 이 함수 $f'(x)$를 $f(x)$의 도함수(derivative)라 하고, 이것을 기호로

$$f'(x),\ y',\ \frac{dy}{dx},\ \frac{d}{dx}f(x)$$

와 같이 나타낸다. 또, 함수 $y=f(x)$의 도함수 $f'(x)$를 구하는 것을 함수 $y=f(x)$를 $x$에 대하여 미분한다(differentiate)고 하고, 그 계산법을 미분법(differentiation)이라고 한다.

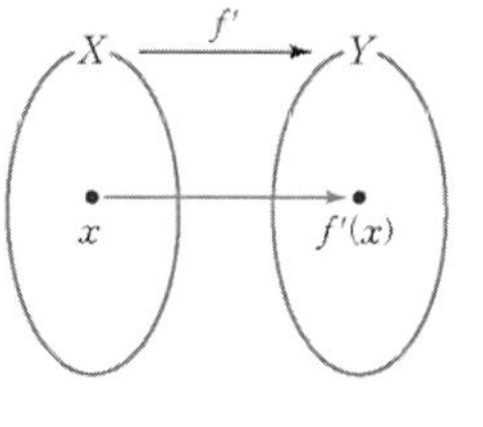

**예제 8-7**

함수 $f(x)=x^2-2x$ 의 도함수를 구하여라.

**풀이** 도함수의 정의에 의하여

$$\begin{aligned} f'(x) &= \lim_{h\to 0}\frac{f(x+h)-f(x)}{h} \\ &= \lim_{h\to 0}\frac{(x+h)^2-2(x+h)-(x^2-2x)}{h} \\ &= \lim_{h\to 0}\frac{2xh+h^2-2h}{h} = \lim_{h\to 0}(2x+h-2) \\ &= 2x-2 \end{aligned}$$

■

**예제 8-8**

도함수의 정의에 따라 함수 $y=\sqrt{x}$ 를 미분하여라.

**풀이** 
$$\begin{aligned} f'(x) &= \lim_{h\to 0}\frac{f(x+h)-f(x)}{h} \\ &= \lim_{h\to 0}\frac{\sqrt{x+h}-\sqrt{x}}{h} = \lim_{h\to 0}\frac{\sqrt{x+h}-\sqrt{x}}{h}\cdot\frac{\sqrt{x+h}+\sqrt{x}}{\sqrt{x+h}+\sqrt{x}} \\ &= \lim_{h\to 0}\frac{h}{h(\sqrt{x+h}+\sqrt{x})} = \lim_{h\to 0}\frac{1}{\sqrt{x+h}+\sqrt{x}} \\ &= \frac{1}{2\sqrt{x}} \end{aligned}$$

■

함수 $f(x)=x^n$ ($n$은 양의 정수)의 도함수를 구해 보자.

$$\begin{aligned} f'(x) &= \lim_{h\to 0}\frac{f(x+h)-f(x)}{h} = \lim_{h\to 0}\frac{(x+h)^n-x^n}{h} \\ &= \lim_{h\to 0}\frac{1}{h}\{(x+h)-x\}\left\{(x+h)^{n-1}+(x+h)^{n-2}x+\cdots+x^{n-1}\right\} \end{aligned}$$

$$= \lim_{h \to 0} \{(x+h)^{n-1} + (x+h)^{n-2}x + \cdots + x^{n-1}\}$$

$$= \underbrace{x^{n-1} + x^{n-1} + \cdots + x^{n-1}}_{n\text{개}} = nx^{n-1}$$

특히, 상수함수 $f(x)=c$ ($c$는 상수)의 도함수는

$$f'(x) = \lim_{h \to 0} \frac{f(x+h)-f(x)}{h} = \lim_{h \to 0} \frac{c-c}{h} = 0$$

(1) $f(x)=x^n$ 이면 $f'(x)=nx^{n-1}$ (단, $n$은 양의 정수)

(2) $f(x)=c$ 이면 $f'(x)=0$ (단, $c$는 상수)

**예제 8-9**

반경이 $r$ 인 구의 부피는 $V=\frac{4}{3}\pi r^3$ 이다. $r=3$ 일 때, 부피 $V$의 순간변화율을 구하여라.

**풀이** 양의 정수 $n$ 에 대하여 $y=r^n$ 의 도함수가 $\frac{dy}{dr}=nr^{n-1}$ 이므로

$$\frac{dV}{dr} = \frac{4}{3}\pi \cdot 3r^2 = 4\pi r^2, \quad V'(3) = 36\pi$$

■

미분가능한 두 함수 $f(x)$, $g(x)$의 상수배, 합, 차로 이루어진 함수의 도함수를 구해 보자.

(1) $\{cf(x)\}' = \lim_{h \to 0} \frac{cf(x+h)-cf(x)}{h} = c\lim_{h \to 0} \frac{f(x+h)-f(x)}{h}$

$= cf'(x)$ (단, $c$는 상수)

(2) $\{f(x)+g(x)\}' = \lim_{h \to 0} \frac{\{f(x+h)+g(x+h)\}-\{f(x)+g(x)\}}{h}$

$= \lim_{h \to 0} \frac{\{f(x+h)-f(x)\}+\{g(x+h)-g(x)\}}{h}$

$$= \lim_{h \to 0} \frac{f(x+h)-f(x)}{h} + \lim_{h \to 0} \frac{g(x+h)-g(x)}{h}$$

$$= f'(x)+g'(x)$$

(3) (2)와 같은 방법으로 $\{f(x)-g(x)\}' = f'(x)-g'(x)$

**함수의 상수배, 합, 차의 미분법**

함수 $f(x)$, $g(x)$가 미분가능할 때

(1) $\{cf(x)\}' = cf'(x)$ (단, $c$는 상수)

(2) $\{f(x)+g(x)\}' = f'(x)+g'(x)$

(3) $\{f(x)-g(x)\}' = f'(x)-g'(x)$

**예제 8-10**

함수 $y = x^3+3x^2-7x-5$를 미분하여라.

**풀이** 주어진 함수를 미분하면

$$y' = (x^3+3x^2-7x-5)' = (x^3)'+(3x^2)'-(7x)'-(5)' = 3x^2+6x-7$$

■

미분가능한 두 함수 $f(x)$, $g(x)$의 곱으로 이루어진 함수의 도함수도 다음과 같다.

$$\{f(x)g(x)\}' = \lim_{h \to 0} \frac{f(x+h)g(x+h)-f(x)g(x)}{h}$$

에서 우변의 분자에 $f(x)g(x+h)$를 빼 주고 더해 주면

$$\{f(x)g(x)\}' = \lim_{h \to 0} \frac{\{f(x+h)g(x+h)-f(x)g(x+h)\}+\{f(x)g(x+h)-f(x)g(x)\}}{h}$$

$$= \lim_{h \to 0} \frac{f(x+h)-f(x)}{h} \cdot \lim_{h \to 0} g(x+h)+f(x) \cdot \lim_{h \to 0} \frac{g(x+h)-g(x)}{h}$$

미분가능한 함수 $g(x)$는 연속함수이므로 $\lim_{h \to 0} g(x+h) = g(x)$이다. 따라서

$$\{f(x)g(x)\}' = f'(x)g(x)+f(x)g'(x)$$

**함수의 곱의 미분법**

두 함수 $f(x)$, $g(x)$가 미분가능할 때

$$\{f(x)g(x)\}' = f'(x)g(x) + f(x)g'(x)$$

**예제 8-11**

함수 $y = (x^3 - 3)(1 - x^2)$을 미분하여라.

풀이 곱의 미분법을 이용하면

$$\begin{aligned} y' = \{(x^3-3)(1-x^2)\}' &= (x^3-3)'(1-x^2) + (x^3-3)(1-x^2)' \\ &= 3x^2(1-x^2) + (x^3-3)(-2x) \\ &= -5x^4 + 3x^2 + 6x \end{aligned}$$

■

**예제 8-12**

함수 $f(x) = (2x^2 - 1)(x^2 - x - 2)$에 대하여 $f'(2)$의 값을 구하여라.

풀이 $f'(x) = 4x(x^2 - x - 2) + (2x^2 - 1)(2x - 1)$

$$\therefore\ f'(2) = 0 + 7 \cdot 3 = 21$$

■

두 함수 $f(x)$, $g(x)$가 미분가능할 때, 몫의 도함수를 구해 보자.

먼저, 함수 $y = \dfrac{1}{g(x)}$ $(g(x) \neq 0)$에 대하여

$$\begin{aligned} \left\{\frac{1}{g(x)}\right\}' &= \lim_{\Delta x \to 0} \frac{\dfrac{1}{g(x+\Delta x)} - \dfrac{1}{g(x)}}{\Delta x} \\ &= \lim_{\Delta x \to 0} \left\{ \frac{-1}{g(x+\Delta x)g(x)} \cdot \frac{g(x+\Delta x) - g(x)}{\Delta x} \right\} \end{aligned}$$

그런데 함수 $g(x)$는 미분가능한 함수이므로

$$\lim_{\Delta x \to 0} g(x+\Delta x) = g(x), \quad \lim_{\Delta x \to 0} \frac{g(x+\Delta x)-g(x)}{\Delta x} = g'(x)$$

$$\therefore \left\{\frac{1}{g(x)}\right\}' = -\frac{g'(x)}{\{g(x)\}^2}$$

한편, $\dfrac{f(x)}{g(x)} = f(x) \cdot \dfrac{1}{g(x)}$ 이므로 두 함수의 곱의 미분법을 이용하면

$$\begin{aligned}\left\{\frac{f(x)}{g(x)}\right\}' &= f'(x) \cdot \frac{1}{g(x)} + f(x) \cdot \left\{\frac{1}{g(x)}\right\}' \\ &= \frac{f'(x)}{g(x)} - \frac{f(x)g'(x)}{\{g(x)\}^2} \\ &= \frac{f'(x)g(x) - f(x)g'(x)}{\{g(x)\}^2}\end{aligned}$$

**함수의 몫의 미분법**

미분가능한 두 함수 $f(x)$, $g(x)$ $(g(x) \neq 0)$에 대하여

(1) $\left\{\dfrac{1}{g(x)}\right\}' = -\dfrac{g'(x)}{\{g(x)\}^2}$

(2) $\left\{\dfrac{f(x)}{g(x)}\right\}' = \dfrac{f'(x)g(x) - f(x)g'(x)}{\{g(x)\}^2}$

**예제 8-13**

다음 함수를 미분하여라.

(1) $y = \dfrac{1}{x}$ (2) $y = \dfrac{x}{1-x^2}$

**풀이** (1) $f'(x) = \lim_{h \to 0} \dfrac{f(x+h)-f(x)}{h} = \lim_{h \to 0} \dfrac{\frac{1}{x+h} - \frac{1}{x}}{h} = \lim_{h \to 0} \dfrac{\frac{-h}{x(x+h)}}{h}$

$$= \lim_{h \to 0} \frac{-1}{x(x+h)} = -\frac{1}{x^2}$$

(2) $f'(x) = \dfrac{(x)'(1-x^2) - x(1-x^2)'}{(1-x^2)^2} = \dfrac{x^2+1}{(1-x^2)^2}$

■

두 함수 $y=f(u)$, $u=g(x)$가 미분가능할 때, 합성함수 $y=f(g(x))$의 도함수를 구해 보자.

$x$의 증분 $\Delta x$에 대한 $u$의 증분을 $\Delta u$, $u$의 증분 $\Delta u$에 대한 $y$의 증분을 $\Delta y$라고 하면

$$\frac{\Delta y}{\Delta x}=\frac{\Delta y}{\Delta u}\cdot\frac{\Delta u}{\Delta x}\quad(\Delta u\neq 0)$$

그런데 두 함수 $y=f(u)$, $u=g(x)$는 미분가능하므로

$$\lim_{\Delta x\to 0}\frac{\Delta u}{\Delta x}=\frac{du}{dx}=g'(x),\quad \lim_{\Delta u\to 0}\frac{\Delta y}{\Delta u}=\frac{dy}{du}=f'(u)$$

여기서, $u=g(x)$는 연속이므로 $\Delta x\to 0$일 때, $\Delta u\to 0$이다. 따라서

$$\begin{aligned}\frac{dy}{dx}&=\lim_{\Delta x\to 0}\frac{\Delta y}{\Delta x}=\lim_{\Delta x\to 0}\left(\frac{\Delta y}{\Delta u}\cdot\frac{\Delta u}{\Delta x}\right)\\&=\lim_{\Delta u\to 0}\frac{\Delta y}{\Delta u}\cdot\lim_{\Delta x\to 0}\frac{\Delta u}{\Delta x}=f'(u)g'(x)\\&=f'(g(x))g'(x)\end{aligned}$$

### 합성함수의 미분법

두 함수 $y=f(u)$, $u=g(x)$가 미분가능할 때, 합성함수 $y=f(g(x))$의 도함수는

$$\frac{dy}{dx}=\frac{dy}{du}\cdot\frac{du}{dx}=f'(g(x))g'(x)$$

**예제 8-14**

함수 $y=(x^2-1)^{20}$을 미분하여라.

**풀이** $u=x^2-1$이라고 하면 $y=u^{20}$

$$\frac{du}{dx}=2x,\quad \frac{dy}{du}=20u^{19}\text{ 이므로}$$

$$\frac{dy}{dx}=\frac{dy}{du}\cdot\frac{du}{dx}=20u^{19}\cdot 2x=40x(x^2-1)^{19}$$

■

**예제 8-15**

구 모양의 기구에 반지름의 길이가 매초 $0.5\,cm$의 비율로 커지도록 공기를 불어 넣는다고 하자. 이 기구의 공기를 넣기 시작한 지 $t$초 후의 기구의 반지름의 길이를 $r\,cm$, 부피를 $V\,cm^3$라 할 때, 다음 물음에 답하여라.

(1) $r$를 시간 $t$에 대한 식으로 나타내어라.

(2) 공기를 넣기 시작한 지 3초 후의 부피의 변화율 $\dfrac{dV}{dt}$를 구하여라.

**풀이** (1) $r = 0.5t$

(2) $V = \dfrac{4}{3}\pi r^3$에서 양변을 $t$에 관하여 미분하면

$$\frac{dV}{dt} = \frac{dV}{dr} \cdot \frac{dr}{dt} = 4\pi r^2 \cdot 0.5 = 2\pi r^2,\ r(3) = \frac{3}{2}$$

$$\therefore\ V'(3) = 2\pi \cdot \left(\frac{3}{2}\right)^2 = \frac{9\pi}{2}\,cm^3/s$$

## 8.3 도함수의 응용

미분은 수학뿐만 아니라 자연과학 또는 사회과학 등의 변화 현상을 다루는 분야에서 널리 응용되는 중요한 개념이다.

한 회사가 어떤 제품을 $x$개를 생산할 때 소요되는 총비용을 $C(x)$라고 하고 이것을 원가함수라고 하자. 만일 제품을 $x$개 생산하고 있는데, 추가로 $\Delta x$개를 더 생산한다면 추가로 드는 비용은 $\Delta C = C(x+\Delta x) - C(x)$이고, 이 추가비용의 평균변화율은

$$\frac{\Delta C}{\Delta x} = \frac{C(x+\Delta x) - C(x)}{\Delta x}$$

이다. 이때, 이 평균변화율의 극한, 즉 $C(x)$의 도함수를 한계비용(marginal cost)이라고 한다. 한계비용은 현재의 생산량에서 한 단위 증가시키는데 필요한 생산비용의 증가분을 뜻한다.

$$\lim_{\Delta x \to 0} \frac{\Delta C}{\Delta x} = \lim_{\Delta x \to 0} \frac{C(x+\Delta x) - C(x)}{\Delta x} = \frac{dC}{dx}$$

$\Delta x = 1$ 로 잡고 $n$ 을 충분히 크게(따라서 $\Delta x$ 는 $n$ 에 비해서 작다)잡으면

$$C'(n) \approx C(n+1) - C(n)$$

이므로, 제품 $n$ 개를 생산하는데 소요되는 한계비용은 $n+1$ 번째 제품을 생산하는 데 추가로 드는 비용과 거의 같음을 알 수 있다.

**예제 8-16**

어떤 회사가 $x$ 개의 제품을 생산하는데 소요되는 비용(원)이

$$C(x) = 10000 + 10x + 0.02x^2$$

이라고 할 때, 다음 물음에 답하여라.

(1) 한계비용함수를 구하여라.

(2) $C'(200)$ 을 구하고 이것의 의미를 설명하여라. 무엇을 예측할 수 있는가?

(3) $C'(200)$ 과 201 번째 제품을 생산할 때 드는 비용과 비교하여라.

**풀이** (1) 한계비용함수는 $C'(x) = 10 + 0.04x$ 이다.

(2) 200 개의 생산수준에서 한계비용은

$$C'(200) = 10 + 0.04 \cdot 200 = 18 \text{ (원/개)}$$

이고, 이것은 200 개의 생산수준에서 201 번째의 제품을 생산할 때 소요되는 예상 비용의 증가율이 18 원임을 나타낸다. 이것은 많은 양을 꾸준히 생산할수록 추가적으로 드는 제품이 생산비용이 점차 증가하는 것을 알 수 있다. 즉, 능률이 떨어지고 있는 것이다.

(3) 201 번째의 제품을 생산하는 데 추가로 드는 비용은

$$\begin{aligned} C(201) - C(200) &= [10000 + 10 \cdot 201 + 0.02 \cdot 201^2] \\ &\quad - [10000 + 10 \cdot 200 + 0.02 \cdot 200^2] \\ &= 18.02 \text{ (원)} \end{aligned}$$

이므로 $C'(200) \approx C(201) - C(200)$ 이다.

■

사람의 몸속의 혈액은 심장의 좌심실에서 출발하여 우심방으로 되돌아오는 순환을 계속한다. 사람의 몸속의 혈관을 지나는 혈액의 속도는 얼마나 빠른지 알아보자.

우리 몸속의 동맥이나 정맥과 같은 혈관을 지나는 혈액의 흐름은 아래 그림과 같이 반지름의 길이가 $R$ 이고 길이가 $l$ 인 원기둥으로 생각할 수 있다.[1)]

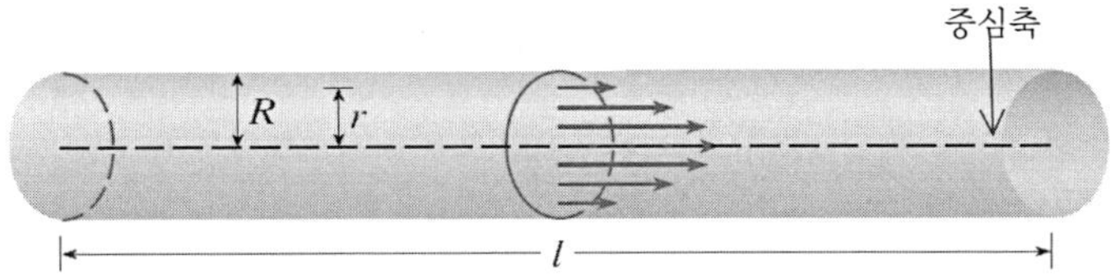


혈관의 벽면에서의 마찰로 인하여 혈액의 속도 $v$ 는 혈관의 중심축에서 가장 빠르고, 중심축으로부터 거리가 $r$ 이 증가함에 따라 벽면에서 속도 $v$ 가 0 이 될 때까지 감소한다. $\eta$ 를 혈액의 점도, $P$ 는 혈관의 양끝에서의 압력 차라고 하면 혈액의 속도 $v$ 는

$$v = \frac{P}{4\eta l}(R^2 - r^2) \quad (cm/s)$$

만약 $P$ 와 $l$ 이 상수라면, $v$는 정의역이 $[0, R]$ 인 $r$의 함수이다.

**예제 8-17**

혈관의 반지름이 $0.01\,cm$, 길이가 $4\,cm$, 양끝의 혈압 차이가 $4000\,dynes/cm^2$, 점도가 $0.027\,g/(cm \cdot s)$ 인 혈관에 대하여 다음을 구하여라.

(1) 혈관의 중앙축으로부터 거리를 $r\,cm$ 이라고 할 때, 중앙축($r = 0$)을 따라 가는 혈액의 속도, $r = 0.005$ 일 때의 혈액의 속도, 혈관 벽($r = R = 0.01$)에서의 혈액의 속도를 구하여라.

(2) $r = 0$, $r = 0.005$, $r = 0.01$ 에서 혈액의 속도의 순간변화율을 구하여라.

**풀이** (1) $v = \frac{P}{4\eta l}(R^2 - r^2)$ 에 $R = 0.01$, $l = 4$, $P = 4000$, $\eta = 0.027$ 을 대입하면

$$v = \frac{4000}{4 \times 0.027 \times 4}(0.01^2 - r^2)$$

따라서 $v(0) \approx 0.9259$, $v(0.005) \approx 0.6944$, $v(0.01) = 0\ (cm/s)$ 이다.

1) James Stwart, Calculus, Brooks Cole, 2009

(2) $v'(r) = -\dfrac{Pr}{2\eta l}$ 에 $l=4, P=4000, \eta=0.027$ 을 대입하면

$$v'(r) = -\frac{4000r}{2(0.027)4} = -\frac{500000r}{27}$$

$$v'(0)=0,\ v'(0.005) = \frac{2500}{27} \approx -92.6,$$

$$v'(0.01) = \frac{5000}{27} \approx -185.2\ (cm/s)/cm$$

## 연습문제

**1.** 자연수 $n$에 대하여 구간 $[n, n+1]$에서 함수 $y=f(x)$의 평균변화율은 $n+1$이다. 이 때, 함수 $y=f(x)$의 구간 $[1, 10]$에서의 평균변화율을 구하여라.

**2.** $x$가 0에서 1까지 변할 때 함수 $f(x)=\sqrt{x}$의 평균변화율과 $x=a\ (0<a<1)$에서의 미분계수가 같아지는 $a$의 값을 구하여라.

**3.** 오른쪽 그림은 어느 자동차 경주에 출전한 두 자동차 $A, B$가 시간에 따라 달린 거리를 나타낸 그래프이다. 다음 물음에 답하여라.

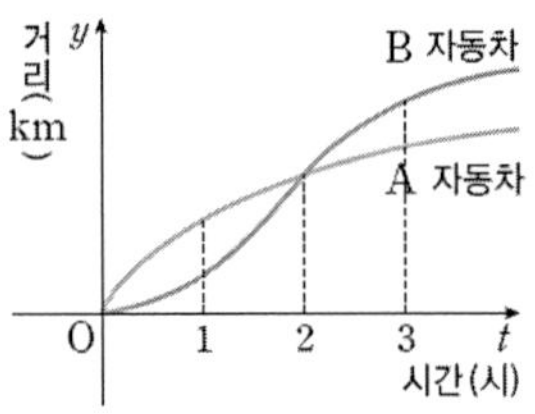


(1) 출발 후, 1시간 동안 두 자동차 $A, B$가 달린 거리의 평균변화율 중 어느 것이 더 큰지 설명하여라.

(2) 출발 후, 3시간 동안 두 자동차 $A, B$가 달린 거리의 평균변화율 중 어느 것이 더 큰지 설명하여라.

(3) 출발한 지 2시간이 되는 순간에 두 자동차 $A, B$가 달린 거리의 순간변화율 중 어느 것이 더 큰지 설명하여라.

**4.** 함수 $f(x)$에서 $f'(2)=3$일 때, $\lim_{h\to 0}\dfrac{f(2+h)-f(2-h)}{3h}$의 값을 구하여라.

**5.** $\lim_{x\to 1}\dfrac{f(x)-f(1)}{x^2-1}=\dfrac{3}{2}$을 만족할 때, $f'(1)$의 값을 구하여라.

**6.** $f(x)=x|x|$일 때, $f'(0)$의 값을 구하여라.

**7.** 함수 $f(x)=|x|+x$ 는 $x=0$ 에서 연속이지만 미분가능하지 않음을 보여라.

**8.** 함수 $f(x)=|x^2-1|$ 에 대하여 $x=1$ 에서의 연속성과 미분가능성을 조사하여라.

**9.** 함수 $y=f(x)$ 의 그래프가 다음 그림과 같을 때,

$$A=\frac{f(b)-f(a)}{b-a},\ B=f'(a),\ C=f'(b)$$

크기를 비교하여라.

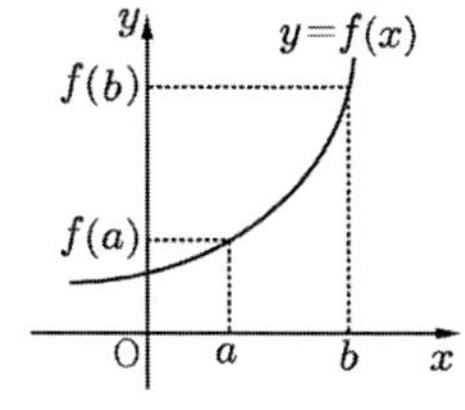


**10.** 도함수의 정의를 이용하여, 다음 함수의 $f'(x)$ 를 구하여라.

(1) $f(x)=x^2-x$　　　　(2) $f(x)=\dfrac{1}{\sqrt{x}}$

**11.** 미분가능한 함수 $f(x)$ 가 임의의 실수 $x$ 에 대하여 $f(-x)=-f(x)$ 일 때, $f'(x)$ 는 우함수임을 증명하여라.

**12.** 함수 $f(x)=\begin{cases} ax^2+b & (x\geq 1) \\ x^3-x & (x<1) \end{cases}$ 가 $x=1$ 에서 미분가능할 때, 상수 $a, b$ 의 값을 구하여라.

**13.** 함수 $f(x)=\begin{cases} x^2\sin\dfrac{1}{x} & (x\neq 0) \\ 0 & (x=0) \end{cases}$ 의 $x=0$ 에서 미분가능성을 조사하여라.

**14.** 모든 실수에서 미분가능한 함수 $f(x)$가

$$f(3)=1\,,\ \lim_{h\to 0}\frac{f(3+h)-f(3)}{h}=2$$

을 만족할 때, $y=(x^3-2)\cdot f(x)$의 $x=3$에서의 미분계수를 구하여라.

**15.** 미분가능한 두 함수 $f(x), g(x)$에 대하여 $f(1)=1$, $f'(1)=2$, $g(1)=3$, $g'(1)=4$일 때, 다음의 값을 구하여라.

(1) $\displaystyle\lim_{h\to 0}\frac{1}{h}\{f(1+h)g(1+h)-f(1)g(1)\}$

(2) $\displaystyle\lim_{h\to 0}\frac{1}{h}\left\{\frac{f(1+h)}{g(1+h)}-\frac{f(1)}{g(1)}\right\}$

**16.** 두 함수 $f(x)=x^2-2x$, $g(x)=\sqrt{x}$에 대하여 $\displaystyle\lim_{h\to 0}\frac{1}{h}\left\{\frac{f(4+h)}{g(4+h)}-\frac{f(4)}{g(4)}\right\}$의 값을 구하여라.

**17.** 미분가능한 함수 $f(x)$에 대하여 $f(0)=3$이고 $g(x)=\dfrac{x}{f(x)-1}$라 할 때, $g'(0)$의 값을 구하여라.

**18.** 만유인력의 법칙에 의하면 질량이 각각 $m\,kg$, $M\,kg$인 지구와 태양이 $r\,m$만큼 떨어져 있을 때, 지구와 태양 사이의 만유인력 $F$는 $F=G\dfrac{mM}{r^2}$ ($G$는 만유인력 상수)이다. 지구와 태양이 $1.5\times 10^{11}\,m$만큼 떨어져 있을 때, 만유인력의 순간 변화율 $\dfrac{dF}{dr}$의 값을 구하여라.

**19.** 어떤 제품을 $x$ 단위를 생산할 때의 총비용을 $C(x)$ 라고 할 때, $x$ 단위를 생산할 때의 평균비용은 $AC(x)=\dfrac{C(x)}{x}$ 로 나타낼 수 있다. 이 함수는 비용함수 위의 한 점에서부터 원점까지의 직선이 갖는 기울기를 뜻한다. 어느 회사에서 하루에 제품 $A$ 를 $x\,kg$ 생산할 때 드는 비용이 $C(x)=x^2+2x+100$ 이고, 제품 $A$ 의 한계비용과 평균비용이 같아지면 생산을 중단한다고 한다. 이 회사에서 제품 $A$ 를 하루에 생산하는 양을 구하여라.

**20.** 미분가능한 함수 $f(x)$ 에서 $f(0)=0$, $f'(0)=3$ 일 때, $F(x)=f(f(x))$ 에 대하여 $F'(0)$ 의 값을 구하여라.

**21.** 함수 $f(x)=\dfrac{x}{x^2+3}$ 와 모든 실수 $x$ 에 대하여 미분가능한 함수 $g(x)$ 의 합성함수 $h(x)=(g\circ f)(x)$ 가 있다. $h'(1)=\dfrac{1}{2}$ 일 때, $g'\left(\dfrac{1}{4}\right)$ 의 값을 구하여라.

**22.** 어떤 물탱크에 $5{,}000\,l$ 의 물이 들어 있는데, 물탱크 밑바닥의 구멍으로 물을 뺀다면 Torricelli 법칙에 의하여 $t$ 분 후 물탱크에 남아 있는 물의 부피 $V$ 는

$$V=5000\left(1-\frac{t}{40}\right)^2 \quad (0\le t\le 40)$$

이라고 한다. 20 분 후 물탱크에 남아 있는 물의 부피의 순간변화율을 구하여라.

**23.** 반지름의 길이가 $4\,cm$ 인 구 모양의 풍선이 있다. 이 풍선의 반지름의 길이가 매초 $2\,cm$ 의 비율로 커지도록 공기를 넣는다고 하자. 공기를 넣기 시작한 후 8 초 후의 풍선의 부피의 변화율을 구하여라.

MEMO

## 제 9 장

# 적분법



> 자연은 적분의 어려움을 웃어넘긴다.
>
> – Pierre-Simon Laplace –

# Chapter 09 적분법

고대 그리스의 위대한 수학자인 아르키메데스는 원의 넓이에서 내접하는 다각형을 이용한 원주율의 계산방법, 포물선의 구적법에서는 포물선과 그의 꼭짓점을 지나는 직선으로 둘러싸인 도형의 넓이를 계산하였다. 1906 년에 발견된 논문 '방법'에는 무한소 계산법에 의한 구적법을 설명하고 있는데 이것이 정적분의 역사적 기원이다.

고대 이집트에서는 나일강의 정기적인 범람으로 인해 강 주변의 땅 모양이 수시로 바뀌었다. 따라서 고대 이집트인들은 땅의 넓이를 정확히 측정하는 데 필요한 측량술과 기하학에 관심이 많았다. 이때, 곡선으로 둘러싸인 영역의 넓이를 다각형으로 근사시켜 그 넓이를 구하였다고 한다.

## 9.1 부정적분

어떤 함수 $F(x)$의 도함수가 $f(x)$일 때, 즉 $F'(x)=f(x)$일 때, $F(x)$를 $f(x)$의 역도함수(antiderivative)라고 한다. 일반적으로, 임의의 상수 $C$에 대하여

$$\frac{d}{dx}\{F(x)+C\}=f(x)$$

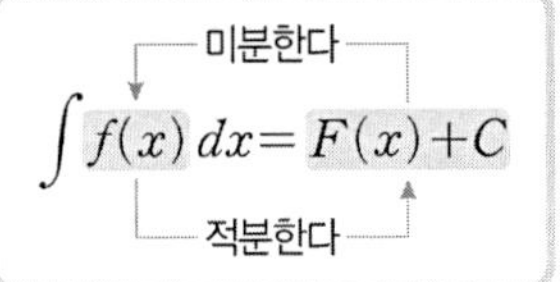


이므로 $F(x)+C$도 역시 $f(x)$의 역도함수이다. 이 때, $F(x)+C$를 $f(x)$의 부정적분(indefinite integral)이라 하고, 이것을 기호로

$$\int f(x)\,dx = F(x)+C$$

와 같이 나타내고, $x$를 적분변수(integral variable), $C$를 적분상수(integral constant), $f(x)$를 피적분함수(integrand)라고 한다. 그리고 $f(x)$의 부정적분을 구하는 것을 $x$에 관하여 $f(x)$를 적분한다고 한다.

**예제 9-1**

다음 부정적분을 구하여라.

(1) $\int 4\,dx$  (2) $\int 2x\,dx$  (3) $\int 3x^2\,dx$

**풀이** (1) $(4x)' = 4$ 이므로 $\int 4\,dx = 4x + C$

(2) $(x^2)' = 2x$ 이므로 $\int 2x\,dx = x^2 + C$

(3) $(x^3)' = 3x^2$ 이므로 $\int 3x^2\,dx = x^3 + C$

■

**예제 9-2**

다음 등식을 만족하는 함수 $f(x)$를 구하여라. (단, $C$는 적분상수)

(1) $\int f(x)\,dx = x^2 - 4x + C$  (2) $\int f(x)\,dx = x^3 + x^2 - 3x + C$

**풀이** (1) $\frac{d}{dx}(x^2 - 4x + C) = 2x - 4$ 이므로

$f(x) = 2x - 4$

(2) $\frac{d}{dx}(x^3 + x^2 - 3x + C) = 3x^2 + 2x - 3$ 이므로

$f(x) = 3x^2 + 2x - 3$

■

음이 아닌 정수 $n$에 대하여

$$\frac{d}{dx}\left(\frac{1}{n+1}x^{n+1}\right) = x^n$$

이므로 $x^n$의 부정적분은 다음과 같다.

$$\int x^n\,dx = \frac{1}{n+1}x^{n+1} + C \quad (\text{단, } C\text{는 적분상수})$$

**예제 9-3**

다음 부정적분을 구하여라.

(1) $\int x^5 dx$　　(2) $\int 1\, dx$　　(3) $\int x^{2013} dx$

**풀이** (1) $\int x^5 dx = \frac{1}{5+1}x^{5+1} + C = \frac{1}{6}x^6 + C$,

(2) $\int 1\, dx = \int x^0 dx = \frac{1}{0+1}x^{0+1} + C = x + C$

(3) $\int x^{2013} dx = \frac{1}{2013+1}x^{2013+1} + C = \frac{1}{2014}x^{2014} + C$

■

**부정적분의 성질**

두 함수 $f(x), g(x)$가 연속함수일 때

(1) $\int kf(x)\,dx = k\int f(x)\,dx$ (단, $k$는 상수)

(2) $\int \{f(x)+g(x)\}\,dx = \int f(x)\,dx + \int g(x)\,dx$

(3) $\int \{f(x)-g(x)\}\,dx = \int f(x)\,dx - \int g(x)\,dx$

**예제 9-4**

부정적분 $\int (2x-1)(x+2)\,dx$을 구하여라.

**풀이** 부정적분의 성질에 의하여

$$\begin{aligned}\int (2x-1)(x+2)\,dx &= \int (2x^2+3x-2)\,dx \\ &= 2\int x^2 dx + 3\int x\,dx - 2\int dx \\ &= 2\cdot\frac{1}{3}x^3 + 3\cdot\frac{1}{2}x^2 - 2\cdot x + C \\ &= \frac{2}{3}x^3 + \frac{3}{2}x^2 - 2x + C\end{aligned}$$

■

**예제 9-5**

다음 조건을 만족하는 함수 $f(x)$를 구하여라.

$$f'(x)=3x^3-2x+1,\ f(1)=-1$$

**풀이** $f(x)=\int f'(x)\,dx$ 이므로

$$f(x)=\int(3x^3-2x+1)\,dx=\frac{3}{4}x^4-x^2+x+C$$

이때 $f(1)=-1$ 이므로 $f(1)=\frac{3}{4}+C=-1,\ C=-\frac{7}{4}$

$$\therefore\ f(x)=\frac{3}{4}x^4-x^2+x-\frac{7}{4}$$

■

**예제 9-6**

곡선 $y=f(x)$ 위의 점 $(x, f(x))$에서의 접선의 기울기가 $-3x+2$이고, 이 곡선이 점 $(1,-2)$를 지날 때, 곡선의 방정식 $y=f(x)$를 구하여라.

**풀이** 점 $(x, f(x))$에서의 접선의 기울기는 $f'(x)$이므로 $f'(x)=-3x+2$

$$\therefore\ f(x)=\int(-3x+2)\,dx=-\frac{3}{2}x^2+2x+C$$

곡선 $y=f(x)$가 점 $(1,-2)$를 지나므로

$$f(1)=-\frac{3}{2}+2+C=-2\quad\therefore\ C=-\frac{5}{2}$$

$$\therefore\ f(x)=-\frac{3}{2}x^2+2x-\frac{5}{2}$$

■

## 9.2 정적분

주어진 평면영역의 넓이나 입체의 부피를 구하기 위하여 주어진 영역을 충분히 $n$개의 작은 영역으로 분할하여 근삿값을 구하고, $n\to\infty$ 일 때의 근삿값의 극한으로 넓이나 부피를 구하는 방법을 구분구적법이라고 한다.

예를 들어, 포물선 $y=x^2$과 $x$축 및 직선 $x=1$로 둘러싸인 부분의 넓이 $S$를 구분구적법으로 구해 보자.

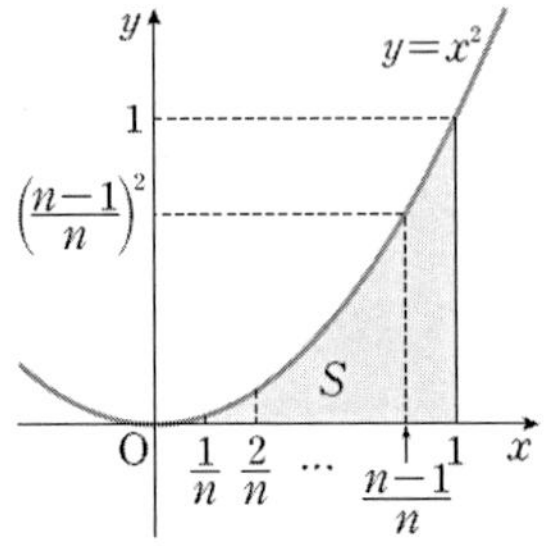

오른쪽 그림과 같이 구간 $[0, 1]$을 $n$등분하면 양 끝점을 포함한 각 분점의 $x$좌표는 각각

$$0,\ \frac{1}{n},\ \frac{2}{n},\ \cdots,\ \frac{n-1}{n},\ \frac{n}{n}(=1)$$

이고, 이에 대응하는 함숫값은

$$0^2,\ \left(\frac{1}{n}\right)^2,\ \left(\frac{2}{n}\right)^2,\ \cdots,\ \left(\frac{n-1}{n}\right)^2,\ \left(\frac{n}{n}\right)^2$$

이므로 $n$개의 직사각형의 넓이의 합을 $L_n$이라고 하면

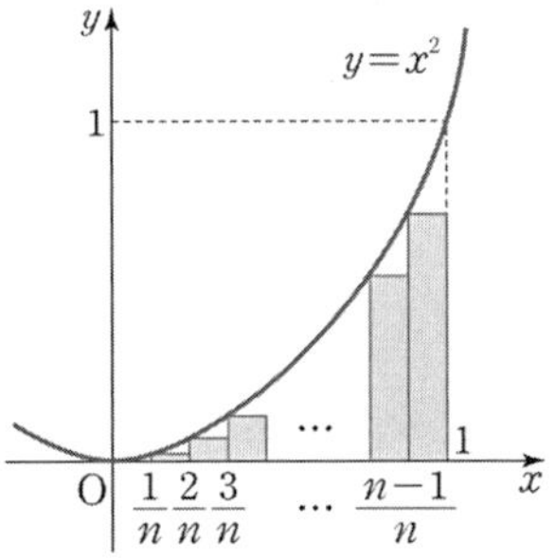

$$L_n=\frac{1}{n}\left(\frac{0}{n}\right)^2+\frac{1}{n}\left(\frac{1}{n}\right)^2+\frac{1}{n}\left(\frac{2}{n}\right)^2+\cdots+\frac{1}{n}\left(\frac{n-1}{n}\right)^2$$

$$=\frac{1}{n^3}\cdot\{1^2+2^2+\cdots+(n-1)^2\}$$

$$=\frac{1}{n^3}\cdot\frac{(n-1)n(2n-1)}{6}$$

$$=\frac{1}{6}\left(1-\frac{1}{n}\right)\left(2-\frac{1}{n}\right)$$

같은 방법으로, 오른쪽 그림에서 $n$개의 직사각형들의 넓이의 합을 $U_n$이라고 하면

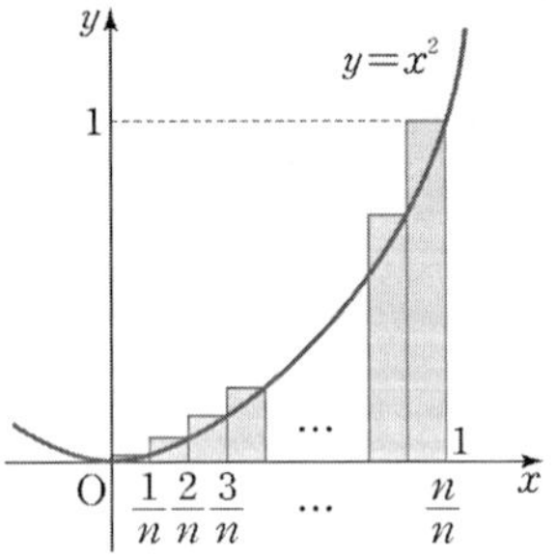

$$U_n=\frac{1}{n}\left(\frac{1}{n}\right)^2+\frac{1}{n}\left(\frac{2}{n}\right)^2+\cdots+\frac{1}{n}\left(\frac{n}{n}\right)^2$$

$$=\frac{1}{n^3}(1^2+2^2+\cdots+n^2)$$

$$=\frac{1}{n^3}\cdot\frac{n(n+1)(2n+1)}{6}$$

$$=\frac{1}{6}\left(1+\frac{1}{n}\right)\left(2+\frac{1}{n}\right)$$

따라서 구하는 영역의 넓이를 $S$라고 하면 $L_n < S < U_n$이므로

$$\lim_{n\to\infty} L_n \le S \le \lim_{n\to\infty} U_n$$

또한, $\lim_{n\to\infty} L_n = \frac{1}{6}\left(1-\frac{1}{n}\right)\left(2-\frac{1}{n}\right)=\frac{1}{3}$, $\lim_{n\to\infty} U_n = \frac{1}{6}\left(1+\frac{1}{n}\right)\left(2+\frac{1}{n}\right)=\frac{1}{3}$

이므로 구하는 영역의 넓이는 $S=\frac{1}{3}$ 이다.

함수 $y=f(x)$가 폐구간 $[a,b]$에서 연속이고 $f(x)\ge 0$일 때, 곡선 $y=f(x)$와 $x$축 및 두 직선 $x=a, x=b$로 둘러싸인 영역의 넓이 $S$를 구분구적법으로 구해 보자.

폐구간 $[a,b]$를 $n$등분하여 양 끝점과 각 등분점을 차례로

$$a=x_0,\ x_1,\ x_2,\ \cdots,\ x_{n-1},\ x_n=b$$

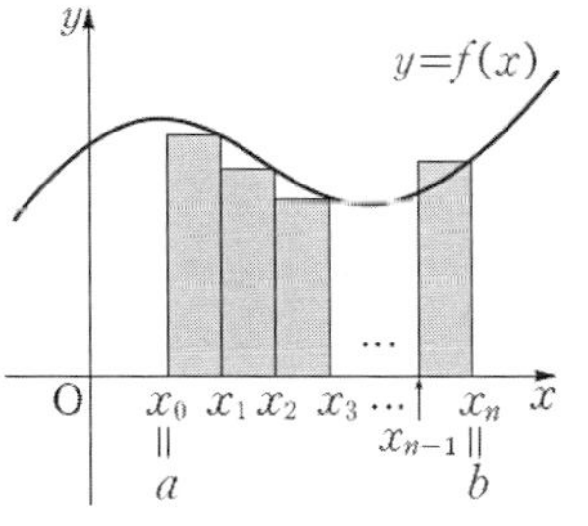


이라 하고, 각 소구간의 길이를 $\Delta x$라고 하면 다음과 같다.

$$\Delta x = \frac{b-a}{n}$$

이때, 오른쪽 그림과 같이 각 소구간의 오른쪽 끝에서의 함숫값을 높이로 하는 직사각형의 넓이의 합을 $S_n$이라고 하면

$$S_n = f(x_1)\Delta x + f(x_2)\Delta x + \cdots + f(x_n)\Delta x$$
$$= \sum_{k=1}^{n} f(x_k)\Delta x$$

이다. 여기서 $n\to\infty$이면 $S_n$은 구하는 영역의 넓이 $S$에 한없이 가까워진다.

$$\therefore\ S = \lim_{n\to\infty} S_n = \lim_{n\to\infty}\sum_{k=1}^{n} f(x_k)\Delta x$$

일반적으로 함수 $y=f(x)$가 폐구간 $[a,b]$에서 연속이면

$$S = \lim_{n\to\infty} S_n = \lim_{n\to\infty}\sum_{k=1}^{n} f(x_k)\Delta x$$

가 항상 존재한다. 이때, 이 극한값을 함수 $f(x)$의 $a$에서 $b$까지의 정적분(definite integral)이라 하고, 기호로 다음과 같이 나타낸다.

$$\int_a^b f(x)\,dx$$

그리고 $\int_a^b f(x)\,dx$ 의 값을 구하는 것을 함수 $f(x)$ 를 $a$ 에서 $b$ 까지 적분한다고 하고, $a$ 를 이 정적분의 하한, $b$ 를 상한이라고 한다.

**정적분의 정의**

함수 $f(x)$ 가 폐구간 $[a, b]$ 에서 연속일 때,

$$\int_a^b f(x)\,dx = \lim_{n\to\infty}\sum_{k=1}^{n} f(x_k)\,\Delta x \quad \left( \text{단, } \Delta x = \frac{b-a}{n},\ x_k = a + k\Delta x \right)$$

참고 정적분 $\int_a^b f(x)\,dx$ 는 피적분함수, 상한, 그리고 하한에 의하여 결정되므로 적분변수와는 무관하다. 즉,

$$\int_a^b f(x)\,dx = \int_a^b f(t)\,dt$$

함수 $y=f(x)$ 가 폐구간 $[a, b]$ 에서 연속이고 $f(x) \geq 0$ 이면 정적분 $\int_a^b f(x)\,dx$ 는 곡선 $y=f(x)$, 직선 $x=a$, $x=b$ 및 $x$ 축으로 둘러싸인 부분의 넓이를 나타낸다.

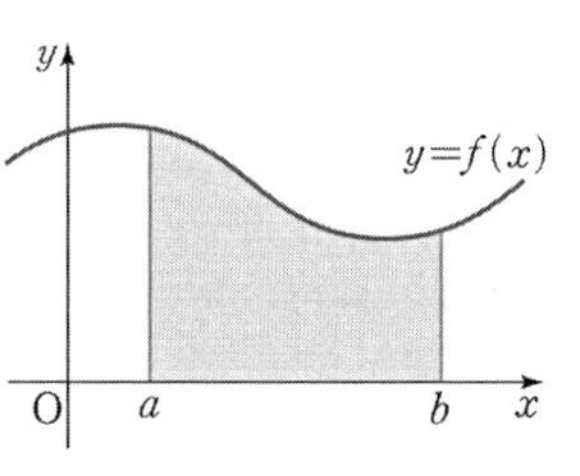


또한, 오른쪽 그림과 같이 $y=f(x)$ 가 폐구간 $[a, b]$ 에서 연속이고, 양, 음의 값을 모두 가지면 정적분 $\int_a^b f(x)\,dx$ 는 $x$ 축 위쪽의 넓이 $S_1$ 에서 $x$ 축 아래쪽의 넓이 $S_2$ 를 뺀 값을 나타낸다. 즉,

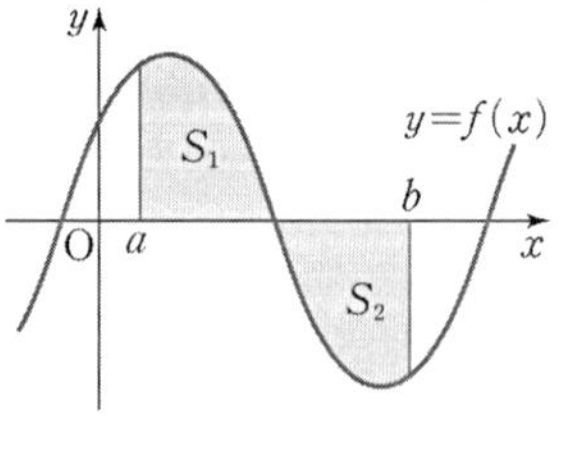


$$\int_a^b f(x)\,dx = S_1 - S_2$$

**예제 9-7**

정적분의 정의에 의하여 $\int_0^2 x^2\,dx$ 의 값을 구하여라.

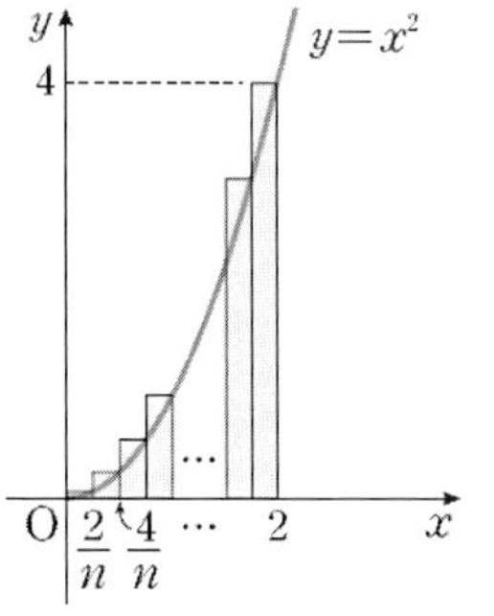



**풀이** 정적분의 정의에서 $a=0$, $b=2$ 이므로

$$\Delta x = \frac{b-a}{n} = \frac{2}{n},\quad x_k = a + k\Delta x = \frac{2k}{n}$$

$$f(x_k) = x_k^2 = \left(\frac{2k}{n}\right)^2 = \frac{4k^2}{n^2}$$

$$\therefore \int_0^2 x^2\,dx = \lim_{n\to\infty}\sum_{k=1}^{n} f(x_k)\Delta x$$

$$= \lim_{n\to\infty}\sum_{k=1}^{n}\frac{4k^2}{n^2}\cdot\frac{2}{n} = \lim_{n\to\infty}\frac{8}{n^3}\sum_{k=1}^{n}k^2$$

$$= \lim_{n\to\infty}\frac{8}{n^3}\cdot\frac{n(n+1)(2n+1)}{6} = \frac{8}{3}$$

■

**예제 9-8**

함수 $f$ 의 그래프에 대하여 다음을 계산하여라.

(1) $\int_0^5 f(x)\,dx$

(2) $\int_5^7 f(x)\,dx$

(3) $\int_0^7 f(x)\,dx$

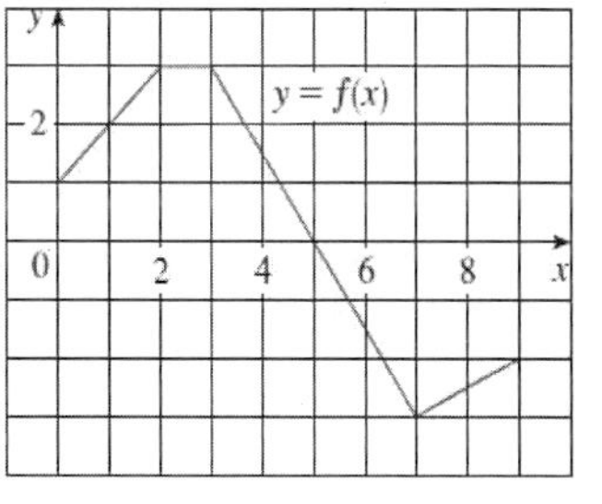



**풀이** (1) $\int_0^5 f(x)\,dx = \frac{1}{2}\cdot(1+3)\cdot 2 + 3\cdot 1 + \frac{1}{2}\cdot 2\cdot 3 = 10$

(2) $\int_5^7 f(x)\,dx$ 는 밑변이 2, 높이가 3 인 삼각형 면적의 넓이의 음의 값이다.

따라서 $\int_5^7 f(x)\,dx = -\frac{1}{2}\cdot 2\cdot 3 = -3$

(3) $\int_0^7 f(x)\,dx = \int_0^5 f(x)\,dx + \int_5^7 f(x)\,dx = 10 - 3 = 7$

■

정적분 $\int_a^b f(x)\,dx$ 를 $a<b$ 일 때 정의하였으나, 만일 $a$ 와 $b$ 를 서로 바꾼다면 $\Delta x$ 는 $\dfrac{b-a}{n}$ 에서 $\dfrac{a-b}{n}$ 로 바뀌므로

$$\int_a^b f(x)dx = -\int_b^a f(x)dx$$

또한 $a=b$ 이면 $\Delta x = 0$ 이므로

$$\int_a^a f(x)dx = 0$$

부정적분의 경우와 마찬가지로 정적분에서도 실수 배, 합, 차에 대하여 다음이 성립함을 알 수 있다.

**정적분의 성질(1)**

두 함수 $f(x)$, $g(x)$ 가 폐구간 $[a, b]$ 에서 연속일 때,

(1) $\int_a^b kf(x)\,dx = k\int_a^b f(x)\,dx$ (단, $k$ 는 상수)

(2) $\int_a^b \{f(x)+g(x)\}\,dx = \int_a^b f(x)\,dx + \int_a^b g(x)\,dx$

(3) $\int_a^b \{f(x)-g(x)\}dx = \int_a^b f(x)\,dx - \int_a^b g(x)\,dx$

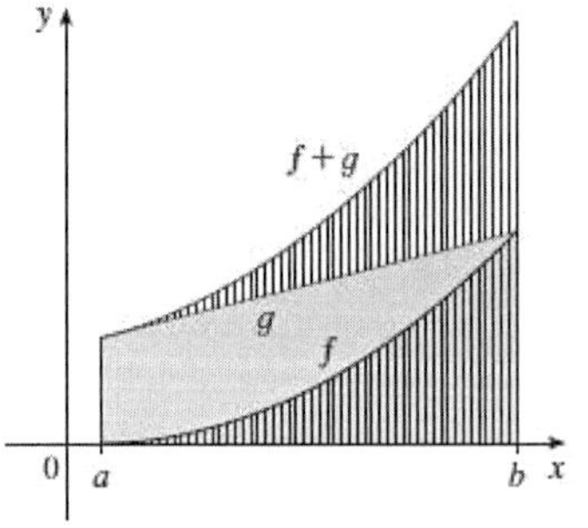


함수 $y=f(t)$ 가 폐구간 $[a, b]$ 에서 연속이고 $f(t) \geq 0$ 이라고 하자. 오른쪽 그림과 같이 폐구간 $[a, b]$ 에 속하는 임의의 $x$ 에 대하여 $a$ 에서 $x$ 까지의 곡선 $y=f(t)$ 와 $t$ 축 사이의 넓이를 $S(x)$ 라고 하면

$$S(x) = \int_a^x f(t)\,dt$$

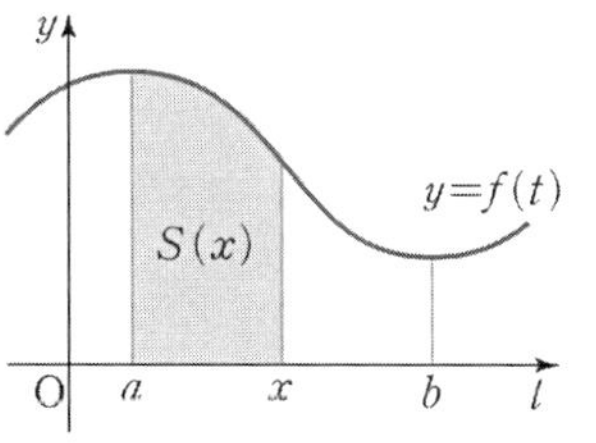


이다. 이때, $x$ 의 증분 $\Delta x\,(\Delta x > 0)$에 대하여 $S(x)$ 의 증분을 $\Delta S$라고 하면

$$\Delta S = S(x+\Delta x) - S(x)$$

이다.

한편, 구간 $[x, x+\Delta x]$ 에서 함수 $f(t)$는 연속이므로 최댓값과 최솟값을 가진다. 그 최댓값과 최솟값을 각각 $M, m$ 이라고 하면

$$m\Delta x \le \Delta S \le M\Delta x$$

$$\therefore \lim_{\Delta x \to 0} m \le \lim_{\Delta x \to 0} \frac{\Delta S}{\Delta x} \le \lim_{\Delta x \to 0} M$$

이다. 이때 함수 $f(t)$는 $[a, b]$ 에서 연속함수이므로

$\Delta x \to 0$ 이면 $m \to f(x)$, $M \to f(x)$

$$f(x) \le \lim_{\Delta x \to 0} \frac{\Delta S}{\Delta x} \le f(x)$$

$$\therefore \frac{d}{dx} S(x) = \lim_{\Delta x \to 0} \frac{\Delta S}{\Delta x} = f(x)$$

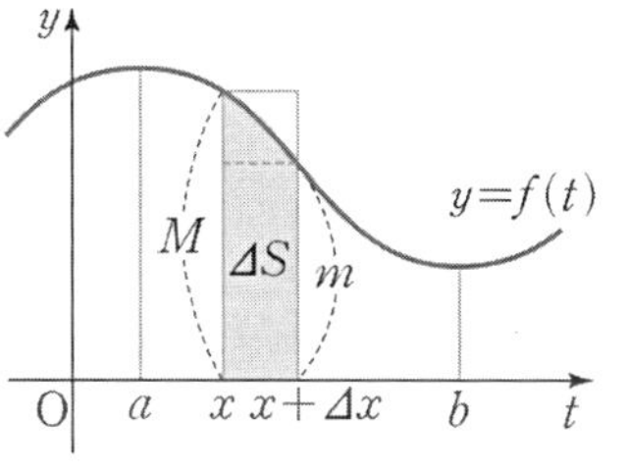


**미분적분학의 기본정리1(The Fundamental Theorem of Calculus Ⅰ)**

함수 $f(t)$가 폐구간 $[a, b]$ 에서 연속이면

$$\frac{d}{dx}\int_a^x f(t)\,dt = f(x) \quad (\text{단, } a \le x \le b)$$

**예제 9-9**

$$\frac{d}{dx}\int_2^x (2t^2 - 4)\,dt = 2x^2 - 4$$

**예제 9-10**

모든 실수 $x$에 대하여 다음 등식이 성립하는 함수 $f(x)$를 구하여라.

$$xf(x) = x^3 - 2x^2 + \int_1^x f(t)\,dt$$

**풀이** 양변을 $x$에 대하여 미분하면 $f(x) + xf'(x) = 3x^2 - 4x + f(x)$

$$xf'(x) = 3x^2 - 4x, \quad f'(x) = 3x - 4$$

$$\therefore\ f(x) = \frac{3}{2}x^2 - 4x + C \quad \cdots\cdots \text{①}$$

주어진 식과 ①에 $x = 1$을 대입하면 $f(1) = 1 - 2 + 0 = \frac{3}{2} - 4 + C$

$$\therefore\ C = \frac{3}{2} \qquad \therefore\ f(x) = \frac{3}{2}x^2 - 4x + \frac{3}{2}$$

■

정적분을 정의에 의하여 계산하는 것은 매우 불편하므로 부정적분을 이용하여 정적분을 편리하게 구하는 방법을 알아보자.

미분적분학의 기본정리1에서 $S(x) = \int_a^x f(t)\,dt$일 때, $S'(x) = f(x)$이므로 $S(x)$는 $f(x)$의 역도함수이다. 만일 $F(x)$가 $f(x)$의 임의의 다른 역도함수라면 다음이 성립한다.

$$S(x) = \int_a^x f(t)\,dt = F(x) + C \quad (C\text{는 적분상수}) \quad \cdots\cdots \text{①}$$

$S(x)$의 정의에 의하여 $x = a$이면 $S(a) = 0$이므로 ①에서

$$S(a) = F(a) + C = 0 \qquad \therefore\ C = -F(a)$$

이것을 ①에 대입하면 $\int_a^x f(t)\,dt = F(x) - F(a)$이다. 이 식에 $x = b\,(a < b)$를 대입하고 적분변수 $t$를 $x$로 바꾸면

$$\int_a^b f(x)\,dx = F(b) - F(a) \qquad \cdots\cdots \text{②}$$

이다. 이때 우변 $F(b)-F(a)$ 를 기호로 $\Big[\ F(x)\Big]_a^b$ 와 같이 나타낸다.

**미분적분학의 기본정리2(The Fundamental Theorem of Calculus II)**

폐구간 $[a,b]$ 에서 연속인 함수 $f(x)$ 의 역도함수를 $F(x)$ 라고 하면

$$\int_a^b f(x)\,dx = \Big[\ F(x)\Big]_a^b = F(b)-F(a)$$

이 정리는 $f$ 의 한 역도함수 $F$ 를 알 수 있다면 구간 $[a,b]$ 의 양 끝점들에서 $F$ 의 값들을 뺌으로써 정적분 $\int_a^b f(x)\,dx$ 를 쉽게 계산할 수 있음을 보여주고 있다.

**예제 9-11**

다음 정적분을 구하여라.

(1) $\int_{-2}^{1}(2x^2-3x+1)\,dx$ (2) $\int_0^1 (3x-x^3)\,dx+\int_0^1(x^3+2x)\,dx$

**풀이** (1) $f(x)=2x^2-3x+1$ 의 역도함수는 $F(x)=\frac{2}{3}x^3-\frac{3}{2}x^2+x$ 이므로

$$\int_{-2}^{1}(2x^2-3x+1)\,dx=\left[\frac{2}{3}x^3-\frac{3}{2}x^2+x\right]_{-2}^{1}$$

$$=\left(\frac{2}{3}-\frac{3}{2}+1\right)-\left(-\frac{16}{3}-\frac{12}{2}-2\right)$$

$$=\frac{27}{2}$$

(2) (준식)$=\int_0^1\{(3x-x^3)+(x^3+2x)\}\,dx$

$$=\int_0^1 5x\,dx=5\int_0^1 x\,dx$$

$$=5\left[\frac{1}{2}x^2\right]_0^1=5\left(\frac{1}{2}-0\right)=\frac{5}{2}$$

■

분할된 구간 위에서의 정적분에 대하여 알아보자.

임의의 실수 $a, b, c$를 포함하는 구간에서 연속인 함수 $f(x)$의 한 부정적분을 $F(x)$라고 하면

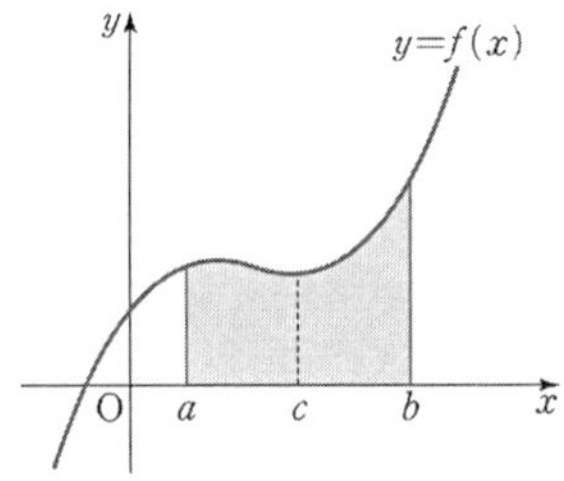


$$\int_a^c f(x)\,dx + \int_c^b f(x)\,dx = \Big[\ F(x)\Big]_a^c + \Big[\ F(x)\Big]_c^b$$

$$= \{F(c) - F(a)\} + \{F(b) - F(c)\}$$

$$= F(b) - F(a) = \int_a^b f(x)\,dx$$

**정적분의 성질(2)**

임의의 실수 $a, b, c$를 포함하는 구간에서 함수 $f(x)$가 연속일 때,

$$\int_a^c f(x)\,dx + \int_c^b f(x)\,dx = \int_a^b f(x)\,dx$$

**예제 9-12**

정적분 $\int_{-2}^0 (3x^2 - 1)\,dx + \int_0^1 (3x^2 - 1)\,dx$ 를 계산하여라.

풀이 $\int_{-2}^0 (3x^2 - 1)\,dx + \int_0^1 (3x^2 - 1)\,dx = \int_{-2}^1 (3x^2 - 1)\,dx$

$$= \Big[\ x^3 - x\Big]_{-2}^1 = 6$$

■

**예제 9-13**

정적분 $\int_{-1}^2 |x-1|\,dx$ 를 구하여라.

풀이 $f(x) = |x-1|$ 이라고 하면

$$f(x)=\begin{cases}1-x & (x<1)\\ x-1 & (x\geq 1)\end{cases}$$

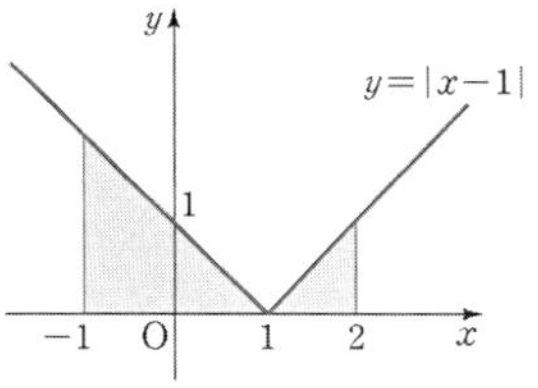


$$\therefore \int_{-1}^{2}|x-1|\,dx=\int_{-1}^{1}(1-x)\,dx+\int_{1}^{2}(x-1)\,dx$$

$$=\left[x-\frac{1}{2}x^2\right]_{-1}^{1}+\left[\frac{1}{2}x^2-x\right]_{1}^{2}=\frac{5}{2}$$

■

## 9.3 정적분의 응용

함수 $y=f(x)$가 구간 $[a,b]$에서 연속일 때, 곡선 $y=f(x)$와 $x$축 및 두 직선 $x=a$, $x=b$로 둘러싸인 영역의 넓이 $S$를 구해 보자.

(i) 구간 $[a,b]$에서 $f(x)\geq 0$일 때,

$$S=\int_a^b f(x)\,dx$$

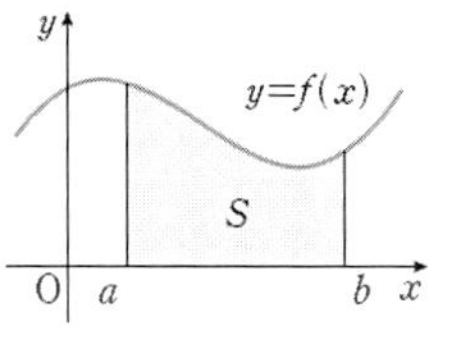


(ii) 구간 $[a,b]$에서 $f(x)\leq 0$일 때,

곡선 $y=f(x)$는 $y=-f(x)$와 $x$축에 대하여 대칭이고 $-f(x)\geq 0$이므로

$$S=\int_a^b\{-f(x)\}dx=-\int_a^b f(x)\,dx$$

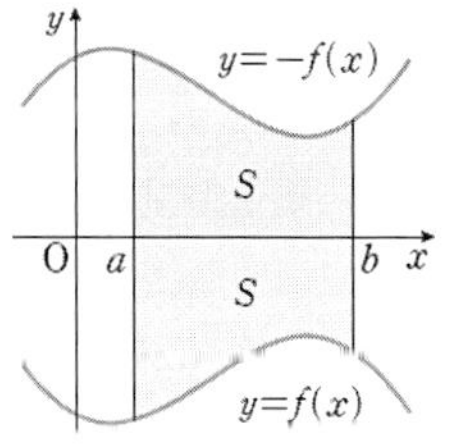


(iii) 구간 $[a,c]$에서 $f(x)\leq 0$이고, 구간 $[c,b]$에서 $f(x)\geq 0$일 때,

$$S=\int_a^c\{-f(x)\}dx+\int_c^b f(x)\,dx$$

$$=\int_a^c|f(x)|\,dx+\int_c^b|f(x)|\,dx$$

$$=\int_a^b|f(x)|\,dx$$

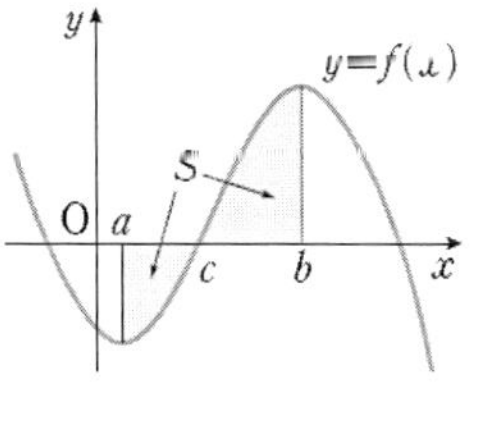

**곡선과 $x$축 사이의 넓이**

함수 $y=f(x)$가 구간 $[a,b]$에서 연속일 때, 곡선 $y=f(x)$와 $x$축 및 두 직선 $x=a$, $x=b$로 둘러싸인 영역의 넓이 $S$는

$$S=\int_a^b |f(x)|\,dx$$

**예제 9-14**

곡선 $y=x^2-4x$와 $x$축 및 두 직선 $x=-1$, $x=2$로 둘러싸인 영역의 넓이를 구하여라.

**풀이** $f(x)=x^2-4x$라고 하면 함수 $f(x)$의 그래프는 오른쪽 그림과 같다. 따라서 구하는 넓이 $S$는

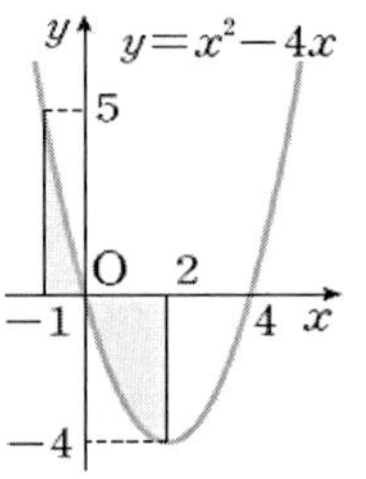


$$S=\int_{-1}^{0}(x^2-4x)\,dx+\int_0^2(-x^2+4x)\,dx$$

$$=\left[\frac{x^3}{3}-2x^2\right]_{-1}^{0}+\left[-\frac{x^3}{3}+2x^2\right]_0^2=\frac{23}{3}$$

■

구간 $[a,b]$에서 연속인 두 곡선 $y=f(x)$, $y=g(x)$와 두 직선 $x=a$, $x=b$로 둘러싸인 영역의 넓이 $S$를 구해 보자.

(i) 구간 $[a,b]$에서 $0\le g(x)\le f(x)$일 때, 구하는 넓이 $S$는

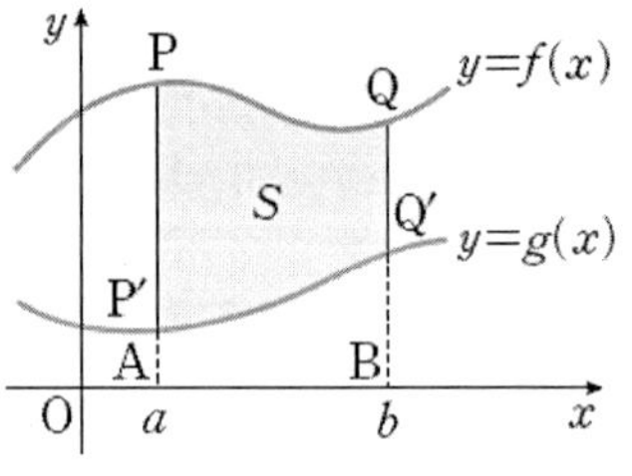


$$S=\int_a^b f(x)\,dx-\int_a^b g(x)\,dx$$

$$=\int_a^b\{f(x)-g(x)\}\,dx$$

(ii) 구간 $[a,b]$에서 $g(x)\le f(x)$이고 $f(x)$ 또는 $g(x)$가 음의 값을 가질 때, 그림과 같이 $0\le g(x)+k\le f(x)+k$를 만족하는 상수 $k$가 존재하여 두 곡선

$y=f(x)$와 $y=g(x)$를 $y$축의 방향으로 상수 $k$만큼 평행이동시킬 수 있다. 이때 구하는 넓이 $S$는 두 곡선

$$y=f(x)+k,\ y=g(x)+k$$

와 두 직선 $x=a$, $x=b$로 둘러싸인 영역의 넓이 $S'$과 같다. 따라서

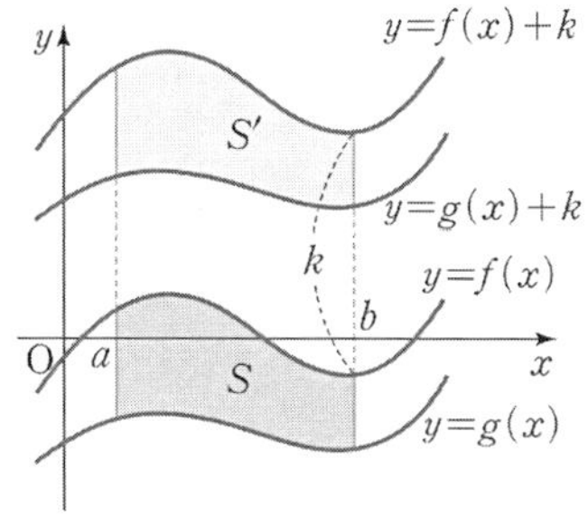


$$\begin{aligned} S &= \int_a^b \{f(x)+k\}\,dx - \int_a^b \{g(x)+k\}\,dx \\ &= \int_a^b [\{f(x)+k\}-\{g(x)+k\}]\,dx \\ &= \int_a^b \{f(x)-g(x)\}\,dx \end{aligned}$$

**두 곡선 사이의 넓이**

두 함수 $f(x)$, $g(x)$가 구간 $[a,b]$에서 연속이고 $f(x)\geq g(x)$일 때, 두 곡선 $y=f(x)$와 $y=g(x)$ 및 두 직선 $x=a$, $x=b$로 둘러싸인 영역의 넓이 $S$는

$$S=\int_a^b \{f(x)-g(x)\}\,dx$$

**예제 9-15**

두 곡선 $y=x^2-3x+2$, $y=x-1$로 둘러싸인 부분의 넓이를 구하여라.

**풀이** 두 곡선의 교점의 $x$좌표를 구하면

$x^2-3x+2=x-1 \quad \therefore\ x=1,\ x=3$

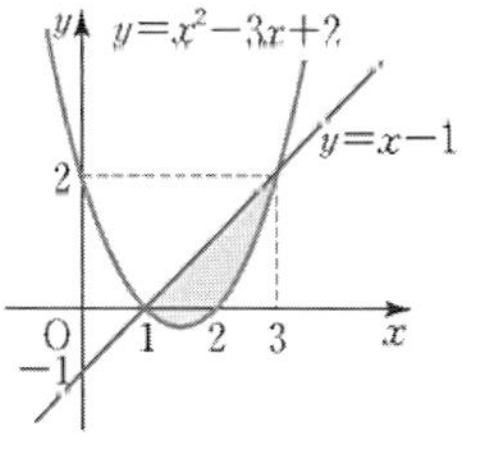


구간 $[1,3]$에서 $x-1\geq x^2-3x+2$이므로

$$\begin{aligned} S &= \int_1^3 \{(x-1)-(x^2-3x+2)\}\,dx \\ &= \int_1^3 (-x^2+4x-3)\,dx \\ &= \left[-\frac{1}{3}x^3+2x^2-3x\right]_1^3 = \frac{4}{3} \end{aligned}$$

■

국민들의 삶의 수준을 좀 더 알기 위해서 소득이 사회 각 계층에 얼마나 고루 분배되고 있는지를 살펴보는 여러 지표가 필요하다. 로렌츠 곡선(Lorenz curve)은 미국의 통계학자 로렌츠(Max. O. Lorenz, 1876 ~ 1959)가 창안한 것으로 가장 가난한 몇 퍼센트의 사람들이 전체소득 중 몇 퍼센트를 차지하고 있는지를 나타낸 곡선이다. 즉, 한 사회의 소득분배가 얼마나 불평등한지를 측정하는 방법으로 계층별 인구의 누적 비율(가로축)과 전체 소득의 누적 점유율(세로축) 사이의 함수관계를 그래프로 표현한 것이다. 가로축의 인구 비율은 소득수준을 오름차순으로 배열했을 때의 누적비율이다. 따라서 로렌츠곡선 $L(x)$의 정의역은 $[0,1]$이고 $L(0)=0$, $L(1)=1$이며 $100x$는 비율이다.

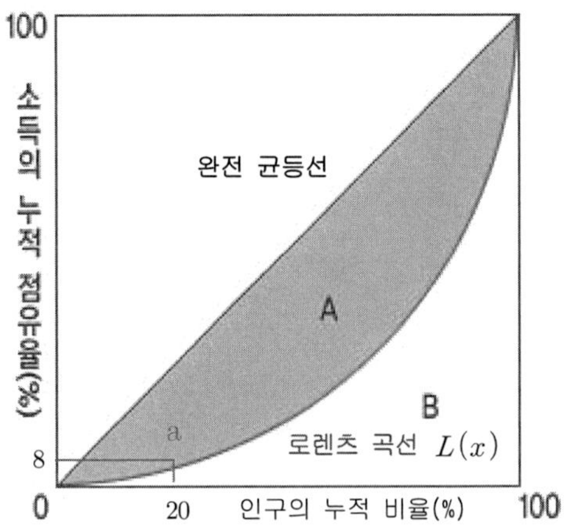


위 그림은 하위 20% 의 사람들이 사회 전체소득의 8% 의 소득을 점유하고 있음($a$ 점)을 의미한다. 만약 모든 사람들이 똑같은 소득을 얻고 있으면 로렌츠 곡선은 대각선($y=x$)과 일치하게 되고, 한 사람이 모든 소득을 독점하고 나머지 사람들은 한 푼의 소득도 얻지 못하는 극단적인 경우는 직각 모양의 꺾인 선분이 된다.

이탈리아의 인구통계학자 코라도 지니(C. Gini, 1884 ~ 1965)가 개발한 지니계수(Gini coefficient)도 소득 불평등 정도를 나타내는 대표적인 지표이다. 이것은 로렌츠 곡선이 나타내는 내용을 하나의 수치로 표시한 것이다. 소득분배의 불균형 정도가 클수록 소득의 완전균등분배를 나타내는 대각선과 로렌츠곡선 사이의 면적 $A$가 넓어지는 것에 착안하여 지니계수는 이 면적 $A$를 직각삼각형의 면적($A+B$)으로 나눈 값으로 정의한다. 즉, 균등분포선 $y=x$와 로렌츠 곡선 $y=L(x)$ 사이의 넓이의 비율이며 다음과 같이 정적분으로 나타낼 수 있다.

$$\text{지니계수: } G = 2\int_0^1 [x - L(x)]\,dx$$

지니계수는 0 부터 1 까지 값을 가지며 그 값이 클수록 소득분배가 불균등함을 의미한다.

**예제 9-16**

지니계수는 완전 균등선 $y = x$ 와 로렌츠 곡선 $L(x)$ 사이에 있는 영역의 넓이(불평등 넓이)의 두 배가 됨을 밝혀라.

**풀이** 위의 그림에서 직선 $y = x$ 아래의 넓이는 $\int_0^1 x\,dx = \frac{1}{2}$ 이다.

또한, 직선 $y = x$ 와 로렌츠 곡선 $L(x)$ 사이에 있는 영역의 넓이는

$$\int_0^1 [x - L(x)]\,dx$$

$$\therefore\ G = \frac{\int_0^1 [x - L(x)]\,dx}{\int_0^1 x\,dx} = \frac{\int_0^1 [x - L(x)]\,dx}{\frac{1}{2}} = 2\int_0^1 [x - L(x)]\,dx$$

■

**예제 9-17**

로렌츠 곡선이 $L(x) = \frac{7}{9}x^2 + \frac{2}{9}x$ 일 때, 다음 물음에 답하여라.

(1) 하위 소득계층 20% 의 소득점유율을 구하여라.

(2) 하위 소득계층 40% 의 소득점유율을 상위 소득계층 20% 의 소득점유율로 나눈 비율을 구하여라.[1]

(3) 지니계수를 구하여라.

1) 하위 소득계층 40%의 소득점유율을 상위 소득계층 20%의 소득점유율로 나눈 비율을 10분위 분배율이라 하고, 이 값이 클수록 평등한 분배를 나타낸다.

풀이 (1) $L(0.2)=\frac{7}{9}(0.2)^2+\frac{2}{9}(0.2)\fallingdotseq 0.076=7.6\%$

(2) $L(0.4)=\frac{7}{9}(0.4)^2+\frac{2}{9}(0.4)\fallingdotseq 0.213=21.3\%$

$L(0.8)=\frac{7}{9}(0.8)^2+\frac{2}{9}(0.8)\fallingdotseq 0.676=67.6\%$ 이므로 상위 소득계층 20% 의 소득점유율은 $1-0.676=0.324\,(32.4\%)$ 이다.

$$\therefore\ \frac{L(0.4)}{1-L(0.8)}=\frac{21.3}{32.4}\fallingdotseq 0.657$$

(3) $$G=2\int_0^1\left[x-\left(\frac{7}{9}x^2+\frac{2}{9}x\right)\right]dx$$

$$=2\int_0^1\left(-\frac{7}{9}x^2+\frac{7}{9}x\right)dx$$

$$=\frac{14}{9}\left[-\frac{1}{3}x^3+\frac{1}{2}x^2\right]_0^1=\frac{7}{27}\fallingdotseq 0.259$$

■

## 연습문제

**1.** 다음을 계산하여라.

(1) $\displaystyle\int \frac{x^3}{x-1}\,dx + \int \frac{1}{1-x}\,dx$　　　(2) $\displaystyle\int_0^1 \frac{x^3}{x+1}\,dx - \int_1^0 \frac{1}{t+1}\,dt$

**2.** 함수 $f(x)=4x^2$ 의 부정적분을 $F(x)$ 라고 할 때, 곡선 $y=F(x)$ 는 좌표평면 위의 점$(-1,3)$ 을 지난다고 한다. 이때 $F(1)$ 의 값을 구하여라.

**3.** 다음 등식을 만족하는 함수 $f(x)$ 를 구하여라. (단, $C$ 는 적분상수)

$$\int \{5-3f(x)\}\,dx = x(x^2-1)+C$$

**4.** 함수 $f(x)=\displaystyle\int (x^2-3x+a)\,dx$ 에 대하여

$$\lim_{h\to 0}\frac{f(-1+h)-f(-1)}{h}=2,\ f(0)=1$$

일 때, $f(-1)$ 의 값을 구하여라

**5.** 두 함수 $f(x)$, $g(x)$ 에 대하여 $f(0)=-1$, $g(0)=2$ 이고 $\dfrac{d}{dx}f(x)g(x)=x^2-1$ 일 때, $f(1)g(1)$ 의 값을 구하여라.

**6.** 어느 회사에서 제품 $x$ 개를 생산할 때의 생산비용을 $f(x)$ 원이라고 하면 한계비용함수 $f'(x)$는

$$f'(x) = 0.004x + 500$$

이라고 한다. $f(0) = 100{,}000$ 일 때, 비용함수 $f(x)$를 구하여라.

**7.** 구분구적법을 이용하여 반지름이 $r$ 인 원의 넓이 $S$를 구하여라.

**8.** 정적분의 정의에 의하여 다음 값을 구하여라.

(1) $\displaystyle\int_0^1 (-2x+1)\,dx$　　　　(2) $\displaystyle\int_1^3 x^3\,dx$

**9.** $\displaystyle\lim_{n\to\infty}\frac{1}{n}\left\{f\left(1+\frac{2\cdot 1}{n}\right)+f\left(1+\frac{2\cdot 2}{n}\right)+\cdots+f\left(1+\frac{2\cdot n}{n}\right)\right\}$ 을 정적분으로 나타내어라.

**10.** 오른쪽 그림과 같이 $x \geq a$ 에서 $f(x) \geq 0$ 인 연속함수 $f(x)$에 대하여 빗금친 부분의 넓이를 $S(x)$라 하자. $f(a) = b$ 일 때,

$$\lim_{x\to a}\frac{S(x)}{x-a}$$

의 값을 구하여라.

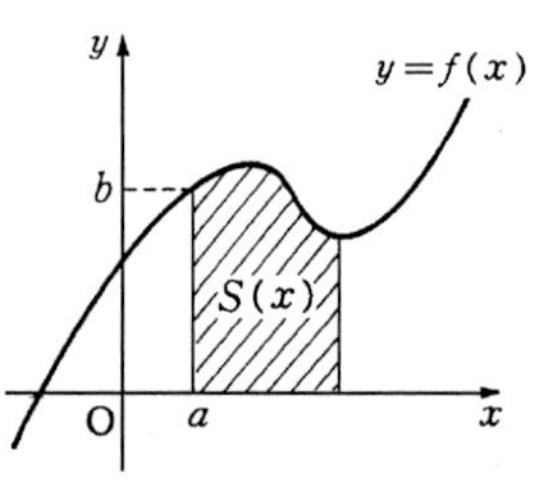


**11.** $y = f(x)$의 그래프가 그림과 같을 때 $F(x) = \displaystyle\int_0^x f(x)\,dx$ 의 그래프의 개형을 그려라.

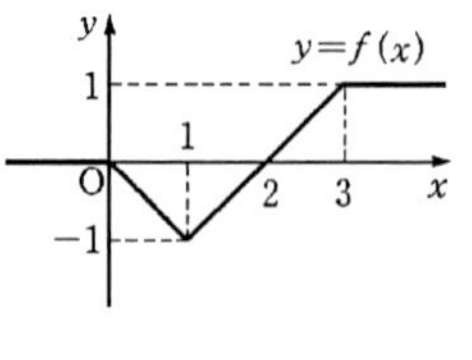

**12.** 미분가능한 함수 $f(x)$가 다음 등식을 만족시킬 때, 상수 $a$의 값과 $f(x)$를 구하여라.

(1) $\displaystyle\int_a^x f(t)\,dt = x^2+4x-5$ (2) $\displaystyle\int_1^x (t-1)f(t)\,dt = x^3+ax^2+x-1$

**13.** 두 실수 $a, b\ (a<b)$에 대하여 다음이 성립함을 보여라.

$$\int_a^b (x-a)(a-b)\,dx = -\frac{1}{6}(b-a)^3$$

**14.** 구간 $[-1, 5]$에서 연속인 함수 $f(x)$가

$$\int_{-1}^1 f(x)\,dx = 2,\ \int_4^0 f(x)\,dx = -3,\ \int_1^4 f(x)\,dx = 5$$

을 만족할 때, $\displaystyle\int_{-1}^0 \{f(x)-3x^2\}\,dx$의 값을 구하여라.

**15.** 함수 $f(x)$는 구간 $[-a, a]$에서 연속이다. 다음이 성립함을 보여라.

(1) $f(-x) = -f(x)$일 때, $\displaystyle\int_{-a}^a f(x)\,dx = 0$

(2) $f(-x) = f(x)$일 때, $\displaystyle\int_{-a}^a f(x)\,dx = 2\int_0^a f(x)\,dx$

**16.** 다항함수 $f(x)$가 임의의 실수 $x$에 대하여 $f(-x)=f(x)$를 만족시키고 $\displaystyle\int_0^3 f(x)\,dx = -2$일 때, $\displaystyle\int_{-3}^3 (x-1)f(x)\,dx$를 구하여라.

**17.** 다음 정적분의 값을 구하여라.

(1) $\displaystyle\int_0^3 x|x-2|\,dx$ (2) $\displaystyle\int_0^2 |x^2(x-1)|\,dx$

**18.** 다음 두 곡선으로 둘러싸인 영역의 넓이를 구하여라.

(1) $y = x^3 - 2x^2$, $y = -x^2 + 2x$ (2) $y = x^3 - x^2$, $y = x^2$

**19.** 곡선 $y^2 = x$ 와 직선 $x - y = 2$ 으로 둘러싸인 영역의 넓이를 구하여라.

**20.** 함수 $f(x) = x^2 (x \geq 0)$ 의 그래프와 그 역함수 $g(x)$ 의 그래프로 둘러싸인 도형의 넓이를 구하여라.

**21.** 곡선 $y = x(x-1)(x-a)$ 에 대하여 $x$ 축으로 둘러싸인 두 부분의 영역의 넓이가 같도록 상수 $a$ 의 값을 구하여라.(단, $a > 1$ )

**22.** 네 직선 $x = 0$ , $x = 1$ , $y = 0$ , $y = 1$ 로 둘러싸인 정사각형을 곡선 $y = x^2$ 이 그림과 같이 두 영역으로 나눌 때, 두 영역의 넓이의 비 $S_1 : S_2$ 를 구하여라.

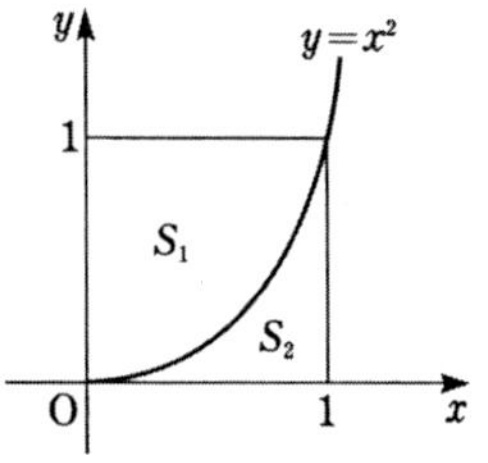


**23.** 아르키메데스(Archimedes; B.C. 287 ~ B.C. 212)는 '포물선의 구적법(Quadrature of the Parabola)'에서 직선과 임의의 포물선으로 둘러싸인 넓이가, 그 직선을 밑변으로 하고 곡선부분과 같은 높이를 갖는 3각형의 넓이의 4/3라는 것을 증명하였다. 예를 들어, 오른쪽 그림과 같이 곡선 $y = x^2$ 과 직선 $y = a^2 (a > 0)$ 의 교점을 각각 $A$ , $B$ 라 하고, 곡선 $y = x^2$ 과 직선 $y = a^2$ 으로 둘러싸인 영역의 넓이를 $S$ 라 고 하면

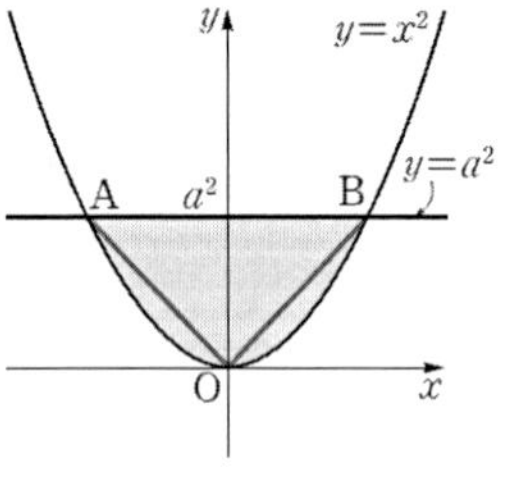


$$S = \frac{4}{3} \triangle \mathrm{AOB}$$

임을 증명하여라.

**24.** 로렌츠 곡선이 $L(x)=\dfrac{5}{7}x^2+\dfrac{2}{7}x$ 일 때, 다음 물음에 답하여라.

(1) 하위 소득계층 20% 의 소득점유율을 구하여라.

(2) 지니계수를 구하여라.

**25.** 수요와 공급곡선에서 공급량 $Q^*$ 과 시장가격 $P^*$ 가 결정되면 시장가격보다 높은 가격에서도 소비하려고 했던 소비자는 낮은 시장가격에 소비함으로써 이익을 얻는다. 예를 들어, 운동을 한 후에 갈증으로 인하여 음료수를 한 병에 2000 원을 지불하고 마시지만, 평소에는 1000 원에 구입하여 마신다. 이런 경우에 이 소비자가 지불할 용의가 있는 금액은 2000원이지만 실제 지불가격은 1000 원이므로 그 차액인 1000 원은 소비자가 거래를 통해 얻은 순이익이 된다. 이와 같이 시장가격으로 거래해서 소비자가 얻은 순이익의 총합을 '소비자 잉여(consumer surplus)' 라고 한다. 소비자 잉여는 소비자의 최대 지불용의 금액에서 실제로 지불한 금액의 차이로 계산한다. 이것을 다음과 같이 정적분으로 나타낼 수 있다.

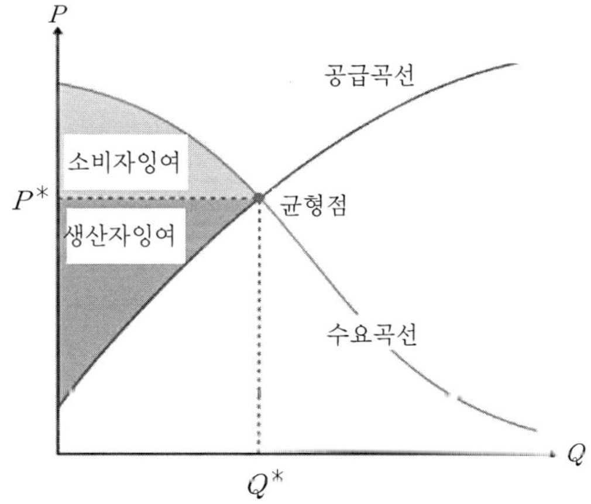


$$(\text{소비자 잉여})=\int_0^{Q^*}\{P(Q)-P^*\}dQ \quad (P(Q)\text{는 수요곡선})$$

수요곡선이 $P(Q)=85-4Q-Q^2$ 이고 판매가격(균형가격)이 40 달러일 때, 소비자 잉여금을 구하여라.

MEMO

# 부 록

## 제곱근 · 세제곱근 · 역수의 표

| $n$ | $\sqrt{n}$ | $\sqrt{10n}$ | $\sqrt[3]{n}$ | $\frac{1}{n}$ | $n$ | $\sqrt{n}$ | $\sqrt{10n}$ | $\sqrt[3]{n}$ | $\frac{1}{n}$ |
|---|---|---|---|---|---|---|---|---|---|
| 1 | 1.0000 | 3.1623 | 1.0000 | 1.000000 | 51 | 7.1414 | 22.5832 | 3.7084 | 0.01961 |
| 2 | 1.4142 | 4.4721 | 1.2599 | 0.50000 | 52 | 7.2111 | 22.8035 | 3.7325 | 0.01923 |
| 3 | 1.7321 | 5.4772 | 1.4422 | 0.33333 | 53 | 7.2801 | 23.0217 | 3.7563 | 0.01887 |
| 4 | 2.0000 | 6.3246 | 1.5874 | 0.25000 | 54 | 7.3485 | 23.2379 | 3.7798 | 0.01852 |
| 5 | 2.2361 | 7.0711 | 1.7100 | 0.20000 | 55 | 7.4162 | 23.4521 | 3.8030 | 0.01818 |
| 6 | 2.4495 | 7.7460 | 1.8171 | 0.16667 | 56 | 7.4833 | 23.6643 | 3.8259 | 0.01786 |
| 7 | 2.6458 | 8.3666 | 1.9129 | 0.14286 | 57 | 7.5498 | 23.8747 | 3.8485 | 0.01754 |
| 8 | 2.8284 | 8.9443 | 2.0000 | 0.12500 | 58 | 7.6158 | 24.0832 | 3.8709 | 0.01724 |
| 9 | 3.0000 | 9.4868 | 2.0801 | 0.11111 | 59 | 7.6811 | 24.2899 | 3.8930 | 0.01695 |
| 10 | 3.1623 | 10.0000 | 2.1544 | 0.10000 | 60 | 7.7460 | 24.4949 | 3.9149 | 0.01667 |
| 11 | 3.3166 | 10.4881 | 2.2240 | 0.09091 | 61 | 7.8102 | 24.6982 | 3.9365 | 0.01639 |
| 12 | 3.4641 | 10.9545 | 2.2894 | 0.08333 | 62 | 7.8740 | 24.8998 | 3.9579 | 0.01613 |
| 13 | 3.6056 | 11.4018 | 2.3513 | 0.07692 | 63 | 7.9373 | 25.0998 | 3.9791 | 0.01587 |
| 14 | 3.7417 | 11.8322 | 2.4101 | 0.07143 | 64 | 8.0000 | 25.2982 | 4.0000 | 0.01563 |
| 15 | 3.8730 | 12.2474 | 2.4662 | 0.06667 | 65 | 8.0623 | 25.4951 | 4.0207 | 0.01538 |
| 16 | 4.0000 | 12.6491 | 2.5198 | 0.06250 | 66 | 8.1240 | 25.6905 | 4.0412 | 0.01515 |
| 17 | 4.1231 | 13.0384 | 2.5713 | 0.05882 | 67 | 8.1854 | 25.8844 | 4.0615 | 0.01493 |
| 18 | 4.2426 | 13.4164 | 2.6207 | 0.05556 | 68 | 8.2462 | 26.0768 | 4.0817 | 0.01471 |
| 19 | 4.3589 | 13.7840 | 2.6684 | 0.05263 | 69 | 8.3066 | 26.2679 | 4.1016 | 0.01449 |
| 20 | 4.4721 | 14.1421 | 2.7144 | 0.05000 | 70 | 8.3666 | 26.4575 | 4.1213 | 0.01429 |
| 21 | 4.5826 | 14.4914 | 2.7589 | 0.04762 | 71 | 8.4261 | 26.6458 | 4.1408 | 0.01408 |
| 22 | 4.6904 | 14.8324 | 2.8020 | 0.04545 | 72 | 8.4853 | 26.8328 | 4.1602 | 0.01389 |
| 23 | 4.7958 | 5.1658 | 2.8439 | 0.04348 | 73 | 8.5440 | 27.0185 | 4.1793 | 0.01370 |
| 24 | 4.8990 | 15.4919 | 2.8845 | 0.04167 | 74 | 8.6023 | 27.2029 | 4.1983 | 0.01351 |
| 25 | 5.0000 | 15.8114 | 2.9240 | 0.04000 | 75 | 8.6603 | 27.3861 | 4.2172 | 0.01333 |
| 26 | 5.0990 | 16.1245 | 2.9625 | 0.03846 | 76 | 8.7178 | 27.5681 | 4.2358 | 0.01316 |
| 27 | 5.1962 | 16.4317 | 3.0000 | 0.03703 | 77 | 8.7550 | 27.7489 | 4.2543 | 0.01299 |
| 28 | 5.2915 | 16.7332 | 3.0366 | 0.03571 | 78 | 8.8318 | 27.9285 | 4.2727 | 0.01282 |
| 29 | 5.3852 | 17.0294 | 3.0723 | 0.03448 | 79 | 8.8882 | 28.1069 | 4.2908 | 0.01266 |
| 30 | 5.4772 | 17.3205 | 3.1072 | 0.03333 | 80 | 8.9443 | 28.2843 | 4.3089 | 0.01250 |
| 31 | 5.5678 | 17.6068 | 3.1414 | 0.03226 | 81 | 9.0000 | 28.4605 | 4.3267 | 0.01235 |
| 32 | 5.6569 | 17.8885 | 3.1748 | 0.03125 | 82 | 9.0554 | 28.6356 | 4.3445 | 0.01220 |
| 33 | 5.7446 | 18.1659 | 3.2075 | 0.03030 | 83 | 9.1104 | 28.8097 | 4.3621 | 0.01205 |
| 34 | 5.8310 | 18.4391 | 3.2396 | 0.02941 | 84 | 9.1652 | 28.9828 | 4.3795 | 0.01190 |
| 35 | 5.9151 | 18.7083 | 3.2711 | 0.02857 | 85 | 9.2195 | 29.1548 | 4.3968 | 0.01176 |
| 36 | 6.0000 | 18.9737 | 3.3019 | 0.02778 | 86 | 9.2736 | 29.3258 | 4.4140 | 0.01163 |
| 37 | 6.0828 | 19.2354 | 3.3322 | 0.02703 | 87 | 9.3274 | 29.4958 | 4.4310 | 0.01149 |
| 38 | 6.1644 | 19.4936 | 3.3620 | 0.02632 | 88 | 9.3808 | 29.6648 | 4.4480 | 0.01136 |
| 39 | 6.2450 | 19.7484 | 3.3912 | 0.02564 | 89 | 9.4340 | 29.8329 | 4.4647 | 0.01124 |
| 40 | 6.3246 | 20.0000 | 3.4200 | 0.02500 | 90 | 9.4868 | 30.0000 | 4.4814 | 0.01111 |
| 41 | 6.4031 | 20.2485 | 3.4482 | 0.02439 | 91 | 9.5394 | 30.1662 | 4.4979 | 0.01099 |
| 42 | 6.4807 | 20.4939 | 3.4760 | 0.02381 | 92 | 9.5917 | 30.3315 | 4.5144 | 0.01087 |
| 43 | 6.5574 | 20.7364 | 3.5034 | 0.02326 | 93 | 9.6437 | 30.4959 | 4.5307 | 0.01075 |
| 44 | 6.6332 | 20.9762 | 3.5303 | 0.02273 | 94 | 9.6954 | 30.6594 | 4.5468 | 0.01064 |
| 45 | 6.7082 | 21.2132 | 3.5569 | 0.02222 | 95 | 9.7468 | 30.8221 | 4.5629 | 0.01053 |
| 46 | 6.7823 | 21.4476 | 3.5830 | 0.02174 | 96 | 9.7980 | 30.9839 | 4.5789 | 0.01042 |
| 47 | 6.8557 | 21.6795 | 3.6088 | 0.02128 | 97 | 9.8489 | 31.1448 | 4.5947 | 0.01031 |
| 48 | 6.9282 | 21.9089 | 3.6342 | 0.02083 | 98 | 9.8995 | 31.3050 | 4.6104 | 0.01020 |
| 49 | 7.0000 | 22.1359 | 3.6593 | 0.02041 | 99 | 9.9499 | 31.4643 | 4.6261 | 0.01010 |
| 50 | 7.0711 | 22.3607 | 3.6840 | 0.02000 | 100 | 10.0000 | 31.6228 | 4.6416 | 0.01000 |

## 삼각함수표

| $\theta$ | $\sin\theta$ | $\cos\theta$ | $\tan\theta$ | $\theta$ | $\sin\theta$ | $\cos\theta$ | $\tan\theta$ |
|---|---|---|---|---|---|---|---|
| 0° | 0.0000 | 1.0000 | 0.0000 | 45° | 0.7071 | 0.7071 | 1.0000 |
| 1° | 0.0175 | 0.9998 | 0.0175 | 46° | 0.7193 | 0.6947 | 1.0355 |
| 2° | 0.0349 | 0.9994 | 0.0349 | 47° | 0.7314 | 0.6820 | 1.0724 |
| 3° | 0.0523 | 0.9986 | 0.0524 | 48° | 0.7431 | 0.6691 | 1.1106 |
| 4° | 0.0698 | 0.9976 | 0.0699 | 49° | 0.7547 | 0.6561 | 1.1504 |
| 5° | 0.0872 | 0.9962 | 0.0875 | 50° | 0.7660 | 0.6428 | 1.1918 |
| 6° | 0.1045 | 0.9945 | 0.1051 | 51° | 0.7771 | 0.6293 | 1.2349 |
| 7° | 0.1219 | 0.9925 | 0.1228 | 52° | 0.7880 | 0.6157 | 1.2799 |
| 8° | 0.1392 | 0.9903 | 0.1405 | 53° | 0.7986 | 0.6018 | 1.3270 |
| 9° | 0.1564 | 0.9877 | 0.1584 | 54° | 0.8090 | 0.5878 | 1.3764 |
| 10° | 0.1736 | 0.9848 | 0.1763 | 55° | 0.8192 | 0.5736 | 1.4281 |
| 11° | 0.1908 | 0.9816 | 0.1944 | 56° | 0.8290 | 0.5592 | 1.4826 |
| 12° | 0.2079 | 0.9781 | 0.2126 | 57° | 0.8387 | 0.5446 | 1.5399 |
| 13° | 0.2250 | 0.9744 | 0.2309 | 58° | 0.8480 | 0.5299 | 1.6003 |
| 14° | 0.2419 | 0.9703 | 0.2493 | 59° | 0.8572 | 0.5150 | 1.6643 |
| 15° | 0.2588 | 0.9659 | 0.2679 | 60° | 0.8660 | 0.5000 | 1.7321 |
| 16° | 0.2756 | 0.9613 | 0.2867 | 61° | 0.8746 | 0.4848 | 1.8040 |
| 17° | 0.2924 | 0.9563 | 0.3057 | 62° | 0.8829 | 0.4695 | 1.8807 |
| 18° | 0.3090 | 0.9511 | 0.3249 | 63° | 0.8910 | 0.4540 | 1.9626 |
| 19° | 0.3256 | 0.9455 | 0.3443 | 64° | 0.8988 | 0.4384 | 2.0503 |
| 20° | 0.3420 | 0.9397 | 0.3640 | 65° | 0.9063 | 0.4226 | 2.1445 |
| 21° | 0.3584 | 0.9336 | 0.3839 | 66° | 0.9135 | 0.4067 | 2.2460 |
| 22° | 0.3746 | 0.9272 | 0.4040 | 67° | 0.9205 | 0.3907 | 2.3559 |
| 23° | 0.3907 | 0.9205 | 0.4245 | 68° | 0.9272 | 0.3746 | 2.4751 |
| 24° | 0.4067 | 0.9135 | 0.4452 | 69° | 0.9336 | 0.3584 | 2.6051 |
| 25° | 0.4226 | 0.9063 | 0.4663 | 70° | 0.9397 | 0.3420 | 2.7475 |
| 26° | 0.4384 | 0.8988 | 0.4877 | 71° | 0.9455 | 0.3256 | 2.9042 |
| 27° | 0.4540 | 0.8910 | 0.5095 | 72° | 0.9511 | 0.3090 | 3.0777 |
| 28° | 0.4695 | 0.8829 | 0.5317 | 73° | 0.9563 | 0.2924 | 3.2709 |
| 29° | 0.4848 | 0.8746 | 0.5543 | 74° | 0.9613 | 0.2756 | 3.4874 |
| 30° | 0.5000 | 0.8660 | 0.5774 | 75° | 0.9659 | 0.2588 | 3.7321 |
| 31° | 0.5150 | 0.8572 | 0.6009 | 76° | 0.9703 | 0.2419 | 4.0108 |
| 32° | 0.5299 | 0.8480 | 0.6249 | 77° | 0.9744 | 0.2250 | 4.3315 |
| 33° | 0.5446 | 0.8387 | 0.6494 | 78° | 0.9781 | 0.2079 | 4.7046 |
| 34° | 0.5592 | 0.8290 | 0.6745 | 79° | 0.9816 | 0.1908 | 5.1446 |
| 35° | 0.5736 | 0.8192 | 0.7002 | 80° | 0.9848 | 0.1736 | 5.6713 |
| 36° | 0.5878 | 0.8090 | 0.7265 | 81° | 0.9877 | 0.1564 | 6.3138 |
| 37° | 0.6018 | 0.7986 | 0.7536 | 82° | 0.9903 | 0.1392 | 7.1154 |
| 38° | 0.6157 | 0.7880 | 0.7813 | 83° | 0.9925 | 0.1219 | 8.1443 |
| 39° | 0.6293 | 0.7771 | 0.8098 | 84° | 0.9945 | 0.1045 | 9.5144 |
| 40° | 0.6428 | 0.7660 | 0.8391 | 85° | 0.9962 | 0.0872 | 11.4301 |
| 41° | 0.6561 | 0.7547 | 0.8693 | 86° | 0.9976 | 0.0698 | 14.3007 |
| 42° | 0.6691 | 0.7431 | 0.9004 | 87° | 0.9986 | 0.0523 | 19.0811 |
| 43° | 0.6820 | 0.7314 | 0.9325 | 88° | 0.9994 | 0.0349 | 28.6363 |
| 44° | 0.6947 | 0.7193 | 0.9657 | 89° | 0.9998 | 0.0175 | 57.2900 |
| 45° | 0.7071 | 0.7071 | 1.0000 | 90° | 1.0000 | 0.0000 | ∞ |

## 상용로그표(1)

| 수 | 0 | 1 | 2 | 3 | 4 | 5 | 6 | 7 | 8 | 9 |
|---|---|---|---|---|---|---|---|---|---|---|
| **1.0** | .0000 | .0043 | .0086 | .0128 | .0170 | .0212 | .0253 | .0294 | .0334 | .0374 |
| **1.1** | .0414 | .0453 | .0492 | .0531 | .0569 | .0607 | .0645 | .0682 | .0719 | .0755 |
| **1.2** | .0792 | .0828 | .0864 | .0899 | .0934 | .0969 | .1004 | .1038 | .1072 | .1106 |
| **1.3** | .1139 | .1173 | .1206 | .1239 | .1271 | .1303 | .1335 | .1367 | .1399 | .1430 |
| **1.4** | .1461 | .1492 | .1523 | .1553 | .1584 | .1614 | .1644 | .1673 | .1703 | .1732 |
| **1.5** | .1761 | .1790 | .1818 | .1847 | .1875 | .1903 | .1931 | .1959 | .1987 | .2014 |
| **1.6** | .2041 | .2068 | .2095 | .2122 | .2148 | .2175 | .2201 | .2227 | .2253 | .2279 |
| **1.7** | .2304 | .2330 | .2355 | .2380 | .2405 | .2430 | .2455 | .2480 | .2504 | .2529 |
| **1.8** | .2553 | .2577 | .2601 | .2625 | .2648 | .2672 | .2695 | .2718 | .2742 | .2765 |
| **1.9** | .2788 | .2810 | .2833 | .2856 | .2878 | .2900 | .2923 | .2945 | .2967 | .2989 |
| **2.0** | .3010 | .3032 | .3054 | .3075 | .3096 | .3118 | .3139 | .3160 | .3181 | .3201 |
| **2.1** | .3222 | .3243 | .3263 | .3284 | .3304 | .3324 | .3345 | .3365 | .3385 | .3404 |
| **2.2** | .3424 | .3444 | .3464 | .3483 | .3502 | .3522 | .3541 | .3560 | .3579 | .3598 |
| **2.3** | .3617 | .3636 | .3655 | .3674 | .3692 | .3711 | .3729 | .3747 | .3766 | .3784 |
| **2.4** | .3802 | .3820 | .3838 | .3856 | .3874 | .3892 | .3909 | .3927 | .3945 | .3962 |
| **2.5** | .3979 | .3997 | .4014 | .4031 | .4048 | .4065 | .4082 | .4099 | .4116 | .4133 |
| **2.6** | .4150 | .4166 | .4183 | .4200 | .4216 | .4232 | .4249 | .4265 | .4281 | .4298 |
| **2.7** | .4314 | .4330 | .4346 | .4362 | .4378 | .4393 | .4409 | .4425 | .4440 | .4456 |
| **2.8** | .4472 | .4487 | .4502 | .4518 | .4533 | .4548 | .4564 | .4579 | .4594 | .4609 |
| **2.9** | .4624 | .4639 | .4654 | .4669 | .4683 | .4698 | .4713 | .4728 | .4742 | .4757 |
| **3.0** | .4771 | .4786 | .4800 | .4814 | .4829 | .4843 | .4857 | .4871 | .4886 | .4900 |
| **3.1** | .4914 | .4928 | .4942 | .4955 | .4969 | .4983 | .4997 | .5011 | .5024 | .5038 |
| **3.2** | .5051 | .5065 | .5079 | .5092 | .5105 | .5119 | .5132 | .5145 | .5159 | .5172 |
| **3.3** | .5185 | .5198 | .5211 | .5224 | .5237 | .5250 | .5263 | .5276 | .5289 | .5302 |
| **3.4** | .5315 | .5328 | .5340 | .5353 | .5366 | .5378 | .5391 | .5403 | .5416 | .5428 |
| **3.5** | .5441 | .5453 | .5465 | .5478 | .5490 | .5502 | .5514 | .5527 | .5539 | .5551 |
| **3.6** | .5563 | .5575 | .5587 | .5599 | .5611 | .5623 | .5635 | .5647 | .5658 | .5670 |
| **3.7** | .5682 | .5694 | .5705 | .5717 | .5729 | .5740 | .5752 | .5763 | .5775 | .5786 |
| **3.8** | .5798 | .5809 | .5821 | .5832 | .5843 | .5855 | .5866 | .5877 | .5888 | .5899 |
| **3.9** | .5911 | .5922 | .5933 | .5944 | .5955 | .5966 | .5977 | .5988 | .5999 | .6010 |
| **4.0** | .6021 | .6031 | .6042 | .6053 | .6064 | .6075 | .6085 | .6096 | .6107 | .6117 |
| **4.1** | .6128 | .6138 | .6149 | .6160 | .6170 | .6180 | .6191 | .6201 | .6212 | .6222 |
| **4.2** | .6232 | .6243 | .6253 | .6263 | .6274 | .6284 | .6294 | .6304 | .6314 | .6325 |
| **4.3** | .6335 | .6345 | .6355 | .6365 | .6375 | .6385 | .6395 | .6405 | .6415 | .6425 |
| **4.4** | .6435 | .6444 | .6454 | .6464 | .6474 | .6484 | .6493 | .6503 | .6513 | .6522 |
| **4.5** | .6532 | .6542 | .6551 | .6561 | .6571 | .6580 | .6590 | .6599 | .6609 | .6618 |
| **4.6** | .6628 | .6637 | .6646 | .6656 | .6665 | .6675 | .6684 | .6693 | .6702 | .6712 |
| **4.7** | .6721 | .6730 | .6739 | .6749 | .6758 | .6767 | .6776 | .6785 | .6794 | .6803 |
| **4.8** | .6812 | .6821 | .6830 | .6839 | .6848 | .6857 | .6866 | .6875 | .6884 | .6893 |
| **4.9** | .6902 | .6911 | .6920 | .6928 | .6937 | .6946 | .6955 | .6964 | .6972 | .6981 |
| **5.0** | .6990 | .6998 | .7007 | .7016 | .7024 | .7033 | .7042 | .7050 | .7059 | .7067 |
| **5.1** | .7076 | .7084 | .7093 | .7101 | .7110 | .7118 | .7126 | .7135 | .7143 | .7152 |
| **5.2** | .7160 | .7168 | .7177 | .7185 | .7193 | .7202 | .7210 | .7218 | .7226 | .7235 |
| **5.3** | .7243 | .7251 | .7259 | .7267 | .7275 | .7284 | .7292 | .7300 | .7308 | .7316 |
| **5.4** | .7324 | .7332 | .7340 | .7348 | .7356 | .7364 | .7372 | .7380 | .7388 | .7396 |

$\log \pi = 0.4971$, $\log 2\pi = 0.7982$

## 상용로그표(2)

| 수 | 0 | 1 | 2 | 3 | 4 | 5 | 6 | 7 | 8 | 9 |
|---|---|---|---|---|---|---|---|---|---|---|
| **5.5** | .7404 | .7412 | .7419 | .7427 | .7435 | .7443 | .7451 | .7459 | .7466 | .7474 |
| **5.6** | .7482 | .7490 | .7497 | .7505 | .7513 | .7520 | .7528 | .7536 | .7543 | .7551 |
| **5.7** | .7559 | .7566 | .7574 | .7582 | .7589 | .7597 | .7604 | .7612 | .7619 | .7627 |
| **5.8** | .7634 | .7642 | .7649 | .7657 | .7664 | .7672 | .7679 | .7686 | .7694 | .7701 |
| **5.9** | .7709 | .7716 | .7723 | .7731 | .7738 | .7745 | .7752 | .7760 | .7767 | .7774 |
| **6.0** | .7782 | .7789 | .7796 | .7803 | .7810 | .7818 | .7825 | .7832 | .7839 | .7846 |
| **6.1** | .7853 | .7860 | .7868 | .7875 | .7882 | .7889 | .7896 | .7903 | .7910 | .7917 |
| **6.2** | .7924 | .7931 | .7938 | .7945 | .7952 | .7959 | .7966 | .7973 | .7980 | .7987 |
| **6.3** | .7993 | .8000 | .8007 | .8014 | .8021 | .8028 | .8035 | .8041 | .8048 | .8055 |
| **6.4** | .8062 | .8069 | .8075 | .8082 | .8089 | .8096 | .8102 | .8109 | .8116 | .8122 |
| **6.5** | .8129 | .8136 | .8142 | .8149 | .8156 | .8162 | .8169 | .8176 | .8182 | .8189 |
| **6.6** | .8195 | .8202 | .8209 | .8215 | .8222 | .8228 | .8235 | .8241 | .8248 | .8254 |
| **6.7** | .8261 | .8267 | .8274 | .8280 | .8287 | .8293 | .8299 | .8306 | .8312 | .8319 |
| **6.8** | .8325 | .8331 | .8338 | .8344 | .8351 | .8357 | .8363 | .8370 | .8376 | .8382 |
| **6.9** | .8388 | .8395 | .8401 | .8407 | .8414 | .8420 | .8426 | .8432 | .8439 | .8445 |
| **7.0** | .8451 | 8457 | .8463 | .8470 | .8476 | .8482 | .8488 | .8494 | .8500 | .8506 |
| **7.1** | .8513 | .8519 | .8525 | .8531 | .8537 | .8543 | .8549 | .8555 | .8561 | .8567 |
| **7.2** | .8573 | .8579 | .8585 | .8591 | .8597 | .8603 | .8609 | .8615 | .8621 | .8627 |
| **7.3** | .8633 | .8639 | .8645 | .8651 | .8657 | .8663 | .8669 | .8675 | .8681 | .8686 |
| **7.4** | .8692 | .8698 | .8704 | .8710 | .8716 | .8722 | .8727 | .8733 | .8739 | .8745 |
| **7.5** | .8751 | .8756 | .8762 | .8768 | .8774 | .8779 | .8785 | .8791 | .8797 | .8802 |
| **7.6** | .8808 | .8814 | .8820 | .8825 | .8831 | .8837 | .8842 | .8848 | .8854 | .8859 |
| **7.7** | .8865 | .8871 | .8876 | .8882 | .8887 | .8893 | .8899 | .8904 | .8910 | .8915 |
| **7.8** | .8921 | .8927 | .8932 | .8938 | .8943 | .8949 | .8954 | .8960 | .8965 | .8971 |
| **7.9** | .8976 | .8982 | .8987 | .8993 | .8998 | .9004 | .9009 | .9015 | .9020 | .9025 |
| **8.0** | .9031 | .9036 | .9042 | .9047 | .9053 | .9058 | .9063 | .9069 | .9074 | .9079 |
| **8.1** | .9085 | .9090 | .9096 | .9101 | .9106 | .9112 | .9117 | .9122 | .9128 | .9133 |
| **8.2** | .9138 | .9143 | .9149 | .9154 | .9159 | .9165 | .9170 | .9175 | .9180 | .9186 |
| **8.3** | .9191 | .9196 | .9201 | .9206 | .9212 | .9217 | .9222 | .9227 | .9232 | .9238 |
| **8.4** | .9243 | .9248 | .9253 | .9258 | .9263 | .9269 | .9274 | .9279 | .9284 | .9289 |
| **8.5** | .9294 | .9299 | .9304 | .9309 | .9315 | .9320 | .9325 | .9330 | .9335 | .9340 |
| **8.6** | .9345 | .9350 | .9355 | .9360 | .9305 | .9370 | .9375 | .9380 | .0385 | .9390 |
| **8.7** | .9395 | .9400 | .9405 | .9410 | .9415 | .9420 | 9425 | .9430 | .9435 | .9440 |
| **8.8** | 9445 | .9450 | .9455 | .9460 | .9465 | .9469 | .9474 | .9479 | .9484 | .9489 |
| **8.9** | .9494 | .9499 | .9504 | .9509 | .9513 | .9518 | .9523 | .9528 | .9533 | .9538 |
| **9.0** | .9542 | .9547 | .9552 | .9557 | .9562 | .9566 | .9571 | .9576 | .9581 | .9586 |
| **9.1** | .9590 | .9595 | .9600 | .9605 | .9609 | .9614 | .9619 | .0624 | .9628 | 9633 |
| **9.2** | .9638 | .9643 | .9647 | .9652 | .9657 | .9661 | .9666 | .9671 | .9675 | .9680 |
| **9.3** | .9685 | .9689 | .9694 | .9699 | .9703 | .9708 | .9713 | .9717 | .9722 | .9727 |
| **0.4** | .0731 | .9736 | 9741 | 9745 | .9750 | .9754 | .9759 | .9763 | .9768 | .9773 |
| **9.5** | .9777 | .9782 | .9786 | .9791 | .9795 | .9800 | .9805 | .9809 | .9814 | .9818 |
| **9.6** | .9823 | .9827 | .9832 | .9836 | .9841 | .9845 | .9850 | .9854 | .9859 | .9863 |
| **9.7** | .9868 | .9872 | .9877 | .9881 | .9886 | .9890 | .9894 | .9899 | .9903 | .9908 |
| **9.8** | .9912 | .9917 | .9921 | .9926 | .9930 | .9934 | .9939 | .9943 | .9948 | .9952 |
| **9.9** | .9956 | .9961 | .9965 | .9969 | .9974 | .9978 | .9983 | .9987 | .9991 | .9996 |

## 그리스 문자

| 대문자 | 소문자 | 명 칭 |
|---|---|---|
| $A$ | $\alpha$ | Alpha |
| $B$ | $\beta$ | Beta |
| $\Gamma$ | $\gamma$ | Gamma |
| $\Delta$ | $\delta$ | Delta |
| $N$ | $\nu$ | Nu |
| $\Xi$ | $\xi$ | Xi |
| $O$ | $o$ | Omicron |
| $\Pi$ | $\pi$ | Pi |
| $E$ | $\epsilon$ | Epsilon |
| $Z$ | $\zeta$ | Zeta |
| $H$ | $\eta$ | Eta |
| $\Theta$ | $\theta$ | Theta |
| $P$ | $\rho$ | Rho |
| $\Sigma$ | $\sigma$ | Sigma |
| $T$ | $\tau$ | Tau |
| $Y$ | $\upsilon$ | Upsilon |
| $I$ | $\iota$ | Iota |
| $K$ | $\kappa$ | Kappa |
| $\Lambda$ | $\lambda$ | Lambda |
| $M$ | $\mu$ | Mu |
| $\Phi$ | $\phi$ | Phi |
| $X$ | $\chi$ | Chi |
| $\Psi$ | $\psi$ | Psi |
| $\Omega$ | $\omega$ | Omega |

# 연습문제 해답

# 해답 연습문제 풀이

## 1장 연습문제 풀이

**1.** $2\sqrt{3}$ 가 유리수라고 가정하면 $2\sqrt{3}=\frac{a}{b}$ ($a,b$는 정수, $b\neq 0$)로 놓을 수 있고

$$\sqrt{3}=\frac{a}{2b}$$

이다. 이때 유리수 전체의 집합은 나눗셈에 대하여 닫혀 있으므로 $\sqrt{3}$ 은 유리수이다. 이것은 $\sqrt{3}$ 이 무리수이므로 모순이다. 따라서 $2\sqrt{3}$ 는 무리수이다.

**2.** $b\neq 0$ 이라고 가정하면 $\sqrt{3}=-\frac{a}{b}$ 이다. 이때 유리수 전체의 집합은 0 으로 나누는 것을 제외하면 나눗셈에 대하여 닫혀 있으므로 $-\frac{a}{b}$ 는 유리수이다. 이것은 $\sqrt{3}$ 이 무리수임에 모순되므로 $b=0$ 이다. 또 $b=0$ 이면 $a+0\sqrt{3}=0$ 에서 $a=0$ 이다. 따라서 두 유리수 $a,b$ 에 대하여 $a+b\sqrt{3}=0$ 이면 $a=0, b=0$ 이다.

**3.** $\sqrt{2}+(-\sqrt{2})=0$, $\sqrt{3}-\sqrt{3}=0$ (유리수)

$\sqrt{2}\times\sqrt{18}=\sqrt{36}=6$ (유리수), $\frac{\sqrt{12}}{\sqrt{3}}=\sqrt{4}=2$ (유리수)

모든 사칙연산에 닫혀 있지 않다.

**4.** 집합 $A$ 의 임의의 두 원소 $\frac{1}{n},\frac{1}{m}$ ($n,m$ 은 정수)에 대하여

$$\frac{1}{n}\times\frac{1}{m}=\frac{1}{nm}\in A$$

따라서 집합 $A$ 는 곱셈에 대하여 닫혀있다. 그러나 덧셈, 뺄셈, 나눗셈에 대하여 닫혀있지 않다. 예를 들면, $\frac{1}{2}+\frac{1}{4}=\frac{3}{4}\notin A$, $\frac{1}{3}-\frac{1}{5}=\frac{2}{15}\notin A$, $\frac{1}{2}\div\frac{1}{4}=2\notin A$ 이다.

**5.** (1) $a=1, b=-1$ 인 경우: $a>b$ 이지만 $ab=-1$, $ab<0$ 이다.

(3) $a=1, b=-2$ 인 경우: $a>b$ 이지만 $a^2=1, b^2=4$ 이므로 $a^2<b^2$ 이다.

(4) $a=-1, b=-2$ 인 경우: $a>b$ 이지만 $\frac{1}{a}=-1, \frac{1}{b}=-\frac{1}{2}$ 이므로 $\frac{1}{a}<\frac{1}{b}$ 이다.

(6) $a=1, b=-2$ 인 경우: $a>b$ 이지만 $|a|=2, |b|=3$ 이므로 $|a|<|b|$ 이다.

따라서 옳은 것은 (2), (5)이다.

**6.** 임의의 실수 $a$는 $a\geq 0$ 또는 $a<0$ 이다.

(i) $a\geq 0$ 일 때 $|a|=a\geq a$ (ii) $a<0$ 일 때 $|a|=-a>0>a$

따라서 임의의 실수 $a$에 대하여 $|a|\geq a$이다.

**7.** $a>b, ab<0$ 이므로 $a>0, b<0$ 이고 $|a|=a, |b|=-b$ 이다.

$$\therefore ||a|+|b||=|a+(-b)|=|a-b|=a-b$$

**8.** (i) $a\geq 0, b>0$ 일 때: $\frac{a}{b}\geq 0$ 이므로 $\left|\frac{a}{b}\right|=\frac{a}{b}$, 또한 $|a|=a, |b|=b$ 이므로 $\frac{|a|}{|b|}=\frac{a}{b}$

(ii) $a\geq 0, b<0$ 일 때: $\frac{a}{b}\leq 0$ 이므로 $\left|\frac{a}{b}\right|=-\frac{a}{b}$, 또한 $|a|=a, |b|=-b$ 이므로 $\frac{|a|}{|b|}=-\frac{a}{b}$

(iii) $a<0, b>0$ 일 때: $\frac{a}{b}<0$ 이므로 $\left|\frac{a}{b}\right|=-\frac{a}{b}$, 또한 $|a|=-a, |b|=b$ 이므로 $\frac{|a|}{|b|}=-\frac{a}{b}$

(iv) $a<0, b<0$ 일 때: $\frac{a}{b}>0$ 이므로 $\left|\frac{a}{b}\right|=\frac{a}{b}$, 또한 $|a|=-a, |b|=-b$ 이므로 $\frac{|a|}{|b|}=\frac{a}{b}$

**9.** (가)의 부피: $a^3$, (나)의 부피: $b^3$, (다)의 부피를 구하기 위하여

$A$의 부피: $a^2(a-b)$, $B$의 부피: $a(a-b)b$, $C$의 부피: $b^2(a-b)$

따라서 (다)의 부피: $(A+B+C)$ 의 부피$=(a-b)(a^2+ab+b^2)$

$$\therefore a^3-b^3=(a-b)(a^2+ab+b^2)$$

**10.** (준수) $999^2=(1000-1)^2=1000000-(\ A\ )+1$ $\therefore A=2000$

(지희) $999^2-(\ B\ )^2=(999+1)(999-1)$ 에서 $B$가 자연수이므로 $B=1$

**11.** $(3-1)(3+1)(3^2+1)(3^4+1)=(3^2-1)(3^2+1)(3^4+1)=(3^4-1)(3^4+1)$

$$=3^8-1=3^8+\square \qquad \therefore \square=-1$$

**12.** (1) (준식)$=(3x)^3+3(3x)^2\cdot(-2y)+3\cdot 3x\cdot(-2y)^2+(-2y)^3=(3x-2y)^3$

(2) (준식)$=4a^2-4(b+c)a+b^2+c^2+2bc=4a^2-4(b+c)a+(b+c)^2$

$=\{2a-(b+c)\}^2=(2a-b-c)^2$

(3) (준식)$=(x^2-x-2)(x^2-x-12)+24$ 에서 $x^2-x=t$ 라 하면,

(준식)$=t^2-14t+48=(t-6)(t-8)=(x^2-x-6)(x^2-x-8)$

$$= (x-3)(x+2)(x^2-x-8)$$

(4) $x^2$을 $X$로 치환하면

$$(\text{준식}) = X^2-3X+2 = (X-1)(X-2) = (x^2-1)(x^2-2)$$
$$= (x+1)(x-1)(x+\sqrt{2})(x-\sqrt{2})$$

(5) $(\text{준식}) = x^4-4x^2+4-25x^2 = (x^2-2)^2-(5x)^2 = (x^2+5x-2)(x^2-5x-2)$

**13.** $x$에 관한 내림차순으로 정리하여 인수분해하면

$(\text{준식}) = 3x^2+(2y-5)x-(y^2-3y+2) = 3x^2+(2y-5)x-(y-2)(y-1)$

따라서 $(x+y-2)(3x-y+1)$으로 분해되므로 $a=d=1, b=-2, c=-1$

**14.** $x=20$으로 치환하면

$$\sqrt{x(x+2)(x+4)(x+6)+16} = \sqrt{x(x+6)(x+2)(x+4)+16}$$
$$= \sqrt{(x^2+6x)(x^2+6x+8)+16}$$

$x^2+6x=t$으로 놓으면 주어진 식은

$$\sqrt{t(t+8)+16} = \sqrt{t^2+8t+16} = \sqrt{(t+4)^2} = t+4$$
$$= x^2+6x+4 = 400+120+4 = 524$$

**15.** $(a-b)^2-c^2 = c^2-(a+b)^2$, $(a-b)^2+(a+b)^2 = 2c^2$

$\therefore\ a^2+b^2=c^2$, $c$를 빗변의 길이로 하는 직각삼각형

**16.** 나머지 정리에 의하여 다항식 $P(x)$를 $x+2$로 나누었을 때의 나머지는 $P(-2)$이다.

$$P(-2) = -16-4a-1 = -1 \quad \therefore\ a=-4$$

**17.** 나머지 정리에 의하여 $P(-2)=2014$.

$P(x+2013)$를 $x+2015$로 나눈 몫을 $Q(x)$, 나머지를 $R$이라 하면

$$P(x+2013) = (x+2015)Q(x)+R$$

이다. 양변에 $x=-2015$를 대입하면

$$P(-2015+2013) = (-2015+2015)Q(-2015)+R$$

이므로 $R=P(-2)=2014$이다.

**18.** $P(x) = (x-2013)(x-2014)Q(x)+(ax+b)$로 놓자.

$$P(2013) = 2013a+b = 2013,\ P(2014) = 2014a+b = 2014$$

두 식을 연립하면 $a=1, b=0 \quad \therefore\ ax+b=x$

**19.** $x$에 대한 3차식이고 $P(1) = P\left(\frac{1}{2}\right) = P\left(\frac{1}{3}\right) = 0$이므로

$$P(x) = (x-1)\left(x-\frac{1}{2}\right)\left(x-\frac{1}{3}\right)$$

$$\therefore\ P(3)=(3-1)\left(3-\frac{1}{2}\right)\left(3-\frac{1}{3}\right)=2\cdot\frac{5}{2}\cdot\frac{8}{3}=\frac{40}{3}$$

**20.** 연산장치는 조립제법과 같은 원리이므로

| | | | | |
|---|---|---|---|---|
| 2 | 1 | −2 | −5 | 3 |
| | | 2 | 0 | −10 |
| 2 | 1 | 0 | −5 | −7 |
| | | 2 | 4 | |
| | 1 | 2 | −1 | |

**21.** 주어진 다항식을 $x-1$로 나누었을 때의 몫과 나머지를 조립제법으로 구하면 몫이 $3x^2-6x+2$, 나머지가 4 이므로

$$3x^3-9x^2+8x+2=(3x^2-6x+2)(x-1)+4 \quad \cdots\cdots ①$$

이 때, 몫 $3x^2-6x+2$을 다시 $x-1$로 나누면 아래의 조립제법에서 몫이 $3x-3$, 나머지가 $-1$ 이므로 ①에서

$$\begin{aligned}3x^3-9x^2+8x+2&=(3x^2-6x+2)(x-1)+4\\&=(x-1)\{(x-1)(3x-3)-1\}+4\\&=(x-1)^2(3x-3)-(x-1)+4 \quad \cdots\cdots ②\end{aligned}$$

| | | | | | |
|---|---|---|---|---|---|
| 1 | 3 | -9 | 8 | 2 | |
| | | 3 | -6 | 2 | |
| 1 | 3 | -6 | 2 | 4 | ← d |
| | | 3 | -3 | | |
| 1 | 3 | -3 | -1 | ← c | |
| | | 3 | | | |
| | 3 | 0 | ← b | | |
| | ↑<br>a | | | | |

다시, 몫 $3x-3$을 다시 $x-1$로 나누면 위의 조립제법에서 몫은 3, 나머지는 0 이므로 ②에서

$$\begin{aligned}3x^3-9x^2+8x+2&=(x-1)^2(3x-3)-(x-1)+4\\&=(x-1)^2\{3(x-1)+0\}-(x-1)+4\\&=3(x-1)^3+0(x-1)^2-(x-1)+4\end{aligned}$$

따라서 $a=3$, $b=0$, $c=-1$, $d=4$ 이다.

**22.** $\dfrac{a+2}{3}=b-2=\dfrac{c}{2}\neq k(k\neq 0)$ 라 하면 $a=3k-2$, $b=k+2$, $c=2k$

$$\therefore \ \frac{4c}{a+b}=\frac{4\cdot 2k}{(3k-2)+(k-2)}=\frac{8k}{4k}=2$$

**23.** $$\frac{1+\frac{1}{x}}{1-\left(\frac{1}{x}\right)^2}=\frac{1+\frac{1}{x}}{\left(1+\frac{1}{x}\right)\left(1-\frac{1}{x}\right)}=\frac{1}{1-\frac{1}{x}}=\frac{1}{\frac{x-1}{x}}=\frac{x}{x-1}=\frac{2014}{2013}$$

**24.** 고령화 지수는 유년인구 100명당 고령인구 숫자를 의미한다.

$a=\dfrac{P_1+P_3}{P_2}\times 100$, $b=\dfrac{P_1}{P_2}\times 100$ 이므로 $a=\left(\dfrac{P_1}{P_2}+\dfrac{P_3}{P_2}\right)\times 100=b+\dfrac{P_3}{P_2}\times 100$

$\therefore \ P_3=\dfrac{a-b}{100}\times P_2,\quad P_1=\dfrac{b}{100}\times P_2$

$$\therefore \ (\text{고령화 지수})=\frac{P_3}{P_1}\times 100=\frac{\frac{a-b}{100}\times P_2}{\frac{b}{100}\times P_2}\times 100=\frac{a-b}{b}\times 100\,(\%)$$

**25.** $\dfrac{a}{a+b}\times 100(\%)=5(\%)\quad \therefore \ 20a=a+b$ 에서 $b=19a$

따라서 구하는 소금물의 농도는

$$\frac{2a}{2a+4b}\times 100=\frac{2a}{78a}\times 100=\frac{100}{39}\fallingdotseq 2.56(\%)$$

**26.** 연평균 강수총량을 $x$ 라 할 때,

$x\times\dfrac{27}{100}\times\dfrac{23}{100}=76(\text{억 }m^3)$, $\dfrac{x\times 27\times 23}{10000}=76(\text{억 }m^3)\quad \therefore \ x=\dfrac{76\times 10^4}{23\times 27}=1223.8(\text{억 }m^3)$

**27.** 두 전자회사 $A, B$ 의 작년 1/4분기 매출액을 각각 $a$(억 원), $b$(억 원)이라 하면

$$a+b=210 \quad \cdots ①$$

올해 1/4분기 두 회사의 매출액이 각각 5%, 10%씩 증가하였고, 매출액의 증가량의 비가 2 : 3이므로 $0.05a : 0.1b=2:3$

$$\frac{0.05a}{2}=\frac{0.1b}{3}=k(k\neq 0),\quad a=40k,\ b=30k \quad \cdots ②$$

①과 ②에서 $k=3$. 따라서 회사 $A$ 의 올해 1/4분기 매출액은

$$(1+0.05)a=1.05\times 120=126\,(\text{억 원})$$

회사 $B$ 의 올해 1/4분기 매출액은 $(1+0.1)b=1.1\times 90=99$ (억 원)

**28.** 세 면 $A, B, C$의 넓이의 비가 $4:3:2$ 이므로 세 면의 넓이를 각각 $4k^2, 3k^2, 2k^2$ 으로 놓으면

$$xy=4k^2 \cdots ①,\ xz=3k^2 \cdots ②,\ yz=2k^2 \cdots ③$$

①, ②, ③을 변끼리 곱하면

$$x^2y^2z^2=24k^6 \qquad \therefore\ xyz=2\sqrt{6}\,k^3 \cdots ④$$

④를 ①, ②, ③으로 각각 변끼리 나누면 $z=\dfrac{\sqrt{6}}{2}k, y=\dfrac{2\sqrt{6}}{3}k, x=\sqrt{6}\,k$

$$\therefore\ x:y:z=\sqrt{6}\,k:\frac{2\sqrt{6}}{3}k:\frac{\sqrt{6}}{2}k=1:\frac{2}{3}:\frac{1}{2}=6:4:3$$

**29.** $\dfrac{58}{15}=3+\dfrac{13}{15}=3+\cfrac{1}{\cfrac{15}{13}}=3+\cfrac{1}{1+\cfrac{2}{13}}$

$$=3+\cfrac{1}{1+\cfrac{1}{\cfrac{13}{2}}}=3+\cfrac{1}{1+\cfrac{1}{6+\cfrac{1}{2}}}=3+\cfrac{1}{1+\cfrac{1}{6+\cfrac{1}{1+\cfrac{1}{1}}}}$$

$$\therefore\ a+b+c=1+6+1=8$$

**30.** $\dfrac{\sqrt{x-1}}{\sqrt{x+1}}+\dfrac{\sqrt{x+1}}{\sqrt{x-1}}=\dfrac{(x-1)+(x+1)}{\sqrt{x+1}\,\sqrt{x-1}}=\dfrac{2x}{\sqrt{x^2-1}}=\dfrac{2\sqrt{3}}{\sqrt{3-1}}=\sqrt{6}$

**31.** $a+b=3-\sqrt{7}+\sqrt{5}>0$ 이므로

$$\sqrt{(a+b)^2}=|a+b|=|3-\sqrt{7}+\sqrt{5}|=3-\sqrt{7}+\sqrt{5}$$

또, $a-b=3-\sqrt{7}-\sqrt{5}=(2-\sqrt{7})+(1-\sqrt{5})<0$ 이므로

$$\sqrt{(a-b)^2}=|a-b|=|3-\sqrt{7}-\sqrt{5}|=-3+\sqrt{7}+\sqrt{5}$$

$$\therefore\ \sqrt{(a+b)^2}+\sqrt{(a-b)^2}=(3-\sqrt{7}+\sqrt{5})+(-3+\sqrt{7}+\sqrt{5})$$
$$=2\sqrt{5}$$

**32.** I. $b<0$ 이므로 $\sqrt{b^2}=|b|=-b$, II. $a>0$, $b<0$ 이므로 $\sqrt{a}\sqrt{b}=\sqrt{ab}$

III. $a>0$, $b<0$ 이므로 $\dfrac{\sqrt{a}}{\sqrt{b}}=-\sqrt{\dfrac{a}{b}}$

따라서 옳은 것은 II 뿐이다.

**33.** $x=\sqrt{2+\sqrt{3}}=\sqrt{\dfrac{4+2\sqrt{3}}{2}}=\dfrac{\sqrt{4+2\sqrt{3}}}{\sqrt{2}}=\dfrac{\sqrt{3}+1}{\sqrt{2}}=\dfrac{\sqrt{6}+\sqrt{2}}{2}$

$\dfrac{1}{x}=\dfrac{2}{\sqrt{6}+\sqrt{2}}=\dfrac{2(\sqrt{6}-\sqrt{2})}{(\sqrt{6}+\sqrt{2})(\sqrt{6}-\sqrt{2})}=\dfrac{\sqrt{6}-\sqrt{2}}{2}$

$$\therefore\ x-\frac{1}{x}=\frac{\sqrt{6}+\sqrt{2}}{2}-\frac{\sqrt{6}-\sqrt{2}}{2}=\sqrt{2}$$

**34.** $2x=\sqrt{3}$ 일 때, $2x-1=\sqrt{3}-1$

$$1+\sqrt{1-x}=1+\sqrt{1-\frac{\sqrt{3}}{2}}=1+\sqrt{\frac{4-2\sqrt{3}}{4}}=1+\frac{\sqrt{3}-1}{2}=\frac{1+\sqrt{3}}{2}$$

$$\therefore\ \frac{2x-1}{2(1-\sqrt{1-x})}=\frac{\sqrt{3}-1}{1+\sqrt{3}}=\frac{(\sqrt{3}-1)(1-\sqrt{3})}{(1+\sqrt{3})(1-\sqrt{3})}=2-\sqrt{3}$$

**35.** (준식)$=\sqrt{(2+1)+2\sqrt{2\cdot 1}}+\sqrt{(3+2)-2\sqrt{3\cdot 2}}$

$=(\sqrt{2}+1)+(\sqrt{3}-\sqrt{2})=1+\sqrt{3}$

$2<1+\sqrt{3}<3$ 이므로 $a=2$, $b=\sqrt{3}-1$.

$$\therefore\ a+\frac{2}{b}=2+\frac{2}{\sqrt{3}-1}=3+\sqrt{3}$$

## 2장 연습문제 풀이

**1.** KTX의 전체 운행시간을 $t$ 라고 하면 서울에서 부산까지의 운행거리는 $300\times t=300t$. 이 KTX의 처음 $\frac{1}{4}$ 부분의 운행거리는 $200\times\frac{1}{4}t=50t$ 이므로 나머지 $\frac{3}{4}$ 부분의 운행거리는 $300t-50t=250t$. 따라서 구하는 평균속력은 $\frac{250t}{3t/4}\fallingdotseq 333.3km/h$.

**2.** 2012 년 7 월의 판매가격을 $p$ 라 하면 8 월의 판매가격은 $p-0.20p=0.80p$ 이고, 9 월의 판매가격은 $0.80p-0.80p\times 0.05=0.76p$. 따라서 9 월의 판매가격은 7 월의 판매가격의 76% 이므로 24% 할인된 가격이다.

**3.** 판별식이 $D>0$ 이어야 하므로 $(k+4)^2-(k^2-10)>0$, 즉 $8k>-26$. 따라서 $k$ 의 범위는 $k>-\frac{13}{4}$ 이므로 구하는 양이 아닌 정수 $k$ 는 $0, -1, -2, -3$ 의 4 개이다.

**4.** 이차방정식 $x^2-3x+k+4=0$ 의 판별식을 $D$라 하면

(1) $D=(-3)^2-4(k+4)>0$, $-7-4k>0$ $\therefore\ k<-\frac{7}{4}$

(2) $-7-4k<0$ $\therefore\ k>-\frac{7}{4}$

**5.** 판별식이 $D=0$ 이어야 하므로 $D/4=(k-3)^2-4=0$, $k^2-6k+5=0$, $(k-1)(k-5)=0$

$$\therefore\ k=1,\ k=5$$

**6.** 이차방정식의 근과 계수의 관계에서 $\alpha+\beta=-4$, $\alpha\beta=-3$

(1) $\alpha^2+\beta^2=(\alpha+\beta)^2-2\alpha\beta=(-4)^2-2\cdot(-3)=22$

(2) $(\alpha-\beta)^2=(\alpha+\beta)^2-4\alpha\beta=(-4)^2-4\cdot(-3)=28$

(3) $\dfrac{1}{\alpha}+\dfrac{1}{\beta}=\dfrac{\alpha+\beta}{\alpha\beta}=\dfrac{-4}{-3}=\dfrac{4}{3}$

**7.** $f(x)=a(x-\alpha)(x-\beta)=0$ 이므로

$f(2x-1)=a(2x-1-\alpha)(2x-1-\beta)=a\{4x^2-2(\alpha+\beta+2)x+(\alpha\beta+\alpha+\beta+1)\}$

$=a(4x^2+2x-3)$ $(\because\ \alpha+\beta=-3,\ \alpha\beta=-1)$

따라서 $f(2x-1)=0$ 의 두 근의 곱은 $-\dfrac{3}{4}$ 이다.

**8.** (1) 다음과 같이 $x$ 의 범위를 나누어 생각하자.

(i) $x<-1$ 일 때, $-(x+1)-(x-1)\le 4$ 에서 $-2x\le 4$ $\quad\therefore x\ge -2$
그런데 $x<-1$ 이므로 $-2\le x<-1$ ⋯ ㉠

(ii) $-1\le x<1$ 일 때, $(x+1)-(x-1)\le 4$ 에서 $2\le 4$ 이므로 주어진 부등식은 이 범위에서 항상 성립한다. $\therefore -1\le x<1$ ⋯ ㉡

(iii) $x\ge 1$ 일 때, $(x+1)+(x-1)\le 4$ 에서 $2x\le 4$ $\quad\therefore x\le 2$
그런데 $x\ge 1$ 이므로 $1\le x\le 2$ ⋯ ㉢

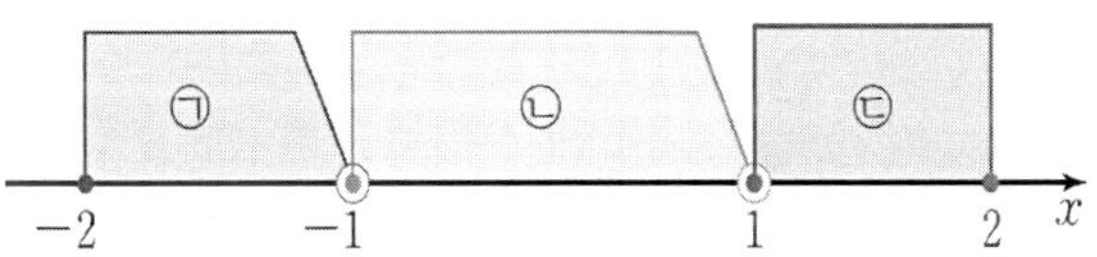


따라서 구하는 해는 ㉠, ㉡, ㉢으로부터 $-2\le x\le 2$ 이다.

(2) (i) $x<-1$ 일 때, $x+1<0$, $3-x>0$ 이므로 $-(x+1)+3-x>6$, $-2x>4$
$\therefore x<-2$

(ii) $-1\le x<3$ 일 때, $x+1\ge 0$, $3-x>0$ 이므로 $x+1+3-x>6$, $0\cdot x>2$ 이므로 해는 없다.

(iii) $x\ge 3$ 일 때, $x+1>0$, $3-x\le 0$ 이므로 $x+1-(3-x)>6$, $2x>8$
$\therefore x>4$

따라서 (i), (ii), (iii)에서 부등식의 해는 $x<-2$ 또는 $x>4$ 이다.

**9.** $|3x-1|\le a$, $-a\le 3x-1\le a$, $-a+1\le 3x\le a+1$

$$\therefore\ \frac{-a+1}{3}\le x\le\frac{a+1}{3}\iff -2\le x\le b$$

$\dfrac{-a+1}{3}=-2$, $\dfrac{a+1}{3}=b$ 에서 $-a+1=-6$, $a+1=3b$ $\quad\therefore a=7, b=\dfrac{8}{3}$

**10.** (1) $-2x^2-5x+3\le 0$ 에서 $2x^2+5x-3\le 0$, $(x+3)(2x-1)\ge 0$

$$\therefore\ x\le -3 \text{ 또는 } x\ge\frac{1}{2}$$

(2) 양변에 $-1$을 곱하면 $4x^2-4x+1 \le 0$, $4x^2-4x+1=(2x-1)^2 \le 0$

따라서 구하는 해는 $x=\dfrac{1}{2}$ 이다.

(3) $-4x^2+4x-1>0$ 에서 $-(2x-1)^2>0$ 이므로 구하는 해는 없다.

(4) $x^2-x+1=0$ 에서 $D=(-1)^2-4\cdot1\cdot1=-3<0$

따라서 주어진 부등식의 해는 모든 실수이다

(5) $x^2+3x-10=(x+5)(x-2)$ 이므로 $(x+5)(x-2)<0$ $\quad\therefore\ -5<x<2$

**11.** 주어진 부등식을 정리하면 $3x^2-(2+k)x+\dfrac{3}{4} \ge 0$

이 이차부등식이 항상 성립하기 위해서는 $D=(2+k)^2-4\cdot3\cdot\dfrac{3}{4} \le 0$

$$k^2+4k-5 \le 0,\ (k+5)(k-1) \le 0 \quad \therefore\ -5 \le k \le 1$$

**12.** 중간개표 수: $6{,}000+2{,}000+3{,}500=11{,}500$ , 남은 표: $20{,}000-11{,}500=8{,}500$

갑이 당선되기 위하여 더 얻어야 할 표의 수를 $x$ 라 하면, 나머지 표 $8{,}500-x$ 를 모두 병이 얻었을 때보다도 갑의 표가 더 많아야 한다. 즉,

$$6{,}000+x > 3{,}500+(8{,}500-x),\ x>3{,}000$$

위 부등식을 만족하는 최소의 자연수 $x$ 는 3,001 이다.

**13.** $K$ 회사의 월 통화요금 $a+\dfrac{a}{1000}x$ , $S$ 회사의 월 통화요금 $b+\dfrac{2b}{1000}x$

$$\therefore\ a+\frac{a}{1000}x<b+\frac{2b}{1000}x,\ x>\frac{1000(b-a)}{a-2b} \quad (\because b<a<2b)$$

**14.** 밭의 가로의 길이를 $xm$ 라 하면 세로의 길이는 $(110-x)m$ 이다.

가로, 세로의 길이는 모두 양수이므로 $x>0$, $110-x>0$ 에서 $0<x<110$

넓이가 $1000m^2$ 이상이므로 $x(110-x) \ge 1000$, $x^2-110x+1000 \le 0$,

$(x-10)(x-100) \le 0 \quad \therefore\ 10 \le x \le 100$

따라서 가로의 최대 길이는 $100m$ 이다.

**15.** 이차항의 계수가 1 이고 해가 $-3<x<1$ 인 이차부등식은 $(x+3)(x-1)<0$

즉, $x^2+2x-3<0$ 이므로 $a=-2, b=-3$

**16.** 이차부등식 $x^2+ax-b<0$ 의 해 $-1<x<2$ 이므로

$(x+1)(x-2)<0$, $x^2-x-2<0 \quad \therefore a=-1, b=2$

이차부등식 $ax^2-x+b<0 \Leftrightarrow -x^2-x+2<0$, $x^2+x-2>0$, $(x+2)(x-1)>0$

$$\therefore\ x<-2 \text{ 또는 } x>1$$

**17.** 서울에서 부산까지의 거리를 $l(km)$ 라 하면 서울에서 부산까지 걸린 시간은 $\frac{l}{a}$, 부산에서 서울까지 걸린 시간은 $\frac{l}{b}$ 이므로 왕복하는데 걸린 시간은 $\frac{l}{a}+\frac{l}{b}$ 이다. 그러므로 구하는 왕복평균속력은 $\frac{2l}{l/a+l/b}=\frac{2l}{l(a+b)/(ab)}=\frac{2ab}{a+b}$ 이다.

**18.** 만약 이 지역의 2007 년 인구가 100,000 명이었다면 2008 년에는 8%로 증가하면

$$100{,}000\times 1.08=108{,}000$$

명, 2009 년에는 10% 증가하면 $108000\times 1.10=118{,}800$ 명이 된다. 2010 년에는 12% 증가하면 $118800\times 1.12=133{,}056$ 명, 2011 년에는 8% 증가하면 $133056\times 1.08=143{,}701$ 명이 된다. 그런데 4년 동안 해마다 9.5% 증가한 것으로 본다면 2011 년에는

$$100{,}000\times 1.095^4=143{,}767$$

명에 달해야 한다. 이 값은 실제의 인구 증가와 차이가 있다. 이와 같은 오류가 생긴 것은 산술평균으로 계산하였기 때문이다.

연평균 인구증가율을 $x\times 100\%$ 라고 하면 2011 년 이 지역의 인구는 $(1+x)^4 100000$ 이므로

$$100{,}000(1+x)^4=100{,}000\times 1.08\times 1.10\times 1.12\times 1.08\ (=143{,}701)$$

$$(1+x)^4=1.08\times 1.10\times 1.12\times 1.08$$

이고, 이 식으로부터 $x$를 구할 수 있다. 여기서 $1+x$는

$$1.08,\ 1.10,\ 1.12,\ 1.08$$

의 기하평균임을 알 수 있다. 즉,

$$(1.08\times 1.10\times 1.12\times 1.08)^{1/4}=1.09487$$

이므로 $1.09487-1=0.09487$ 이다. 즉, 연간 평균 9.487% 씩 상승한 것이다.

**19.** $(\sqrt{a}+\sqrt{b})^2-(\sqrt{a+b})^2=(a+2\sqrt{ab}+b)-(a+b)=2\sqrt{ab}\geq 0$

$$\therefore\ (\sqrt{a}+\sqrt{b})^2\geq(\sqrt{a+b})^2$$

$\sqrt{a}+\sqrt{b}\geq 0,\ \sqrt{a+b}\geq 0$ 이므로 $\sqrt{a}+\sqrt{b}\geq\sqrt{a+b}$ 단, 등호는 $a=0$ 또는 $b=0$ 일 때에 성립한다.

**20.** $\left(a+\frac{1}{a}\right)\left(2a+\frac{1}{2a}\right)=2a^2+\frac{1}{2a^2}+\frac{1}{2}+2\geq 2\sqrt{2a^2\times\frac{1}{2a^2}}+\frac{5}{2}=\frac{9}{2}$

**21.** $(x+y)\left(\frac{2}{x}+\frac{8}{y}\right)=2+\frac{8x}{y}+\frac{2y}{x}+8=10+\frac{8x}{y}+\frac{2y}{x}$

$$\geq 10+2\sqrt{\frac{8x}{y}\cdot\frac{2y}{x}}$$

$\geq 18$ 단, 등호는 $\frac{8x}{y}=\frac{2y}{x}$ 일 때 성립한다.

**22.** 양수 $a, b, c$에 대하여 $\sqrt[3]{a}=x$, $\sqrt[3]{b}=y$, $\sqrt[3]{c}=z$로 놓으면

$\dfrac{a+b+c}{3} \geq \sqrt[3]{abc}$ 에서 $\dfrac{x^3+y^3+z^3}{3} \geq xyz$ 임을 보이면 된다.

$$x^3+y^3+z^3-3xyz=(x+y+z)(x^2+y^2+z^2-xy-yz-zx)$$
$$=\frac{1}{2}(x+y+z)\{(x-y)^2+(y-z)^2+(z-x)^2\}$$

$a, b, c$가 양수이므로 $x^3+y^3+z^3-3xyz \geq 0$, $\dfrac{x^3+y^3+z^3}{3} \geq xyz$

따라서 $\dfrac{a+b+c}{3} \geq \sqrt[3]{abc}$ (단, 등호는 $a=b=c$일 때에만 성립)

**23.** $a, b, c$가 양수이므로 산술평균, 기하평균에 의하여

$$\frac{1}{a}+\frac{1}{b}+\frac{1}{c} \geq 3\sqrt[3]{\frac{1}{abc}}=3\sqrt[3]{\frac{1}{64}}=\frac{3}{4}$$

단, 등호는 $a=b=c$일 때 성립한다.

**24.** 주어진 식을 전개하면 $1+(a+b+c)+(ab+bc+ca)+abc=8$

이때, 산술평균과 기하평균을 이용하면

$$a+b+c \geq 3(abc)^{\frac{1}{3}},\ ab+bc+ca \geq 3\times(abc)^{\frac{2}{3}}$$

이고, 등호는 $a=b=c$일 때 성립한다.

$$\therefore\ 8 \geq 1+3(abc)^{\frac{1}{3}}+3(abc)^{\frac{2}{3}}+abc=\{1+(abc)^{1/3}\}^3$$
$$\therefore\ (abc)^{\frac{1}{3}}+1 \leq 2$$

즉, $abc \leq 1$을 얻는다. 또, 등호는 $a=b=c=1$일 때 성립한다.

**25.** (1) $\left(\dfrac{1}{a}+\dfrac{1}{b}\right)-\dfrac{4}{a+b}=\dfrac{(a-b)^2}{(a+b)ab} \geq 0$

(2) $\dfrac{1}{a}+\dfrac{1}{b}+\dfrac{4}{c}+\dfrac{16}{d} \geq \dfrac{4}{a+b}+\dfrac{4}{c}+\dfrac{16}{d} \geq \dfrac{16}{a+b+c}+\dfrac{16}{d} \geq \dfrac{64}{a+b+c+d}$

따라서 $k$의 최댓값은 64이다.

**26.** (1) $x, y$가 실수이므로 코시-슈바르츠의 부등식에 의하여

$(1^2+2^2)(x^2+y^2) \geq =(x+2y)^2$, $5(x^2+y^2) \geq 3^2$ $\therefore\ x^2+y^2 \geq \dfrac{9}{5}$

(2) $x, y$가 실수이므로 코시-슈바르츠의 부등식에 의하여

$(1^2+2^2)(x^2+y^2) \geq (x+2y)^2$, $5\times5 \geq (x+2y)^2$ $\therefore\ -5 \leq x+2y \leq 5$

**27.** (1) $(x+2y+3z)^2=\{x+\sqrt{2}(\sqrt{2}y)+\sqrt{3}(\sqrt{3}z)\}^2$

$$\leq (1+2+3)(x^2+2y^2+3z^2)=6(x^2+2y^2+3z^2)$$

(2) $(x+y+z)^2=\left(1\cdot\ x+\sqrt{2}\cdot\ \frac{y}{\sqrt{2}}+\sqrt{3}\cdot\ \frac{x}{\sqrt{3}}\right)^2$

$$\le(1+2+3)\left(x^2+\frac{y^2}{2}+\frac{z^2}{3}\right)=6\left(x^2+\frac{y^2}{2}+\frac{z^2}{3}\right)$$

## 3장 연습문제 풀이

**1.** 실수 $x$는 적당한 정수 $n$에 대하여 $n\le x<n+1$이다.

(i) $x=n$일 때, $f(n)=[n-1]+[1-n]=(n-1)+(1-n)=0$

(ii) $n<x<n+1$일 때, $n-1<x-1<n$이고, $-n<1-x<-n+1$이므로

$$f(x)=[x-1]+[1-x]=(n-1)+(-n)=-1$$

따라서 모든 실수 $x$에 대하여 함수 $f(x)$의 치역은 $\{-1,0\}$이다.

**2.** $f:A\to B$가 일대일 대응이려면 3은 $a_3,a_4,a_5$ 중 하나의 원소와 대응하여야 하며, 4는 나머지 두 개의 원소 중의 하나와 대응한다. 또, 5는 3과 4가 대응하고 남은 원소와 대응하게 되므로 함수 $f$의 개수는 $3\times2\times1=6$(개)이다.

**3.** $f(2013)=f(10\times201+3)=f(201)+3=f(10\times20+1)+3=f(20)+1+3$
$=f(10\times2+0)+4=f(2)+4=2+4=6$

**4.** (1) $f(-3)=-2,f(3)=2$ (2) $f(-3)=2,f(3)=-2$
(3) $f(-3)=-1,f(3)=1$ (4) $f(-3)=1,f(3)=-1$
(5) $f(-3)=0,f(3)=0$ ∴ 5가지

**5.** (1) $g(-x)=\frac{f(-x)+f(x)}{2}=g(x)$이므로 $g(x)$는 우함수이다.

(2) $h(-x)=\frac{f(-x)-f(x)}{2}=-\frac{f(x)-f(-x)}{2}=-h(x)$이므로 $h(x)$는 기함수이다.

(3) $f(x)=\frac{f(x)+f(-x)}{2}+\frac{f(x)-f(-x)}{2}=g(x)+h(x)$이므로 (1)와 (2)로부터 $f$는 우함수와 기함수의 합으로 나타낼 수 있다.

**6.** $f(xy)=f(x)+f(y)$의 양변에 $x=1,y=1$을 대입하면 $f(1)=0$

다시 양변에 $y=\frac{1}{x}$을 대입하면 $f\left(x\cdot\frac{1}{x}\right)=f(x)+f\left(\frac{1}{x}\right)=0$

$$\therefore f\left(\frac{1}{x}\right)=-f(x)$$

$$\therefore f\left(\frac{x}{y}\right)=f\left(x\cdot\frac{1}{y}\right)=f(x)+f\left(\frac{1}{y}\right)=f(x)-f(y)$$

**7.** $f(a)-f(b)=3(a-b)$ 는 임의의 두 점 $(a, f(a))$, $(b, f(b))$ 사이의 기울기가 항상 3 임을 뜻한다. 따라서 함수 $f(x)$ 는 일차함수 $f(x)=3x+c$ 꼴이 된다. 이때, $f(0)=-1$ 이므로 $f(0)=0+c=-1$ 이다. 따라서 $c=-1$ 이므로 $f(x)=3x-1$ 이고 $f(1)=2$ 이다.

**8.** $y=x[x]$ 에서

(i) $-2 \le x < -1$ 이면 $y=x \cdot (-2)=-2x$

(ii) $-1 \le x < 0$ 이면 $y=x \cdot (-1)=-x$

(iii) $0 \le x < 1$ 이면 $y=x \cdot 0=0$

(iv) $1 \le x < 2$ 이면 $y=x \cdot 1=x$

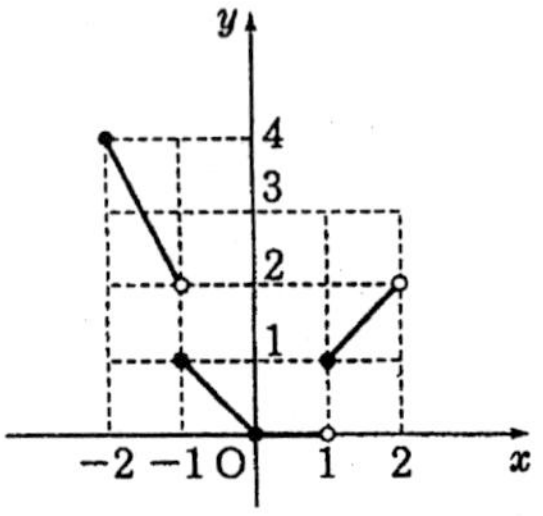

**9.** 함수 $y=f(|x|)$ 와 $y=|f(x)|$ 의 그래프를 그리면 다음과 같다.

$y=f(|x|)$

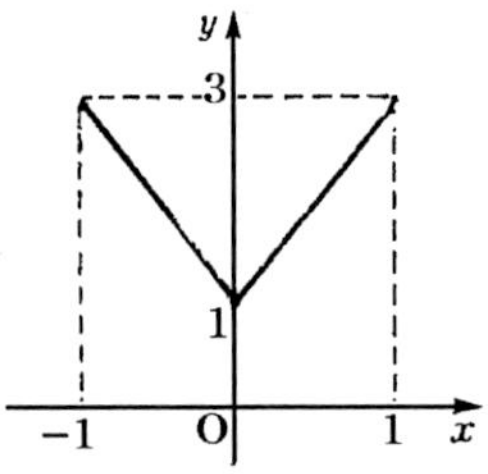

$y=|f(x)|$

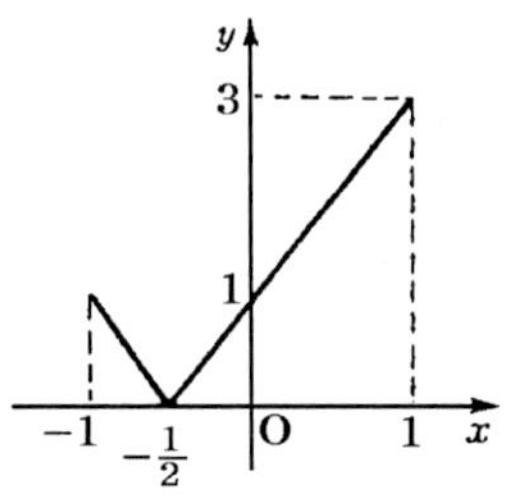

이때, $y=f(|x|)-|f(x)|$ 의 그래프는

(i) $x \ge 0$ 일 때, $f(|x|)=|f(x)|$ 이므로 $y=f(|x|)-|f(x)|=0$

(ii) $-\frac{1}{2} \le x < 0$ 일 때, $f(|x|)=-2x+1$, $|f(x)|=2x+1$ 이므로

$$y=f(|x|)-|f(x)|=-4x$$

(iii) $-1 \le x < -\frac{1}{2}$ 일 때, $f(|x|)=-2x+1$, $|f(x)|=-2x-1$ 이므로

$$y=f(|x|)-|f(x)|=2$$

> 참고 $y=f(|x|)$ 의 그래프는 $x \ge 0$ 에서 $y=f(x)$ 의 그래프를 그리고, $x<0$ 에서는 이 그래프를 $y$ 축에 대하여 대칭 이동시킨다.

**10.** $a, b$ 의 중점 $\frac{a+b}{2}$ 에서 $f\left(\frac{a+b}{2}\right) > \frac{f(a)+f(b)}{2}$ 의 성립 조건은 $(a, b)$ 에서 위로 볼록(아래로 오목)인 함수가 되어야 한다.

**11.** $g \circ f$ 의 정의역은 $f$ 의 정의역 원소들 중에서 $f$ 의 치역 $f(x)$ 가 함수 $g$ 의 정의역에 속하는 $x$ 들의 집합이다.

I. $f$ 의 치역 $R$ 이 $g$ 의 정의역 $\{x \mid x \neq 0, x\text{는 실수}\}$ 의 부분집합이 아니다.

III. $f$ 의 치역 $\{x \mid x \neq 1, x\text{는 실수}\}$ 이 $g$ 의 정의역 $\{x \mid x \geq 0\}$ 의 부분집합이 아니다.

따라서 $g \circ f$ 가 정의되는 것은 II, IV이다.

**12.** $(f \circ g)(x) = f(g(x)) = a(2x+b) - 3 = 2ax + ab - 3$

이때, $2ax + ab - 3 = 4x - 5$ 이므로 $2a = 4,\ ab - 3 = -5 \quad \therefore\ a = 2,\ b = -1$

**13.** $(f \circ g)(x) = f(g(x)) = 3(ax-2) + 1 = 3ax - 5$

$(g \circ f)(x) = g(f(x)) = a(3x+1) - 2 = 3ax + a - 2$

$f \circ g = g \circ f$ 에서 $3ax - 5 = 3ax + a - 2,\ -5 = a - 2 \quad \therefore\ a = -3$

따라서 $g(x) = -3x - 2$ 이므로 $g(-1) = 1$ 이다.

**14.** $f(x) = \begin{cases} 2x & (0 \leq x \leq 1) \\ 2 & (1 \leq x \leq 2) \end{cases}$, $g(x) = \begin{cases} -x+1 & (0 \leq x \leq 1) \\ 2x-2 & (1 \leq x \leq 2) \end{cases}$

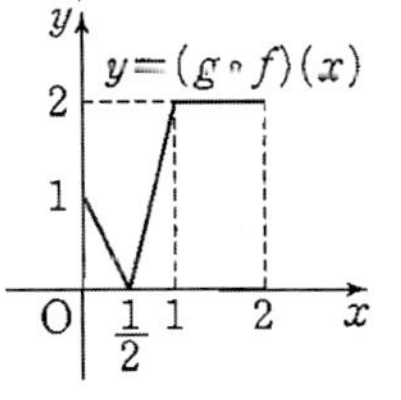


(i) $0 \leq x \leq 1$일 때, $f(x) = 2x$ 이므로

$$(g \circ f)(x) = g(f(x)) = \begin{cases} -2x+1 & \left(0 \leq x \leq \frac{1}{2}\right) \\ 4x-2 & \left(\frac{1}{2} \leq x \leq 1\right) \end{cases}$$

(ii) $1 \leq x \leq 2$일 때, $f(x) = 2$ 이므로

$$(g \circ f)(x) = g(f(x)) = g(2) = 2 \cdot 2 - 2 = 2$$

따라서 (i), (ii)로부터 구하는 그래프는 그림과 같다.

**15.** $f(x) = \begin{cases} x & (x \geq 0) \\ -x & (0 \leq x) \end{cases}$, $g(x) = -2x + 1$

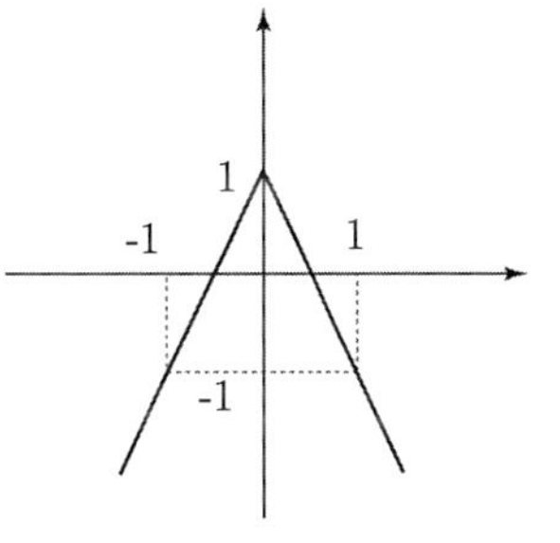


$$(g \circ f)(x) = g(f(x)) = \begin{cases} -2x+1 & (x \geq 0) \\ 2x+1 & (x \leq 0) \end{cases}$$

**16.** $y = (f \circ f)(x) = f(f(x))$ 이므로 $f(f(0)) = f(1) = 3$,

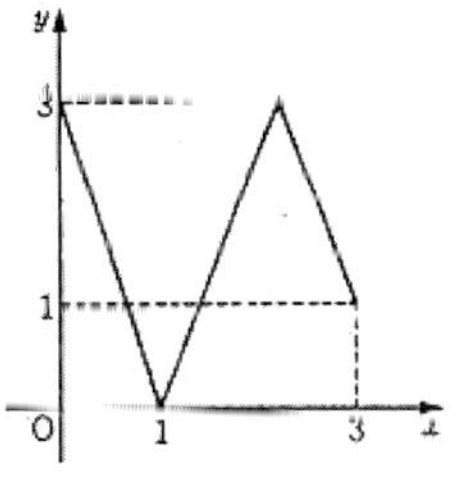


$f(f(1)) = f(3) = 0$

$f(\alpha) = 1$ 인 $\alpha\ (1 < \alpha < 3)$ 에 대하여 $f(f(\alpha)) = f(1) = 3$,

$f(f(3)) = f(0) = 1$

따라서 $y = (f \circ f)(x)$ 의 그래프는 그림과 같다.

**17.** 함수 $y = f(x)$ 는 $f(x) = f(x+2)$ 이므로 주기가 2 인 주기 함수이고, $f(x) = f(-x)$ 이므로 $y$ 축에 대하여 대칭이다. $y = f(x-1)$ 의 그래프는 $y = f(x)$ 의 그래프를 $x$ 축 방향으로 1만큼 평행이동시킨 것이므로 구하는 그래프이다.

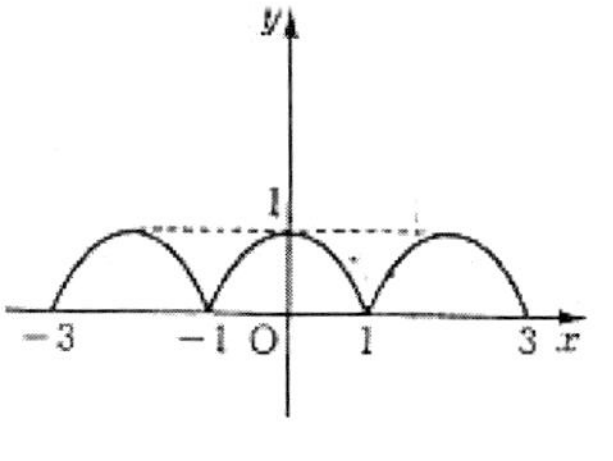

**18.** $(\text{준식})=g^{-1}(f^{-1}(2))+f^{-1}(g(3))=g^{-1}(3)+f^{-1}(1)=1+2=3$

**19.** $g^{-1}(2)=a$ 라 하면 $g(a)=2$ 즉, $f(f(a))=2$, $f(a)=2$ $\therefore a=2$

또, $g^{-1}(-4)=b$ 라 하면 $g(b)=-4$ 즉, $f(f(b))=-4$, $f(b)=-2$ $\therefore b=-\sqrt{2}$

$$\therefore g^{-1}(2)+g^{-1}(-4)=2-\sqrt{2}$$

**20.** 섭씨온도와 화씨온도 사이의 관계식은 다음과 같다.

$$C=\frac{5}{9}(F-32),\ F=\frac{9}{5}C+32$$

그러므로 $d=\frac{9}{5}a+32$, $w=\frac{9}{5}b+32$ 이므로

$$d+w=\left(\frac{9}{5}a+32\right)+\left(\frac{9}{5}b+32\right)=\frac{9}{5}(a+b)+64$$

$D=15+0.4(d+w)$ 에 대입하면 $D=40.6+0.72(a+b)$ 를 얻는다.

$$\therefore p=40.6,\ q=0.72$$

**21.** $h(x)=3x-1$ 로 놓으면 $g(x)=(f\circ h)(x)$

$$g^{-1}(x)=(f\circ h)^{-1}(x)=(h^{-1}\circ f^{-1})(x)=h^{-1}(f^{-1}(x))$$

$$\therefore g^{-1}(2)=h^{-1}(f^{-1}(2))=h^{-1}(5)$$

그런데 $h^{-1}(x)=\frac{1}{3}(x+1)$ 이므로 $g^{-1}(2)=h^{-1}(5)=\frac{1}{3}(5+1)=2$

**[별해]** $g^{-1}(2)=k \Leftrightarrow g(k)=2$ $\therefore f(3k-1)=2$

$f(5)=2$ 이므로 $3k-1=5$ $\therefore k=\frac{5-1}{2}=2$

**22.** $g(x)=f^{-1}(x)$ 이므로 $f(x)=y$, $g(y)=x$ 이다.

$$\therefore (g\circ g)(c)=g(g(c))=g(d)=e$$

**23.** 주어진 그림에서 $f(3)=1$, $f(4)=4$, $g(0)=1$, $g(4)=4$ 이므로

$$f^{-1}(4)=4,\ g^{-1}(1)=0$$

$$\therefore (\text{준식})=g\left(f^{-1}(4)\right)+g^{-1}(f(3))=g(4)+g^{-1}(1)=4+0=4$$

**24.** $y=\frac{2x+5}{x+2}=\frac{2(x+2)+1}{x+2}=\frac{1}{x+2}+2$ 이므로 $y=\frac{2x+5}{x+2}$ 의 그래프는 분수함수 $y=\frac{1}{x}$ 의 그래프를 $x$축의 방향으로 $-2$ 만큼, $y$축의 방향으로 2만큼 평행이동한 것이다.

이때 점근선은 $x=-2$, $y=2$ 이다.

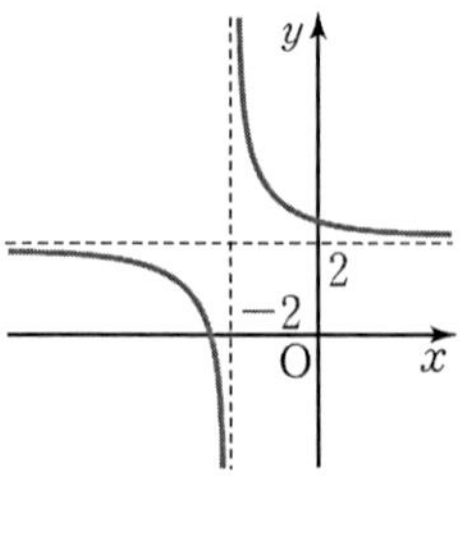

**25.** $y=\dfrac{x-1}{x-2}=\dfrac{(x-2)+1}{x-2}=\dfrac{1}{x-2}+1$

따라서 점근선이 $x=2$, $y=1$ 인 분수함수이므로 그래프는 다음과 같다.

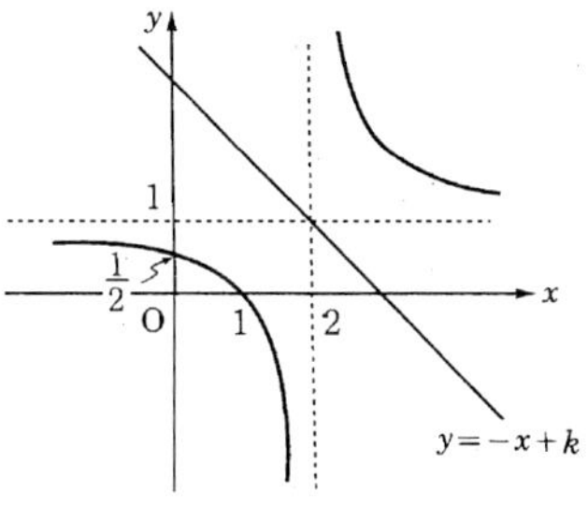


그래프가 직선 $y=-x+k$ 에 대하여 대칭이려면 직선이 두 점근선의 교점인 $(2, 1)$ 을 지나야 하므로 $1=-2+k$

$\therefore\ k=3$

**26.** 점근선의 방정식이 $x=2$, $y=1$ 이므로 $y=\dfrac{k}{x-2}+1$ 이다. 이 함수의 그래프가 원점을 지나므로 $0=\dfrac{k}{-2}+1$ $\therefore\ k=2$ 따라서 $y=\dfrac{2}{x-2}+1$ 이므로 $a=-2$, $b=1$, $c=-1$ 이다.

**27.** $y=\dfrac{ax-b}{x-3}$ 의 그래프가 점 $(2, -3)$ 을 지나므로

$$f(2)=-3 \Rightarrow 3=2a-b \quad \cdots ①$$

또, 이 함수의 역함수 $y=f^{-1}(x)$ 가 점 $(2, -3)$ 을 지나므로

$$f^{-1}(2)=-3 \Rightarrow f(-3)=2 \Rightarrow 2=\dfrac{-3a-b}{-6} \Rightarrow -12=-3a-b \quad \cdots ②$$

①, ②에서 $a=3$, $b=3$

**28.** $y=\dfrac{x+6}{x+2}$ 에서 $x=\dfrac{-2y+6}{y-1}$ 이므로 $g(x)=\dfrac{-2x+6}{x-1}$

그런데 $f(x)=1+\dfrac{4}{x+2}$, $g(x)=-2+\dfrac{4}{x-1}$ 이므로 곡선 $y=g(x)$ 를 $x$ 축 방향으로 $-3$ 만큼, $y$ 축 방향으로 3 만큼 평행이동하면 곡선 $y=f(x)$ 와 일치하므로 $a=-3$, $b=3$ 이다.

**29.** (1)

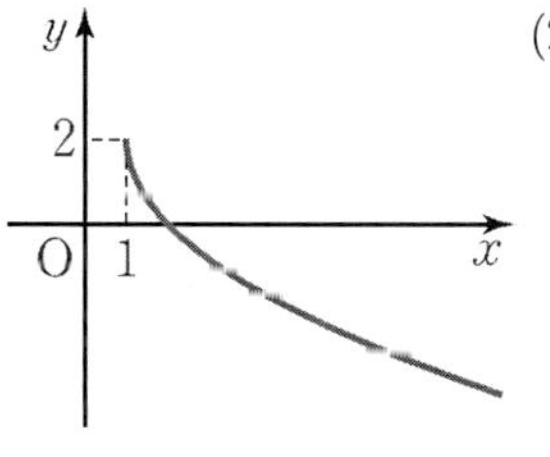


정의역 : $\{x \mid x \geq 1\}$,
치역 : $\{y \mid y \leq 2\}$

(2)

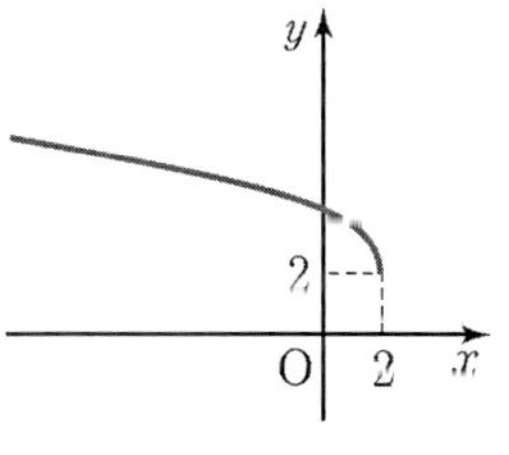


정의역 : $\{x \mid x \leq 2\}$,
치역 : $\{y \mid y \geq 2\}$

**30.** 정의역이 $x \leq 2$ 이므로 $a<0$ 이고, 치역이 $y \geq -2$ 이므로 주어진 무리함수는

$$y=\sqrt{a(x-2)}-2 \quad \cdots\cdots ①$$

$(1, 0)$ 을 ①에 대입하면 $0=\sqrt{-a}-2$ $\quad\therefore\ a=-4$

$a=-4$ 를 ①에 대입하면 $y=\sqrt{-4(x-2)}-2=\sqrt{-4x+8}-2$

**31.** $\frac{b+d}{3}=1$ 에서 $b+d=3$ 이다. 두 점 $P(a, b)$, $Q(c, d)$ 는 $y=\sqrt{x}$ 위의 점이므로 $\sqrt{a}=b$, $\sqrt{c}=d$ 이고 $a=b^2, c=d^2$ 이다. 따라서 직선 $PQ$ 의 기울기는

$$\frac{d-b}{c-a}=\frac{d-b}{d^2+b^2}=\frac{1}{d+b}=\frac{1}{3}$$

**32.** $f[g(h(1))]=f(g(2))$ $(\because h(1)=2)$

$=f(2)$ $(\because g(2)=2)$

이고 $f(x)=\sqrt{ax}$ 라 놓으면 $f(1)=1$ (또는 $f(4)=2$ )이므로 $a=1$ 이다.

$$\therefore f(x)=\sqrt{x},\ f[g(h(1))]=f(2)=\sqrt{2}$$

**33.** $y=\sqrt{-3x+6}-2=\sqrt{-3(x-2)}-2$ 이므로 $y=\sqrt{-3x}$ 의 그래프를 $x$축의 방향으로 2만큼, $y$축의 방향으로 $-2$만큼 평행이동한 그래프이다.

$$\therefore m=2, n=-2,\ m+n=0$$

**34.** 함수 $y=a\sqrt{x-b}-c$ 의 그래프는 함수 $y=a\sqrt{x}$ 의 그래프를 $x$ 축의 방향으로 $-2$ 만큼, $y$ 축의 방향으로 $-1$ 만큼 평행이동시킨 것이므로

$$\therefore y=a\sqrt{x+2}-1$$

한편, 이 그래프는 점 $(0,1)$ 을 지나므로 $1=a\sqrt{0+2}-1$ 이고 $a=\sqrt{2}$ 이다. 따라서 주어진 그림은 함수 $y=\sqrt{2}\sqrt{x+2}-1$ 의 그래프이다.

**35.** 함수 $y=\sqrt{x+1}$ 의 그래프를 $x$ 축의 방향으로 4만큼, $y$ 축의 방향으로 $-1$만큼 평행 이동하면 $y=\sqrt{(x-4)+1}-1=\sqrt{x-3}-1$.

$y=\sqrt{x-3}-1$ 의 그래프를 $x=2$ 에 대하여 대칭이동하면

$y=\sqrt{4-x-3}-1=\sqrt{-x+1}-1$ $\quad\therefore a=-1, b=1, c=-1$

**36.** 12

## 4장 연습문제 풀이

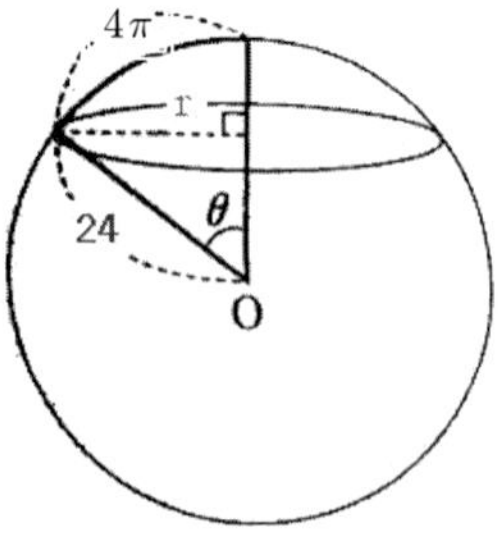


**1.** 직원뿔의 밑면의 원주는 부채꼴의 호의 길이와 같으므로 $\frac{10}{13}\pi\times 13=10\pi$, 밑면의 반지름의 길이는 $\frac{10\pi}{2\pi}=5$, 높이는 12이다. 따라서 직원뿔의 부피 $V$는

$$V=\frac{\pi}{3}\times 5^2\times 12=100\pi$$

**2.** $24\times\theta=4\pi \quad \therefore\ \theta=\frac{\pi}{6},\ r=24\times\sin\frac{\pi}{6}=12$

따라서 단면의 넓이는 $144\pi$ 이다.

**3.** 부채꼴의 중심각을 $\theta$, 반지름을 $r$, 호의 길이를 $l$, 면적을 $S$라 하면 $l+2r=100$,

$$S=\frac{1}{2}rl=\frac{1}{2}r(100-2r)=-r^2+50r=-(r-25)^2+625$$

이므로 $r=25$ 일 때 넓이의 최댓값 $625cm^2$를 갖는다.

**4.** 처음 부채꼴의 반지름의 길이와 중심각의 크기를 각각 $r,\theta$라 하고 넓이를 $S$라 하면 $S=\frac{1}{2}r^2\theta$이다. 변화된 부채꼴의 넓이 $S'$은

$$S'=\frac{1}{2}\{r(1-0.1)\}^2\theta(1+0.2)=\frac{1}{2}r^2\theta\times0.972=0.972S=(1-0.028)S$$

따라서 넓이는 처음보다 2.8% 줄어든다.

**5.** 오른쪽 그림과 같이 원점과 점 $P(-6,-8)$을 잇는 선분 $OP$를 동경으로 하는 각 $\theta$에 대하여

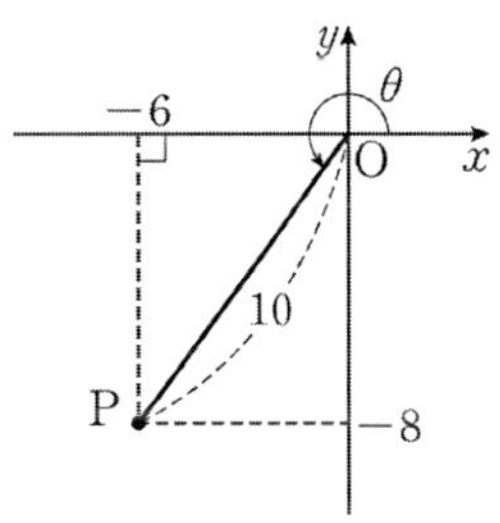


$$\sin\theta=-\frac{8}{10},\cos\theta=-\frac{6}{10},\ \tan\theta=\frac{8}{6}$$

$$\therefore\ \sin\theta+\tan\theta=-\frac{8}{10}+\frac{8}{6}=\frac{8}{15}$$

**6.** $\frac{AT}{PQ}=\frac{\tan\theta}{\sin\theta}=\frac{1}{\cos\theta}=\frac{1}{\frac{OA}{OT}}=\frac{OT}{OA}=OT$

**7.** 먼저 그림에서 $\cos a$가 나타내는 점에서 $x$축에 평행하게 선을 그어 $y=x$와 만나는 점을 찾는다. 이 때, 이 점에서 $y$축에 평행하게 선을 그어 $y=\sin x$와 만나는 점 $D$가 $\sin(\cos a)$를 나타내는 점이다. 마찬가지로, $\cos(\sin a)$는 점 $B$이다.

**8.** $\sin\theta+\cos\theta=\frac{1}{2},\ \sin\theta\cdot\cos\theta=-\frac{3}{8}$

$$(준식)=\frac{1}{\sin\theta}\left(\frac{\cos\theta}{\sin\theta}+\frac{\sin^2\theta}{\cos^2\theta}\right)=\frac{\sin^3\theta+\cos^3\theta}{(\sin\theta\cdot\cos\theta)^2}$$

$$=\frac{(\sin\theta+\cos\theta)(\sin^2\theta-\sin\theta\cos\theta+\cos^2\theta)}{(\sin\theta\cdot\cos\theta)^2}$$

$$=\frac{1-\sin\theta\cdot\cos\theta}{2(\sin\theta\cdot\cos\theta)^2}=\frac{44}{9}$$

**9.** $\sin\theta+\cos\theta=\frac{1}{4}$ 의 양변을 제곱하여 정리하면 $\sin\theta\cdot\cos\theta=-\frac{15}{32}$

$$(\text{준식})=\frac{\tan\theta}{-\tan^2\theta}+\frac{\cot\theta}{-\cot^2\theta}=-\frac{1}{\tan\theta}-\frac{1}{\cot\theta}=-\cot\theta-\tan\theta$$

$$=-\frac{\cos\theta}{\sin\theta}-\frac{\sin\theta}{\cos\theta}=-\frac{\sin^2\theta+\cos^2\theta}{\sin\theta\cos\theta}=\frac{32}{15}$$

**10.** $(\text{준식})=\cot^2 10°+(1-\cot^2 10°)(1+\cot^2 10°)\sin^2 10°$

$$=\cot^2 10°+(1-\cot^2 10°)\frac{1}{\sin^2 10°}\sin^2 10°=1$$

**11.** (1) $(\text{준식})=\sin^2\theta-2+\operatorname{cosec}^2\theta+\cos^2\theta-2+\sec^2\theta-\tan^2\theta+2-\cot^2\theta$

$$=(\sin^2\theta+\cos^2\theta)+(\operatorname{cosec}^2\theta-1)+(\sec^2\theta-1)-\tan^2\theta-\cot^2\theta=1$$

(2) $(\text{준식})=\sin\theta-\sin\theta+\cos\theta=\cos\theta$

(3) $\cos\left(\frac{\pi}{2}-\theta\right)=\sin\theta$, $\sin(\pi+\theta)=-\sin\theta$, $\sin(\pi-\theta)=\sin\theta$

$\cos(\pi-\theta)=-\cos\theta$, $\cos\left(\frac{3}{2}\pi+\theta\right)=\sin\theta$, $\sin\left(\frac{\pi}{2}+\theta\right)=\cos\theta$

$$\therefore\ (\text{준식})=\frac{\sin\theta(-\sin\theta)}{\sin\theta}+\frac{-\cos\theta\sin\theta}{\cos\theta}=-2\sin\theta$$

**12.** $4\theta=\pi$ 이므로 $5\theta=\pi+\theta, 6\theta=\pi+2\theta, 7\theta=\pi+3\theta, 8\theta=\pi+4\theta$

$\sin(\pi+\theta)=-\sin\theta$ 를 이용하면

$$\begin{aligned}(\text{준식})&=\sin\theta+\sin2\theta+\sin3\theta+\sin4\theta\\&\quad+\sin(\pi+\theta)+\sin(\pi+2\theta)+\sin(\pi+3\theta)+\sin(\pi+4\theta)\\&=\sin\theta+\sin2\theta+\sin3\theta+\sin4\theta-\sin\theta-\sin2\theta-\sin3\theta-\sin4\theta\\&=0\end{aligned}$$

**14.** $\sin(-424°)=\sin(-360°-64°)=\sin(-64°)=-\sin(64°)=-\cos 26°$

$\sin 124°=\sin(90°+34°)=\cos 34°$ 이므로

$$\therefore\ (\text{준식})=-\cos 26°+\cos 34°=-0.8988+0.8290=-0.0698$$

**15.** $\cos 150°=\cos(180°-30°)=-\cos 30°$, $\cos 212°=\cos(180+32°)=-\cos 32°$,

$\cos 252°=\cos(180°+72°)=-\cos 72°$

$$\therefore\ (\text{준식})=\cos 32°+\cos 72°-\cos 30°-\cos 32°-\cos 72°=-\frac{\sqrt{3}}{2}$$

**16.** $\sin x=\cos\left(\frac{\pi}{2}-x\right)$ 이므로

$$f(\sin x)=f\left(\cos\left(\frac{\pi}{2}-x\right)\right)=\sin3\left(\frac{\pi}{2}-x\right)=\sin\left(\frac{3}{2}\pi-3x\right)=-\cos3x$$

**17.** 최댓값이 3 이므로 $a=3$ 이고 주기가 $\pi$ 이므로 $\dfrac{2\pi}{b}=\pi$ 이 성립해야 하므로 $b=2$ 이다.

**18.** $f(x)=a\sin\left(\dfrac{\pi}{2}-bx\right)+c$ 에서 주기는 $\dfrac{2\pi}{|-b|}=2$ 이므로 $b=\pi$ 이고, 최댓값은 $a+c=4$ 이므로 $f\left(\dfrac{1}{3}\right)=\dfrac{1}{2}a+c=\dfrac{5}{2}$ 로부터 $a=3,\ c=1$ 이다.

**19.** $y=a\cos b\pi(x-c)+4$ 라고 하자. 만조 때의 해수면의 높이는 함수 $f(x)$ 의 최댓값 $a+4$ 이고, 간조 때의 해수면의 높이는 함수 $f(x)$ 의 최솟값 $-a+4$ 이다. 조차는 만조 때와 간조 때의 해수면의 높이의 차이므로

$$(a+4)-(-a+4)=6 \quad \therefore\ a=3$$

만조와 만조, 또는 간조와 간조 사이의 시간이 함수 $f(x)$ 의 주기이다. 만조와 만조 사이의 시간은 $17-5=12$ 이다.

$y=a\cos b\pi(x-c)+4$ 에서 주기는 $\dfrac{2\pi}{b\pi}$ 이므로 $12=\dfrac{2\pi}{b\pi} \quad \therefore\ b=\dfrac{1}{6}$

함수 $f(x)=3\cos\left(\dfrac{1}{6}\pi(x-c)\right)+4$ 는 $x=5$ (시)일 때 최댓값 $a+4=7$ 을 가지므로

$$3\cos\left(\frac{1}{6}\pi(5-c)\right)+4=7$$

방정식을 풀면 $c=5\ (\because\ 0<c<6)$이다.

**20.** (1) $\sin 15°=\sin(60°-45°)=\sin 60°\cos 45°-\cos 60°\sin 45°$

$$=\frac{\sqrt{3}}{2}\cdot\frac{\sqrt{2}}{2}-\frac{1}{2}\cdot\frac{\sqrt{2}}{2}=\frac{\sqrt{6}-\sqrt{2}}{4}$$

(2) $\cos 15°=\cos(45°-30°)=\cos 45°\cos 30°+\sin 45°\sin 30°$

$$=\frac{\sqrt{2}}{2}\cdot\frac{\sqrt{3}}{2}+\frac{\sqrt{2}}{2}\cdot\frac{1}{2}=\frac{\sqrt{6}+\sqrt{2}}{4}$$

**21.** (1) $\cos 105°=\cos(60°+45°)=\cos 60°\cos 45°-\sin 60°\sin 45°$

$$=\frac{1}{2}\cdot\frac{\sqrt{2}}{2}-\frac{\sqrt{3}}{2}\cdot\frac{\sqrt{2}}{2}=\frac{\sqrt{2}-\sqrt{6}}{4}$$

(2) $\tan 105°=\tan(60°+45°)=\dfrac{\tan 60°+\tan 45°}{1-\tan 60°\tan 45°}=\dfrac{\sqrt{3}+1}{1-\sqrt{3}}=-2-\sqrt{3}$

**22.** $\cos\alpha=-\dfrac{3}{5},\ \sin\beta=-\dfrac{5}{13}$

$$\therefore\ \operatorname{cosec}(\alpha+\beta)=\frac{1}{\sin(\alpha+\beta)}=\frac{1}{\sin\alpha\cos\beta+\cos\alpha\sin\beta}$$

$$=\frac{1}{\left(-\frac{4}{5}\right)\cdot\left(-\frac{12}{13}\right)+\left(-\frac{3}{5}\right)\cdot\left(-\frac{5}{13}\right)}=\frac{65}{63}$$

**23.** $f(x)=\tan x$ 의 역함수가 $y=g(x)$ 이므로, $g(1)=\gamma$라 하면 $\tan\gamma=1$ $\therefore\ \gamma=\frac{\pi}{4}$

이제 $g\left(\frac{1}{2}\right)=\alpha$, $g\left(\frac{1}{3}\right)=\beta$라 하면, $\tan\alpha=\frac{1}{2}$, $\tan\beta=\frac{1}{3}$

$$\tan(\alpha+\beta)=\frac{\tan\alpha+\tan\beta}{1-\tan\alpha\tan\beta}=\frac{\frac{1}{2}+\frac{1}{3}}{1-\frac{1}{2}\times\frac{1}{3}}=1 \quad \therefore\ \alpha+\beta=\frac{\pi}{4}$$

$$\therefore\ g(1)+g\left(\frac{1}{2}\right)+g\left(\frac{1}{3}\right)=\gamma+(\alpha+\beta)=\frac{\pi}{4}+\frac{\pi}{4}=\frac{\pi}{2}$$

**25.** $\sin 30^\circ=\sin(3\times 10^\circ)=3\sin 10^\circ-4\sin^3 10^\circ$. 그러므로 $3\sin 10^\circ-4\sin^3 10^\circ=\frac{1}{2}$ 이다.

여기서 $\sin 10^\circ$를 유리수라고 가정하고 $\sin 10^\circ=\frac{p}{q}$ ($p$와 $q$는 서로 소인 정수)이라고 하자. 이것을 식에 대입하여 정리하면 $6pq^2-8p^3=q^3$ 이다. 좌변은 짝수이므로 $q$도 짝수이다. 그러므로 $q=2k$($k$는 정수)로 놓고 이 식에 대입하여 정리하면 $p^3=3pk^2-k^3$ 이다. 우변에서 $k$가 홀수이면 $p$가 짝수이건 홀수이건 이 식을 만족할 수 없다. 그래서 $k$가 짝수가 되어야 하는데 $k$가 짝수이면 우변이 짝수이므로 $p$도 짝수이다. 이것은 $p$와 $q$는 서로 소라는 가정에 모순이다. 그러므로 $\sin 10^\circ$는 유리수가 아니다.

**26.** (1) (준식)$=-\frac{1}{2}\{\cos(52.5^\circ+7.5^\circ)-\cos(52.5^\circ-7.5^\circ)\}$

$$=-\frac{1}{2}(\cos 60^\circ-\cos 45^\circ)=\frac{\sqrt{2}-1}{4}$$

(2) (준식)$=\frac{1}{2}\{\sin(142.5^\circ+97.5^\circ)-\sin(142.5^\circ-97.5^\circ)\}$

$$=\frac{1}{2}(\sin 240^\circ-\sin 45^\circ)=-\frac{\sqrt{3}+\sqrt{2}}{4}$$

(3) (준식)$=-\frac{1}{2}\{\cos(20^\circ+40^\circ)-\cos(20^\circ-40^\circ)\}\sin 80^\circ$

$$=-\frac{1}{2}(\cos 60^\circ-\cos 20^\circ)\sin 80^\circ=-\frac{1}{2}(\frac{1}{2}-\cos 40^\circ)\sin 160^\circ$$

$$=-\frac{1}{4}\sin 80^\circ+\frac{1}{2}\cos 20^\circ\sin 80^\circ=-\frac{1}{4}\sin 80^\circ+\frac{1}{4}(\sin 100^\circ+\sin 60^\circ)$$

$$=-\frac{1}{4}\sin 80^\circ+\frac{1}{4}\left(\sin 100^\circ+\frac{\sqrt{3}}{2}\right)$$

$$=\frac{\sqrt{3}}{8} \quad (\because\ \sin 100^\circ=\sin(\pi-80^\circ)=\sin 80^\circ)$$

**27.** $\sin 55^\circ \sin 35^\circ = -\frac{1}{2}(\cos 90^\circ - \cos 20^\circ)$, $\cos 80^\circ + \cos 40^\circ = 2\cos 60^\circ \cos 20^\circ$

$$\therefore \ (\text{준식}) = \frac{\frac{1}{2}\cos 20^\circ}{\cos 20^\circ} = \frac{1}{2}$$

**28.** (1) $(\text{준식}) = 2\cos\frac{105^\circ + 165^\circ}{2}\cos\frac{105^\circ - 165^\circ}{2} = 2\cos 135^\circ \cos(-30^\circ)$

$= 2 \cdot -\frac{\sqrt{2}}{2} \cdot \frac{\sqrt{3}}{2} = -\frac{\sqrt{6}}{2}$

(2) $(\text{준식}) = 2\cos\frac{165^\circ + 75^\circ}{2}\sin\frac{165^\circ - 75^\circ}{2} = 2\cos 120^\circ \cos 45^\circ$

$= 2 \cdot \left(-\frac{1}{2}\right) \cdot \frac{\sqrt{2}}{2} = -\frac{\sqrt{2}}{2}$

(3) $(\text{준식}) = 2\cos 60^\circ \cos(-20^\circ) - \sin 70^\circ$

$= \cos 20^\circ - \sin 70^\circ = \cos 20^\circ - \sin\left(\frac{\pi}{2} - 20^\circ\right)$

$= \cos 20^\circ - \cos 20^\circ = 0$

## 5장 연습문제 풀이

**1.** 정수 $p, q, r, s\ (p > 0, r > 0)$ 에 대하여 $m = \frac{q}{p}$, $n = \frac{s}{r}$ 로 놓자.

(1) $(a^m)^n = (a^{\frac{q}{p}})^{\frac{s}{r}} = (\sqrt[p]{a^q})^{\frac{s}{r}} = \sqrt[r]{(\sqrt[p]{a^q})^s} = \sqrt[r]{\sqrt[p]{a^{qs}}} = \sqrt[pr]{a^{qs}} = a^{\frac{qs}{pr}}$

$= a^{\frac{q}{p}\cdot\frac{s}{r}} = a^{mn}$

(2) $(ab)^n = (ab)^{\frac{s}{r}} = \sqrt[r]{(ab)^s} = \sqrt[r]{a^s b^s} = \sqrt[r]{a^s}\sqrt[r]{b^s} = a^{\frac{s}{r}} b^{\frac{s}{r}} = a^n b^n$

(3) $a^m \div a^n = a^{\frac{q}{p}} \div a^{\frac{s}{r}} = \frac{\sqrt[p]{a^q}}{\sqrt[r]{a^s}} = \frac{\sqrt[pr]{a^{qr}}}{\sqrt[pr]{a^{ps}}} = \sqrt[pr]{\frac{a^{qr}}{a^{ps}}} = \sqrt[pr]{a^{qr-ps}} = a^{\frac{qr-ps}{pr}}$

$= a^{\frac{q}{p}-\frac{s}{r}} = a^{m-n}$

**2.** (반지름이 $r$ 인 구의 부피)$= \frac{4}{3}\pi r^3$ 이므로 바이러스의 반지름을 $r$ 이라고 할 때,

$$\frac{4}{3} \times 3 \times r^3 = 2^{14} \times 10^{-27},\ r^3 = 2^{12} \times 10^{-27}$$

$$\therefore\ r = \sqrt[3]{2^{12} \times 10^{-27}} = (2^{12})^{\frac{1}{3}} \times (10^{-27})^{\frac{1}{3}} = 2^4 \times 10^{-9}$$

따라서 이 바이러스의 지름의 길이는 $3.2 \times 10^{-8}\,m$ 이다.

**3.** 1시간은 3600초이고, $3600 = 6^2 \times 10^2$이므로 속력이 $3 \times 10^8 m/s$인 빛이 한 시간 동안 이동한 거리는 $3 \times 10^8 \times 6^2 \times 10^2 = 108 \times 10^{10} = 1.08 \times 10^{12} m$

> 참고 지구에서 태양까지의 거리 $1.5 \times 10^{11} m$를 1 $AU$라 하고, 1초 동안 $3 \times 10^8 m$를 진행하는 빛이 1년 동안 움직인 거리를 1광년이라고 한다.

**4.** 1번 확대하는 배율을 $x$라 하면 3번 확대 복사하여 얻은 사진의 크기는 처음의 크기의 4배이므로 $x^3 = 4$이고 $x = 4^{\frac{1}{3}}$이다. 1번 축소하는 배율을 $y$라 하면 4번 축소 복사하여 얻은 사진의 크기는 처음의 크기의 $\frac{1}{8}$배이므로 $y^4 = \frac{1}{8}$이고 $y = \left(\frac{1}{8}\right)^{\frac{1}{4}}$이다.
따라서 사진을 4번 연속으로 확대 복사를 한 후, 3번 축소 복사하여 얻은 사진은 처음 크기의 $x^4 y^3 = 4^{\frac{4}{3}} \times \left(\frac{1}{8}\right)^{\frac{3}{4}} = 2^{\frac{5}{12}}$배이다. 따라서 $a = \frac{5}{12}$이다.

**5.** $\dfrac{4^{\frac{1}{5}} - 1}{2^{\frac{1}{5}} - 1} = 2^{\frac{1}{5}} + 1$

그런데 $2^{\frac{6}{5}} = 2 \cdot 2^{\frac{1}{5}} = 2.3$이므로 $2^{\frac{1}{5}} = 1.15$이다. $2^{\frac{1}{5}} + 1 = 2.15$배이다.

**6.** ① $\sqrt{(-5)^2} = \sqrt{25} = 5$

② $-27$의 세제곱근을 $x$라 하면 $x^3 = -27$에서 $x = -3, -3\omega, -3\omega^2$ (단, $\omega^3 = 1, \omega \neq 1$)
즉, $-27$의 세제곱근 중 실수인 것은 $-3$이다.

③ $(-2)^3 = -8 \neq 8$

④ $\sqrt{81} = 9$의 제곱근은 $\pm 3$이다.

⑤ 16의 네제곱근 중 실수인 것은 $\pm 2$이다.

**7.** (1) 256의 네제곱근 중 양의 실수(즉, 네제곱하여 256이 되는 양수)는 4뿐이다. 그러므로 $\sqrt[4]{256} = 4$. 한편, 256의 네제곱근 중 음의 실수(즉, 네제곱하여 256이 되는 음수)는 $-4$뿐이다. 그러므로 $-\sqrt[4]{256} = -4$.

(2) 제곱하여 $-16$이 되는 양수는 없다. 그러므로 $\sqrt{-16}$의 값은 정의되지 않는다.

(3) 세제곱하여 27이 되는 실수는 3뿐이다. 그러므로 $\sqrt[3]{27} = 3$.

(4) 세제곱하여 $-27$이 되는 실수, 즉 $-27$의 세제곱근 중 실수는 $-3$뿐이다.
$\sqrt[3]{-27} = -3 = -\sqrt[3]{27}$

**8.** (1) $\sqrt[4]{64}\,\sqrt[4]{256} = \sqrt[4]{2^6}\,\sqrt[4]{4^4} = 4\cdot\ 2^{\frac{3}{2}} = 4\cdot\ 2\sqrt{2} = 8\sqrt{2}$

(2) $\sqrt[3]{-125} + \sqrt{16} - \sqrt[4]{81} = \sqrt[3]{(-5)^3} + \sqrt{4^2} - \sqrt[4]{3^4} = (-5)+4-3 = -4$

(3) 음수의 홀수제곱근들은 $\sqrt[5]{-5} = -\sqrt[5]{5}$, $\sqrt[5]{-7} = -\sqrt[5]{7}$ 와 같다. 따라서

$$\sqrt[3]{40} \div \sqrt[3]{-5} = \frac{\sqrt[3]{40}}{-\sqrt[3]{5}} = -\sqrt[3]{\frac{40}{5}} = -\sqrt[3]{8} = -\sqrt[3]{2^3} = -2$$

**9.** $\sqrt[n]{a^n} = \begin{cases} |a| & (n\text{이 짝수}) \\ a & (n\text{이 홀수}) \end{cases}$

(1) $\sqrt[4]{4^4} = |4| = 4$　　(2) $\sqrt[4]{(-4)^4} = |-4| = 4$

(3) $\sqrt[3]{-\frac{1}{64}} = \sqrt[3]{\left(-\frac{1}{4}\right)^3} = -\frac{1}{4}$　　(4) $\sqrt[3]{-1000} = \sqrt[3]{(-10)^3} = -10$

**10.** $\left(\frac{\sqrt[n]{a}}{\sqrt[n]{b}}\right)^n = \frac{(\sqrt[n]{a})^n}{(\sqrt[n]{b})^n} = \frac{a}{b} = \left(\sqrt[n]{\frac{a}{b}}\right)^n = \sqrt{\frac{a}{b}}$ 이므로 $\frac{\sqrt[n]{a}}{\sqrt[n]{b}} = \sqrt[n]{\frac{a}{b}}$

**11.** (1) (준식)$=\left\{a\left(a\cdot\ a^{\frac{1}{2}}\right)^{\frac{1}{3}}\right\}^{\frac{1}{4}} = \left\{a\left(a^{\frac{3}{2}}\right)^{\frac{1}{3}}\right\}^{\frac{1}{4}} = \left(a\cdot\ a^{\frac{1}{2}}\right)^{\frac{1}{4}} = \left(a^{\frac{3}{2}}\right)^{\frac{1}{4}} = a^{\frac{3}{8}}$

(2) (준식)$=\frac{\sqrt[5]{\sqrt{a}}}{\sqrt[5]{\sqrt[3]{a}}}\cdot\ \frac{\sqrt[3]{\sqrt[5]{a}}}{\sqrt[3]{\sqrt{a}}}\cdot\ \frac{\sqrt{\sqrt[3]{a}}}{\sqrt{\sqrt[5]{a}}} = \frac{\sqrt[10]{a}}{\sqrt[15]{a}}\cdot\ \frac{\sqrt[15]{a}}{\sqrt[6]{a}}\cdot\ \frac{\sqrt[6]{a}}{\sqrt[10]{a}} = 1$

**12.** $5^x = 100 \Rightarrow (5^x)^{\frac{1}{x}} = 100^{\frac{1}{x}} \Rightarrow 5 = 100^{\frac{1}{x}}$

$2^y = 100 \Rightarrow (2^y)^{\frac{1}{y}} = 100^{\frac{1}{y}} \Rightarrow 2 = 100^{\frac{1}{y}}$

$10 = 100^{\frac{1}{x}}100^{\frac{1}{y}} = 100^{\frac{1}{x}+\frac{1}{y}}$, $10^1 = 10^{2\left(\frac{1}{x}+\frac{1}{y}\right)}$　　$\therefore\ \frac{1}{x}+\frac{1}{y}=\frac{1}{2}$

**13.** (1) $x^{\frac{1}{2}}+x^{-\frac{1}{2}}=5$ 의 양변을 제곱하면 $x+2+x^{-1}=25$ 이므로 $x+x^{-1}=23$.

(2) (1)에서 식 $x+x^{-1}=23$ 의 양변을 제곱하면 $x^2+2+x^{-2}=529$ 이므로 $x^2+x^{-2}=527$.

**14.** 분모, 분자에 $a^m$ 을 곱하면 $\frac{a^{2m}+1}{a^{2m}-1}=4$ 이므로

$$a^{2m}+1=4(a^{2m}-1),\ 3a^{2m}=5,\ a^{2m}=\frac{5}{3}$$

$$\therefore\ (a^m+a^{-m})(a^m-a^{-m}) = a^{2m}-a^{-2m} = \frac{5}{3}-\frac{3}{5} = \frac{16}{15}$$

**15.** (1) $\sqrt[5]{16}=\sqrt[5]{4^2}=4^{\frac{2}{5}}$, $\sqrt[6]{64}=\sqrt[6]{4^3}=4^{\frac{3}{6}}=4^{\frac{1}{2}}$. $\therefore \sqrt[5]{16}<\sqrt[6]{64}$

(2) $\sqrt[4]{4}=4^{\frac{1}{4}}=(4^2)^{\frac{1}{8}}=8^{\frac{1}{8}}$ $\sqrt[8]{10}=10^{\frac{1}{8}}$. $\therefore \sqrt[4]{4}<\sqrt[8]{10}$

**17.** $f(x)=3^x$ 이므로 $f(a)=m$ 에서 $3^a=m$, $f(b)=n$ 에서 $3^b=n$

$\therefore m\times n=3^a\times 3^b=3^{a+b}=3^3=27$.

**18.** (1) 함수 $y=-3^x$ 의 그래프를 $y$ 축의 방향으로 2 만큼 평행이동한 것과 같다. 이때, 점근선은 직선 $y=2$ 이다.

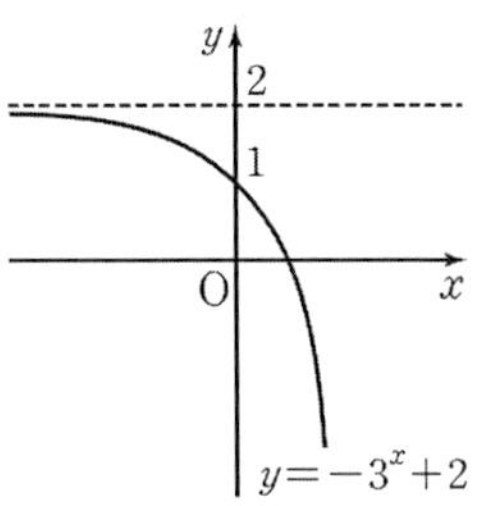


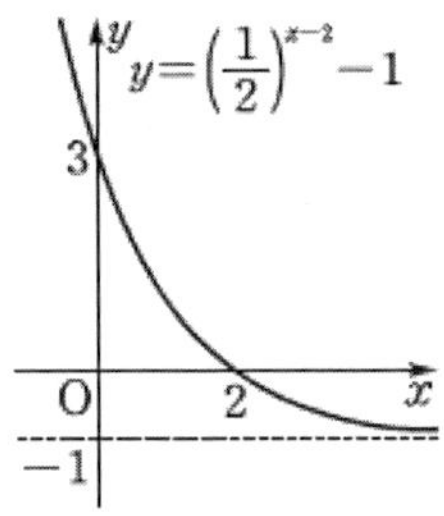


(2) $y=\left(\frac{1}{2}\right)^{x-2}-1=2^{-(x-2)}-1$ 의 그래프는 함수 $y=2^x$ 의 그래프를 $y$ 축에 대하여 대칭이동한 후 $x$ 축의 방향으로 2 만큼, $y$ 축의 방향으로 $-1$ 만큼 평행이동한 것이다.

**19.** (1) $y=2^{|x|}=\begin{cases}2^x, & x\geq 0\\ 2^{-x}, & x<0\end{cases}$ 이고, 정의역은 실수 전체의 집합이고, 치역은 $\{y\,|\,y\geq 1\}$이다.

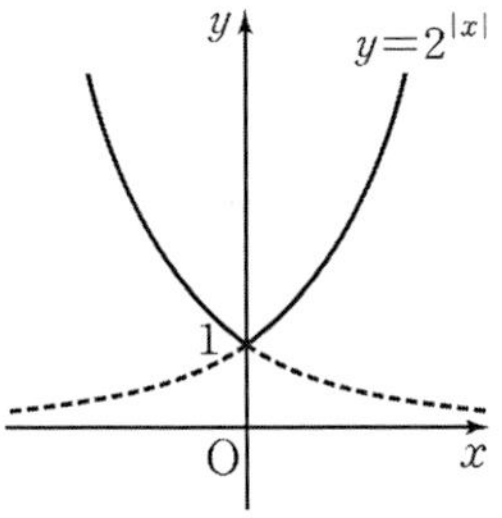


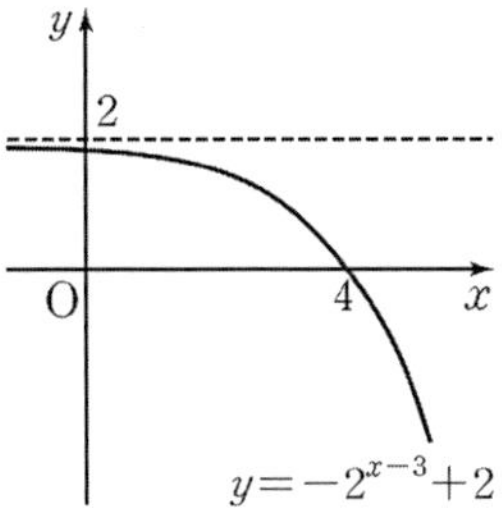


(2) 함수 $y=-2^x$ 의 그래프를 $x$ 축의 방향으로 3 만큼, $y$ 축의 방향으로 2 만큼 평행이동한 그래프이다. 이때, 정의역은 실수 전체의 집합이고, 치역은 $\{y\,|\,y<2\}$ 이다.

(3) $y=\dfrac{2^x+2^{-x}}{2}$ 는 $y_1=2^x$ 와 $y_2=2^{-x}$ 의 산술평균이다.

**20.** (i) $x<0$ 일 때, $f(x)=1$ 이므로 $y=2^{f(x)}=2$

(ii) $0\le x<2$ 일 때, $f(x)=-x+1$ 이므로 $y=2^{f(x)}=2^{-(x-1)}$

(iii) $x\ge 2$ 일 때, $f(x)=-1$ 이므로 $y=2^{f(x)}=2^{-1}=\frac{1}{2}$

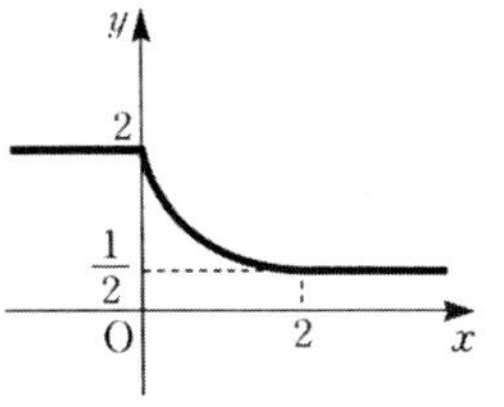


**21.** $f\left(\frac{x+y}{2}\right)=a^{\frac{x+y}{2}}=(a^{x+y})^{\frac{1}{2}}=\sqrt{a^x\cdot a^y}$, $\frac{f(x)+f(y)}{2}=\frac{a^x+a^y}{2}$ 이다. 그리고 모든 실수 $x,y$에 대하여 $a^x>0$, $a^y>0$ 이다. 따라서 산술기하평균에 의하여

$$\frac{a^x+a^y}{2}\ge\sqrt{a^x\cdot a^y}$$

이므로 $f\left(\frac{x+y}{2}\right)\le\frac{f(x)+f(y)}{2}$ 이다.

**22.** (1) 모든 실수 $x$에 대하여 $a^x>0$, $a^{-x}>0$ 이므로 산술기하평균에 의하여

$$f(x)=\frac{a^x+a^{-x}}{2}\ge\sqrt{a^x\cdot a^{-x}}=1$$

(2) $f(-x)=\frac{a^{-x}+a^x}{2}=f(x)$

(3) $g(-x)=\frac{a^{-x}-a^x}{2}=-\frac{a^x-a^{-x}}{2}=-g(x)$

(4) $\{f(x)\}^2-\{g(x)\}^2=\left(\frac{a^x+a^{-x}}{2}\right)^2-\left(\frac{a^x-a^{-x}}{2}\right)^2=\frac{a^{2x}+2+a^{-2x}}{4}-\frac{a^{2x}-2+a^{-2x}}{4}$

$=1$

**23.** $t$년 후의 질량을 $y$라 하면 $y=y_0a^{\frac{t}{2}}$ 이다. 그러므로 $t=50$ 일 때, $y=\frac{1}{2}y_0$ 이므로 $\frac{1}{2}y_0=y_0a^{25}$ 이고 $a^{25}=\frac{1}{2}$ 이다. 따라서 $t=75$ 일 때,

$$y=y_0a^{\frac{75}{2}}=y_0(a^{25})^{\frac{3}{2}}=y_0\left(\frac{1}{2}\right)^{\frac{3}{2}}=\frac{y_0}{2^{\frac{3}{2}}}=\frac{y_0}{2\sqrt{2}}$$

**24.** 올해 전력소비량을 $a\,kWh$ 라고 하자.

(1년 후의 전력소비량)$=a+(a\times 0.055)=a\times 1.055$

(2년 후의 전력소비량)$=(a\times 1.055)+(a\times 1.055\times 0.055)=a\times(1.055)^2$

$\therefore$ ($x$년 후의 전력소비량)$=a\times(1.055)^x$

전력소비량이 올해 전력소비량의 50% 이상 증가하려면

$$a\times(1.055)^x\ge a\times 1.5,\ (1.055)^x\ge 1.5$$

이때, $(1.055)^7\fallingdotseq 1.45$, $(1.055)^8\fallingdotseq 1.53$ 이므로 전력소비량이 올해 전력소비량의 50% 이상 증가하는 것은 8년 후부터이다.

**25.** 수면에서의 빛의 세기가 $\frac{1}{8}$ 인 곳의 빛의 세기는 $\frac{1}{8}I_0$ 이고, 수면에서의 빛의 세기가 $\frac{1}{8}$ 이 되려면

$$\frac{1}{8}\cdot I_0 = I_0\cdot 2^{-\frac{d}{4}},\ 2^{-3}=2^{-\frac{d}{4}},\ -3=-\frac{d}{4} \qquad \therefore\ d=12$$

따라서 빛의 세기가 수면에서의 빛의 세기의 $\frac{1}{8}$ 이 되려면 수면에서 $12m$ 를 내려가야 한다.

**26.** $n$ 등성이 $n+1$ 등성보다 $k$ 배 더 밝다고 하고 6등성의 밝기를 $a$ 라 하면 각 등성의 밝기는 표와 같다.

| 등성 | 1등성 | 2등성 | 3등성 | 4등성 | 5등성 | 6등성 |
|---|---|---|---|---|---|---|
| 밝기 | $ak^5$ | $ak^4$ | $ak^3$ | $ak^2$ | $ak$ | $a$ |

1등성의 밝기가 $ak^5$ 이므로 $ak^5=100a$ 이다. $k^5=100=10^2$ $\therefore\ k=\sqrt[5]{10^2}=10^{\frac{2}{5}}$
따라서 $k^2=2.51^2=6.3001$ .

## 6장 연습문제 풀이

**1.** $\log 2$ 가 유리수라고 가정하자. 그러면 적당한 정수 $m, n$ 이 존재하여 $\log 2=\frac{n}{m}$ 으로 표현할 수 있다. 이 식으로부터

$$10^{\frac{n}{m}}=2,\ 10^n=2^m,\ 2^n\cdot 5^n=2^m,\ 5^n=2^{m-n}$$

이다. $m, n$ 이 정수이므로 $5^n$ 은 홀수이고 $2^{m-n}$ 은 짝수이다. 이것은 모순이다. 따라서 $\log 2$ 는 무리수이다.

**2.** (1) $(준식)=\log_2\left(\dfrac{\cos\frac{\pi}{3}}{\sin\frac{\pi}{3}}\right)+\log_2\left(\tan\frac{\pi}{3}\right)=\log_2\left(\cot\frac{\pi}{3}\times\tan\frac{\pi}{3}\right)=\log_2 1=0$

(2) $\log_2 8=\log_2 2^3=3,\ \log_3\sqrt{2}=\log_3 2^{\frac{1}{2}}=\frac{1}{2}\log_3 2$

$\log_3\sqrt{12}=\log_3 2\sqrt{3}=\log_3 2+\log_3\sqrt{3}=\log_3 2+\frac{1}{2}$

$$(준식)\ =3+\frac{1}{2}\log_3 2-\frac{1}{2}\left(\log_3 2+\frac{1}{2}\right)=3-\frac{1}{4}=\frac{11}{4}$$

(3) $\log_3 12 = \log_3(3\times4) = \log_3 3 + \log_3 4 = 1 + 2\log_3 2$,

$\log_3\left(\frac{9}{2}\right)^2 = 2(\log_3 9 - \log_3 2) = 2(2-\log_3 2) = 4 - 2\log_3 2$

(준식)$= 1 + 2\log_3 2 + 4 - 2\log_3 2 = 5$

**3.** (1) $\log_3\sqrt{8} = \frac{3}{2}\log_3 2$, $\log_{\sqrt{3}}\sqrt{2} = \log_3 2$,

$\log_8 9 = \frac{2}{3}\log_2 3$, $\log_4 3 = \frac{1}{2}\log_2 3$

$$(\text{준식}) = \left(\frac{3}{2}\log_3 2 + \log_3 2\right)\left(\frac{2}{3}\log_2 3 + \frac{1}{2}\log_2 3\right) = \left(\frac{5}{2}\log_3 2\right)\left(\frac{7}{6}\log_2 3\right)$$

$$= \frac{35}{12}\log_3 2\cdot\log_2 3 = \frac{35}{12}\log_3 2\cdot\frac{1}{\log_3 2} = \frac{35}{12}$$

(2) $(\text{주식}) = \left(\log_5 5^{\frac{1}{2}} + \log_7 7^{\frac{3}{2}}\right)^{\log_2 7} = \left(\frac{1}{2}+\frac{3}{2}\right)^{\log_2 7} = 7$

(3) $(\text{준식}) = \dfrac{\log\sqrt{3}}{\log\sqrt{2}}\cdot\dfrac{\log\left(\frac{1}{8}\right)}{\log\sqrt{3}} = \dfrac{\log(\sqrt{2})^{-6}}{\log\sqrt{2}} = -6$

(4) $(\text{준식}) = \log 3^{\frac{1}{2}} + \log 2^{\frac{5}{2}} - \log 2^{\frac{3}{2}}\cdot 3^{\frac{1}{2}} = \log\left(\dfrac{3^{\frac{1}{2}}\cdot 2^{\frac{5}{2}}}{2^{\frac{3}{2}}\cdot 3^{\frac{1}{2}}}\right) = \log 2$

(5) $\log_3 100 = 2\log_3 10$ 이므로 분모를 통분하기 위해서 우변의 분모와 분자에 2 를 곱한다. 즉,

$$\frac{\log_3 90}{2\log_3 10} - \frac{2\log_3 30}{2\log_3 10} = \frac{\log_3 90 - \log_3 30^2}{2\log_3 10} = \frac{\log_3\left(\frac{90}{30^2}\right)}{2\log_3 10}$$

$$= \frac{\log_3\left(\frac{1}{10}\right)}{2\log_3 10} = \frac{-\log_3 10}{2\log_3 10} = -\frac{1}{2}$$

**4.** (1) $\log_2(\log_3 a) = 1$ 에서 $\log_3 a = 2$ 이고 $a = 3^2$ 이다. $\log_3(\log_2 b) = 1$ 에서 $\log_2 b = 3$ 이고 $b = 2^3$ 이다. 따라서 $a + b = 9 + 8 = 17$ 이다.

(2) $\log_2(\log_3(\log_4 a)) = 0$ 에서 $\log_3(\log_4 a) = 1$, $\log_4 a = 3$ $\therefore a = 4^3$.

$\log_3(\log_4(\log_2 b)) = 0$ 에서 $\log_4(\log_2 b) = 1$, $\log_2 b = 4$ $\therefore b = 2^4$

$\log_4(\log_2(\log_3 c)) = 0$ 에서 $\log_2(\log_3 c) = 1$, $\log_3 c = 2$ $\therefore c = 3^2$

따라서 $a + b + c = 4^3 + 2^4 + 3^2 = 89$ 이다.

**5.** (준식)$=\log_3\frac{1}{2}+\log_3\frac{2}{3}+\log_3\frac{3}{4}+\cdots+\log_3\frac{80}{81}$

$=\log_3\left(\frac{1}{2}\times\frac{2}{3}\times\frac{3}{4}\times\cdots\times\frac{80}{81}\right)=\log_3\frac{1}{81}=\log_3 3^{-4}$

$=-4$

**6.** (1) (준식)$=\log(\sqrt{3}\cdot\ \sqrt{10})=\log\sqrt{3}+\log\sqrt{10}=\log 3^{\frac{1}{2}}+\log 10^{\frac{1}{2}}$

$=\frac{1}{2}(\log 3+1)=\frac{1}{2}(b+1)$

(2) (준식)$=\dfrac{\log\frac{1}{9}}{\log\frac{1}{8}}=\dfrac{\log 3^{-2}}{\log 2^{-3}}=\dfrac{2}{3}\dfrac{\log 3}{\log 2}=\dfrac{2b}{3a}$

(3) (준식)$=\dfrac{\log 60}{\log\sqrt{6}}=\dfrac{\log(2\cdot\ 3\cdot\ 10)}{\frac{1}{2}\log(2\cdot\ 3)}=\dfrac{\log 2+\log 3+\log 10}{\frac{1}{2}(\log 2+\log 3)}=\dfrac{2(a+b+1)}{a+b}$

(4) (준식)$=\log\left(\frac{7}{42}\right)=\log\left(\frac{1}{6}\right)=-\log 6=-\log(2\cdot\ 3)=-(\log 2+\log 3)=-(a+b)$

**7.** (1) $\log_a x=m$ , $\log_a y=n$ 으로 놓으면 로그의 정의에 의하여 $a^m=x, a^n=y$ 이다.

$\frac{a^m}{a^n}=a^{m-n}=\frac{x}{y}$ 으로부터, $\log_a\frac{x}{y}=m-n$ 을 얻는다. 따라서

$$\log_a\frac{x}{y}=\log_a x-\log_a y$$

(2) $\log_a x=m$ 으로 놓으면 로그의 정의에 의하여 $a^m=x$ 이다. $(a^m)^p=x^p$ 으로부터 $a^{mp}=x^p$ 이 성립한다. 로그의 정의에 의하여 $\log_a x^p=mp$ 이므로 $\log_a x^p=p\log_a x$ 이다.

**8.** $\log_a b=m$ 으로 놓으면 로그의 정의에 의하여 $a^m=b$ 이다. 양변에 밑을 $b$ 로 하는 로그를 취하면 $\log_b a^m=\log_b b=1$ 이다. 로그의 성질에 의하여 $m\log_b a=1$ 이므로

$$m=\frac{1}{\log_b a}$$

이다. 따라서 $\log_a b=\frac{1}{\log_b a}$ 이다.

**9.** (1) 원금을 $a$ 원이라 하면 10년 후 원리합계는 $a(1+0.04)^{10}$ 이다. 그러므로 10년 후 원리합계는 원금의 $1.04^{10}$ 배이다. $x=1.04^{10}$ 으로 놓고 양변에 상용로그를 취하면

$$\log x=10\log 1.04=10\times 0.0170=0.17\fallingdotseq\log 1.48$$

을 얻는다. 따라서 $x=1.48$ 이므로 원금의 약 1.48 배이다.

(2) 이자가 1 년에 2 번 지급되므로 10 년 동안 20 번의 이자가 붙는다. 원금을 $a$ 원이라 하면 10 년 후 원리합계는 $a(1+0.02)^{20}$ 이다. 그러므로 10 년 후 원리합계는 원금의 $1.02^{20}$ 배이다. $x=1.02^{20}$ 으로 놓고 양변에 상용로그를 취하면

$$\log x = 20\log 1.02 = 20\times 0.0086 = 0.172 \fallingdotseq \log 1.49$$

울 얻는다. 따라서 $x=1.49$ 이므로 원금의 약 1.49 배이다.

(3) 원금을 $a$ 원이라 하면 $n$ 년 후 원리합계는 $S=a(1+0.02)^{2n}$ 이다. 그러므로

$$S=a(1.02)^{2n}\geq 2a$$

을 만족하는 $n$ 을 구하면 된다. 즉, $(1.02)^{2n}\geq 2$ 이므로 양변에 상용로그를 취하면

$$2n\times\log 1.02\geq\log 2\,,\ \ 2n\times 0.0086\geq 0.3010$$

$$n\geq\frac{0.3010}{0.0172}=17.5$$

이다. 따라서 17 년 6 개월 후 원금의 2배가 된다.

**10.** (1) 2032 년의 세계인구의 수를 $P$라고 하면

$$P=7.2\times 10^{9}(1+0.012)^{20}$$

이다. 양변에 상용로그를 취하면

$$\log P=\log(7.2\times 10^{9})+\log 1.012^{20}$$

$$\log P=\log 7.2+\log 10^{9}+20\log 1.012\fallingdotseq 0.8573+9+20\cdot 0.0052=9.9613$$

이다. $\log 9.15\fallingdotseq 0.9613$ 이므로 $P=9{,}150{,}000{,}000$ . 따라서 2032 년의 세계인구의 수는 대략 91 억천5 백만 명이다.

(2) $8\times 10^{9}=7.2\times 10^{9}(1+0.012)^{n}$ 이므로 $1.012^{n}=\dfrac{8}{7.2}$ 이다. 양변에 상용로그를 취하면

$$\log 1.012^{n}=\log\frac{8}{7.2}\,,\ \ n\log 1.012=\log 8-\log 7.2$$

$$n=\frac{\log 8-\log 7.2}{\log 1.012}\fallingdotseq\frac{0.9031-0.8573}{0.0052}=8.8077$$

이다. 따라서 앞으로 9 년이 지난 2021 년이면 세계의 인구가 80 억 명에 도달한다.

**11.** 640 GB 로 표시된 하드디스크를 컴퓨터가 인식하는 용량을 $x$ GB 라 하면

$$\log x=\log\left(2^{0}\cdot 10\times\frac{10^{9}}{2^{30}}\right)-10 \quad 24\log 2$$

$$=10-7.224=2.776=2+0.776$$

$$=2+\log 5.97=\log 597$$

따라서 640 GB 하드디스크는 컴퓨터에서 약 597 GB 로 인식된다.

**12.** $[OH^-]=10^{-14}\times\dfrac{1}{[H^+]}$ 에서 $[H^+]=10^{-14}\times\dfrac{1}{[OH^-]}$

$[OH^-]=10^{-8}$ 이므로 $[H^+]=10^{-14}\times\dfrac{1}{10^{-8}}=10^{-6}$

$$\therefore\ pH=-\log[H^+]=-\log 10^{-6}=6$$

**13.** $\log_2\alpha=c$, $\log_2 c=b$ 이므로 $\log_2(\log_2\alpha)=\log_2 c=b$

**14.** $\log_a 2=p,\ \log_a 3=q$ 이므로

$$f\left(\frac{1}{12}\right)=\log_a\left(\left(\frac{1}{2}\right)^2\cdot\ \frac{1}{3}\right)=2\log_a\frac{1}{2}+\log_a\frac{1}{3}$$

$$=-2\log_a 2-\log_a 3=-(2p+q)$$

**15.** $f^{-1}(1)=a$ 로 놓으면 $f(a)=1$ 이다. 그러므로 $f(a)=\log_2(a+\sqrt{a^2+1})=1$ 로부터 $a+\sqrt{a^2+1}=2$ 이다. 이것을 풀면 $a=\dfrac{3}{4}$ 이다. 따라서 $f^{-1}(1)=\dfrac{3}{4}$ 이다.

**16.** 함수 $y=\log_a(x+b)$ 의 그래프는 함수 $y=\log_a x$ 의 그래프를 $x$ 축의 방향으로 $-b$ 만큼 평행이동한 것이다. 함수 $y=\log_a x$ 의 그래프에서 $x$ 의 값이 증가할 때, $y$ 의 값이 감소하므로 $0<a<1$ 이다. 점 $(1,0)$ 을 지나는 함수 $y=\log_a x$ 의 그래프가 $x$ 축의 방향으로 $-b$ 만큼 평행이동 할 때 $x<0$ 인 부분에서 $x$ 축과 만나므로 $-b<-1$ 이다. 따라서 $b>1$. 함수 $y=\log_b(x+a)$ 의 그래프는 함수 $y=\log_b x$ 의 그래프를 $x$ 축의 방향으로 $-a\,(-1<-a<0)$ 만큼 평행이동한 것이다.

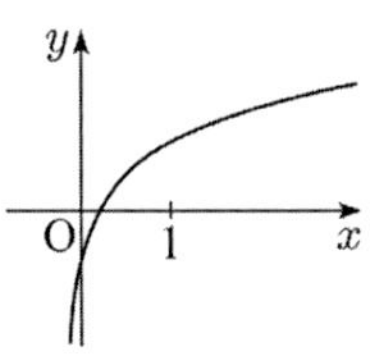


**17.** (1) 1등급의 밝기가 6등급의 밝기의 100배이고 각 등급 사이의 밝기의 비가 일정하므로 1등급의 밝기가 2등급 밝기의 $r$ 배라 하면

$$r^5=100\qquad\therefore\ r=100^{\frac{1}{5}}$$

(2) 포그슨의 공식으로부터

$$m_1=-\frac{5}{2}\log I_1+C_1\quad\cdots①,\quad m_2=-\frac{5}{2}\log I_2+C_2\quad\cdots②$$

②-①에서 $m_2-m_1=\dfrac{5}{2}\log\dfrac{I_1}{I_2}\quad\therefore\ k=\dfrac{5}{2}$

한편, 등급이 각각 $m_1, m_2$ 인 두 별의 밝기의 비는 $\dfrac{I_1}{I_2}=\left(100^{\frac{1}{5}}\right)^{m_2-m_1}$ 이다.

(3) 2등급 별의 밝기를 $I_2$, 4등급 별의 밝기를 $I_4$라고 하면

$$2=-\frac{5}{2}\log I_2+C \quad \cdots①, \quad 4=-\frac{5}{2}\log I_4+C \quad \cdots②$$

①-②에서 $\frac{4}{5}=\log\frac{I_2}{I_4}$ $\quad\therefore\ \frac{I_2}{I_4}=10^{\frac{4}{5}}=100^{\frac{2}{5}}\fallingdotseq 2.5^2=6.25$

(4) 태양의 밝기를 $I_s$, 보름달의 밝기를 $I_m$으로 놓고, (2)를 이용하면

$$-12.7-(-26.7)=\frac{5}{2}\log\frac{I_s}{I_m},\quad 14\times\frac{2}{5}=\log\frac{I_s}{I_m}$$

$$\therefore\ \log\frac{I_s}{I_m}=5.6=5+0.6=5+2\log 2=\log(4\times 10^5)$$

따라서 태양의 밝기는 보름달보다 400,000배 밝다.

**18.** 두 별 $A$, $B$의 절대등급을 $M$이라 하고, 지구로부터 $B$ 별까지의 거리를 $x$, 지구로부터 $A$ 별까지의 거리를 $4x$라 하면

$$M=a+5-5\log 4x,\quad M=b+5-5\log x$$

이때, $a+5-5\log 4x=b+5-5\log x$이므로

$$\begin{aligned}a-b&=5\log 4x-5\log x=5(\log 4+\log x-\log x)=5\log 4=10\log 2\\&=10\times 0.3=3\end{aligned}$$

## 7장 연습문제 풀이

**1.** (1) $\lim_{x\to 1^-}f(x)=-2$ (2) $\lim_{x\to 1^+}f(x)=0$ (3) $\lim_{x\to 2}f(x)=1$ (4) $\lim_{x\to 0}f(x)=0$

**2.** (1) $-4$ (2) $\frac{\sqrt{3}}{6}$

(3) $\lim_{x\to 2^+}\frac{x^2-4}{|x-2|}=4$, $\lim_{x\to 2^-}\frac{x^2-4}{|x-2|}=-4$이므로 함수 $f(x)=\frac{x^2-4}{|x-2|}$는 $x=2$에서 극한값이 존재하지 않는다.

**3.** (1) $x\to 2$일 때, $4-x^2\to 0$ $\quad\therefore\ \lim_{x\to -2}(4-x^2)=0$

(2) $x\neq -1$이면 $\frac{x^3+1}{x+1}=\frac{(x+1)(x^2-x+1)}{x+1}=x^2-x+1$

$x\to -1$일 때, $x^2-x+1\to 3$

$$\therefore\ \lim_{x\to -1}\frac{x^3+1}{x+1}=\lim_{x\to -1}(x^2-x+1)=3$$

(3) $\lim_{x\to3}\frac{\sqrt{x^2-8}-1}{x-3}=\lim_{x\to3}\frac{x^2-9}{(x-3)(\sqrt{x^2-8}+1)}=\lim_{x\to3}\frac{x+3}{\sqrt{x^2-8}+1}=3$

**4.** $\lim_{x\to0}f(x)=1$

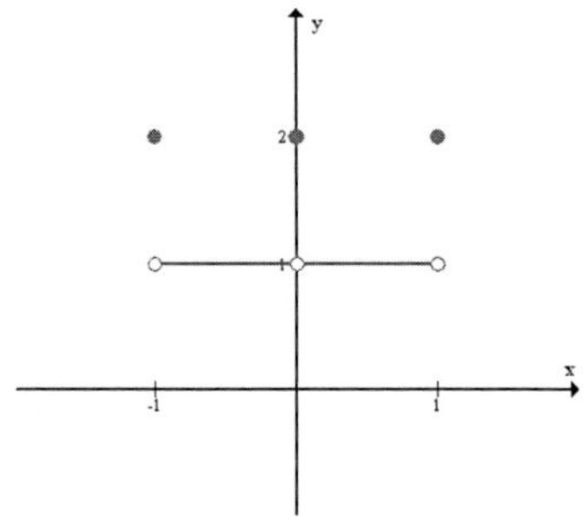

**5.** ( i ) $x=n$($n$은 정수) 일 때, $f(x)=[n]+[-n]=n-n=0$

(ii) $x=n+\alpha$($n$은 정수, $0<\alpha<1$) 이므로 $-x=-n-\alpha=(-n-1)+(1-\alpha)$ 이므로

$f(x)=[x]+[-x]=n+(-n-1)=-1$

$\therefore f(x)=[x]+[-x]=\begin{cases}0 & (x\text{가 정수일 때})\\ -1 & (x\text{가 정수가 아닐 때})\end{cases}$

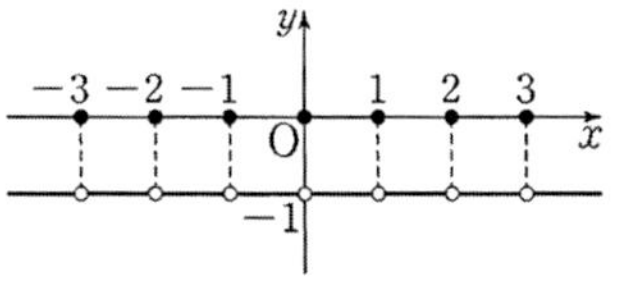

따라서 $y=f(x)$의 그래프는 다음과 같다.

그래프로부터 치역은 $\{0,-1\}$이고, 모든 실수 $a$에 대하여 $\lim_{x\to a}f(x)=-1$.

한편, $n$이 정수일 때, $f(n)=0$, $\lim_{x\to n}f(x)=-1$. $\therefore \lim_{x\to n}f(x)\neq f(n)$

**6.** $A=\lim_{x\to1^-}\frac{[x]}{x}=\frac{0}{1}=0$, $B=\lim_{x\to0^-}\frac{[x-2013]}{x-2013}=\frac{-2014}{-2013}=\frac{2014}{2013}$

$C=\lim_{x\to0^+}\frac{[x-2013]}{x-2013}=\frac{-2013}{-2013}=1$ $\therefore A<C<B$

**7.** $\lim_{x\to a}f(x)=\lim_{x\to a}\frac{f(x)}{g(x)}\cdot g(x)=\lim_{x\to a}\frac{f(x)}{g(x)}\cdot\lim_{x\to a}g(x)=\alpha\cdot0=0$

**8.** $\sin x<f(x)<\frac{\sin x}{\cos x}$ 의 각 변을 $\sin x$로 나누면, $0<x<1$ 이므로 $\sin x>0$

$$1<\frac{f(x)}{\sin x}<\frac{1}{\cos x}$$

$$1=\lim_{x\to0^+}1\le\lim_{x\to0^+}\frac{f(x)}{\sin x}\le\lim_{x\to0^+}\frac{1}{\cos x}=1\quad\therefore\lim_{x\to0^+}\frac{f(x)}{\sin x}=1$$

**9.** (1) $x\to 1$ 일 때, 분자, 분모가 모두 0으로 접근한다.

$$\lim_{x\to1}\frac{3x^3-5x^2+x+1}{x^2-2x+1}=\lim_{x\to1}\frac{(x-1)^2(3x+1)}{(x-1)^2}=\lim_{x\to1}(3x+1)=4$$

(2) 분모를 유리화하면

$$\frac{3x^2}{1-\sqrt{1-x^2}}=\frac{3x^2(1+\sqrt{1-x^2})}{x^2}=3(1+\sqrt{1-x^2})\quad\therefore\lim_{x\to0}\frac{3x^2}{1-\sqrt{1-x^2}}=6$$

**10.** (1) 분모를 통분. $\lim_{x\to0}\frac{1}{x}\left\{\frac{1}{(x-2)^2}-\frac{1}{4}\right\}=\frac{1}{4}$

(2) $(\text{준식})=\lim_{x\to0}\frac{1}{x}\cdot\frac{1-\sqrt{x+1}}{\sqrt{x+1}}=\lim_{x\to0}\frac{1}{x}\cdot\frac{(1-\sqrt{x+1})(1+\sqrt{x+1})}{\sqrt{x+1}(1+\sqrt{x+1})}$

$$=\lim_{x\to0}\frac{1}{x}\cdot\frac{1-(x+1)}{\sqrt{x+1}(1+\sqrt{x+1})}=\lim_{x\to0}\frac{-1}{\sqrt{x+1}(1+\sqrt{x+1})}=-\frac{1}{2}$$

**11.** $\lim_{x\to0}\frac{x(\sqrt{k-x}+\sqrt{k+x})}{(k-x)-(k+x)}=-\frac{1}{2}\lim_{x\to0}(\sqrt{k-x}+\sqrt{k+x})$

$$=-\frac{1}{2}\times2\sqrt{k}=-\sqrt{k}=-2\quad\therefore k=4$$

**12.** (1) $(\text{준식})=\lim_{x\to\infty}\frac{x^2+6x+4-x^2}{\sqrt{x^2+6x+4}+x}=\lim_{x\to\infty}\frac{6+\frac{4}{x}}{\sqrt{1+\frac{6}{x}+\frac{4}{x^2}}+1}=\frac{6}{2}=3$

(2) $-x=t$로 치환하면

$$(\text{준식})=\lim_{t\to\infty}\frac{-t-\sqrt{t^2-1}}{-t+1}=\lim_{t\to\infty}\frac{t+\sqrt{t^2-1}}{t-1}=\lim_{t\to\infty}\frac{1+\sqrt{1-\frac{1}{t^2}}}{1-\frac{1}{t}}=2$$

**13.** (1) $x\to2$ 일 때, 분자 $x-2\to0$ 이므로 분모는 $(x-2)$라는 인수를 가진다.

분모 $x^2+ax+b\to0$ 이어야 하므로 $4+2a+b=0$ 에서 $b=-2a-4$.

$$\lim_{x\to2}\frac{x-2}{x^2+ax-2a-4}=\lim_{x\to2}\frac{x-2}{(x-2)(x+a+2)}=\frac{1}{4+a}=\frac{1}{3}$$

$\therefore\ a=-1,\ b=-2$

(2) $x\to2$ 일 때 (분모)$\to0$ 이므로 $\frac{2}{5}$에 수렴하려면 (분자)$\to0$ 이어야 한다. 즉,

$$\sqrt{4+a}-b=0\quad\therefore b=\sqrt{4+a}$$

$$\lim_{x\to2}\frac{\sqrt{x^2+a}-\sqrt{4+a}}{x-2}=\lim_{x\to2}\frac{x^2-4}{(x-2)(\sqrt{x^2+a}+\sqrt{4+a})}=\lim_{x\to2}\frac{x+2}{\sqrt{x^2+a}+\sqrt{4+a}}$$

$$=\frac{2}{\sqrt{4+a}}=\frac{2}{5}$$

$$\therefore\sqrt{4+a}=5\quad\therefore\ a=21,\ b=5$$

**14.** $|f(x)-3|=|(4x-5)-3|=|4(x-2)|=4|x-2|<0.01 \quad \therefore |x-2|<\frac{1}{400}$

**15.** 함수 $f(x)$가 모든 실수 $x$에 대해 연속이므로 $x=-2$에서도 연속이다.

따라서 $\lim_{x\to-2} f(x)=f(-2)$이 성립해야 한다.

$x\to-2$일 때, 분모가 0이므로 $\lim_{x\to-2}(x^2+ax+b)=0 \quad \therefore 4-2a+b=0$

$$\lim_{x\to-2}\frac{x^2+ax+2a-4}{x+2}=\lim_{x\to-2}\frac{(x+2)(x+a-2)}{x+2}=a-4=5 \quad \therefore a=9,\ b=14$$

**16.** $f(x)=\begin{cases} 700x & 5\le x<20 \\ 900x-4000 & 20\le x<40 \\ 1000x-8000 & 40\le x<70 \\ 1200x-22000 & 70\le x \end{cases}$

**17.** I, II, III 모두 옳다.

**18.** $x\neq 2013$일 때, $f(x)=\frac{x^2-2013^2}{x-2013}=x+2013$

$x=2013$에서도 $f(x)$는 연속이므로 $\lim_{x\to2013} f(x)=f(2013)$

$$\therefore f(2013)=\lim_{x\to2013} f(x)=\lim_{x\to2013}(x+2013)=2\cdot 2013=4026$$

**19.**

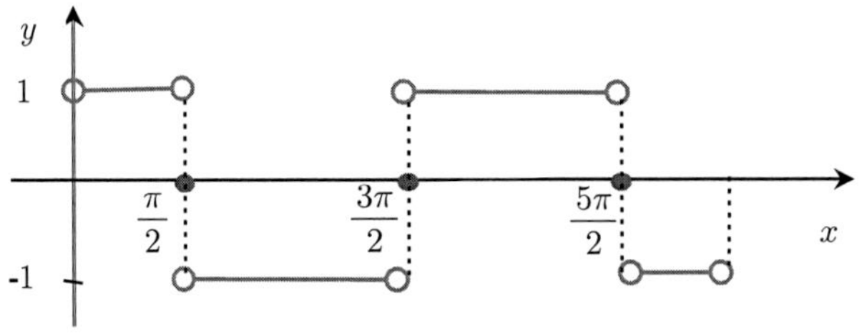


불연속점 $x=\frac{\pi}{2},\frac{3\pi}{2},\frac{5\pi}{2} \quad \therefore$ 3개

**20.** (1) $\lim_{x\to1^+} f(f(x))=\lim_{h\to0^+} f(h)=1$ (2) $\lim_{x\to1^-} f(f(x))=\lim_{x\to1^-} f(1)=0$

**21.** 먼저 $y=2\cos x$ 의 그래프를 그리고, 함숫값이 정수인 점들을 찍는다.

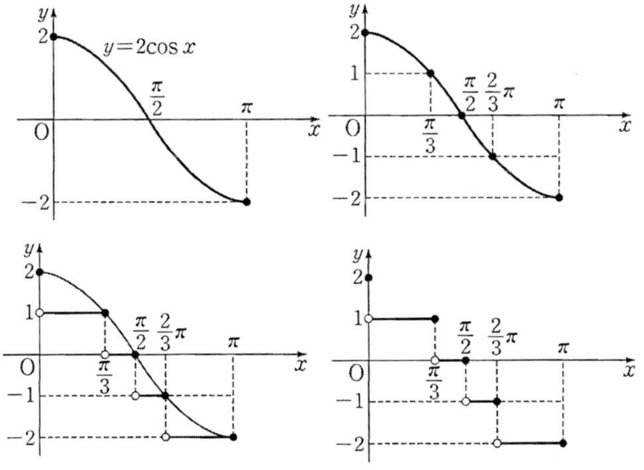


$\therefore$ 불연속점은 4개

**22.** (1) $(-\infty, \infty)$ (2) $x \geq 1$ (3) $(-\infty, 0)$, $(0, 2)$, $(2, \infty)$ (4) $[1, 2)$, $(2, \infty)$

**24.** $g(x)=f(x)-x$ 로 놓으면 $f(x)$ 가 $[a, b]$ 에서 연속이므로 $g(x)$ 도 $[a, b]$ 에서 연속이다. 그런데 $g(a)\cdot g(b)=(f(a)-a)(f(b)-b)=(b-a)(a-b)$ 에서 $g(a)\cdot g(b)<0$ 이므로 중간값 정리에 의하여 $g(c)=0$ 인 $c$ 가 $a$ 와 $b$ 사이에 존재한다. 따라서 $f(c)=c$ 인 $c$ 가 $a$ 와 $b$ 사이에 존재한다.

**25.** $f(x)=f(-x)$ 이므로 함수 $y=f(x)$ 의 그래프는 $y$ 축에 대하여 대칭이다.

$f(-1)f(-2)<0$ 에서 $f(1)f(2)<0$

$f(3)f(4)<0$ 에서 $f(-3)f(-4)<0$

함수 $f(x)$ 는 연속함수이므로 중간값 정리에 의하여 방정식 $f(x)=0$ 은 개구간

$(-3, -4), (-1, -2), (1, 2), (3, 4)$

에서 각각 적어도 하나의 실근을 갖는다. 따라서 $f(x)=0$ 을 만족시키는 $x$ 는 적어도 4개 존재한다.

## 8장 연습문제 풀이

**1.** $\dfrac{f(n+1)-f(n)}{n+1-n}=n+1$ 에서 $f(n+1)-f(n)=n+1$

따라서 함수 $y=f(x)$ 의 구간 $[1, 10]$ 에서의 평균변화율은

$$\frac{f(10)-f(1)}{10-1}=\frac{\{f(10)-f(9)\}+\{f(9)-f(8)\}+\cdots+\{f(2)-f(1)\}}{9}$$

$$=\frac{10+9+\cdots+2}{9}=\frac{54}{9}=6$$

**2.** $\frac{\Delta y}{\Delta x}=\frac{f(1)-f(0)}{1-0}=1$, $f'(a)=\lim_{h\to 0}\frac{f(a+h)-f(a)}{h}=\frac{1}{2\sqrt{a}}$

$\frac{1}{2\sqrt{a}}=1$ 에서 $\sqrt{a}=\frac{1}{2}$. $0<a<1$ 이므로 $a=\frac{1}{4}$

**4.** $(준식)=\frac{1}{3}\lim_{h\to 0}\frac{f(2+h)-f(2)-f(2-h)+f(2)}{h}$

$$=\frac{1}{3}\lim_{h\to 0}\left\{\frac{f(2+h)-f(2)}{h}-(-1)\frac{f(2-h)-f(2)}{-h}\right\}$$

$$=\frac{1}{3}\{f'(2)+f'(2)\}=\frac{2}{3}f'(2)=2$$

**5.** $\lim_{x\to 1}\frac{f(x)-f(1)}{x^2-1}=\frac{1}{2}f'(1)=\frac{3}{2}$ $\quad\therefore f'(1)=3$

**6.** $f'(0)=\lim_{h\to 0}\frac{f(0+h)-f(0)}{h}=\lim_{h\to 0}\frac{h|h|}{h}=\lim_{h\to 0}|h|$

$\lim_{h\to 0^+}|h|=0$, $\lim_{h\to 0^-}|h|=0$ $\quad\therefore f'(0)=0$

**7.** $\lim_{x\to 0}f(x)=f(0)=0$ 이므로 $f(x)$ 는 $x=0$ 에서 연속이다. 한편,

$\lim_{x\to 0}\frac{f(x)-f(0)}{x-0}=\lim_{x\to 0}\frac{|x|+x}{x}$ 에서 $\lim_{x\to 0^-}\frac{|x|+x}{x}=0$ 이고, $\lim_{x\to 0^+}\frac{|x|+x}{x}=2$ 이므로

$\lim_{x\to 0}\frac{|x|+x}{x}$ 가 존재하지 않는다. 따라서 함수 $f(x)=|x|+x$ 는 $x=0$ 에서 미분가능하지 않다.

**8.** (i) $x=1$ 에서의 연속성

$f(1)=0$ 이고 $\lim_{x\to 1}f(x)=\lim_{x\to 1}|x^2-1|=0$ 이므로 함수 $f(x)$ 는 $x=1$ 에서 연속이다.

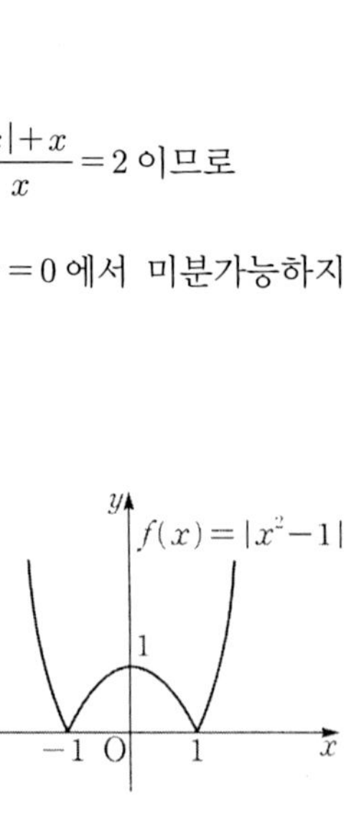


(ii) $x=1$ 에서의 미분가능성

$$\lim_{h\to 0^+}\frac{f(1+h)-f(1)}{h}=\lim_{h\to 0^+}\frac{|(1+h)^2-1|-|1^2-1|}{h}$$

$$=\lim_{h\to 0^+}\frac{|2h+h^2|}{h}=2$$

또, $\lim_{h\to0^-}\frac{f(1+h)-f(1)}{h}=\lim_{h\to0^-}\frac{|2h+h^2|}{h}=-2$ 이므로 $f'(1)$ 은 존재하지 않는다. 즉, 함수 $f(x)=|x^2-1|$ 은 $x=1$ 에서 미분가능하지 않다.

**9.** $A$ 는 점 $(a,f(a))$ 와 점 $(b,f(b))$ 를 지나는 직선의 기울기이다. $B$는 점 $(a,f(a))$ 에서의 접선의 기울기를 의미한다. $C$ 는 $(b,f(b))$ 에서의 접선의 기울기이다. $\therefore B<A<C$

**10.** (1) $\Delta y=f(x+\Delta x)-f(x)=\{(x+\Delta x)^2-(x+\Delta x)\}-(x^2-x)$

$$=(2x-1)\Delta x+(\Delta x)^2$$

$$\therefore f'(x)=\lim_{\Delta x\to0}\frac{(2x-1)\Delta x+(\Delta x)^2}{\Delta x}=\lim_{\Delta x\to0}(2x-1+\Delta x)=2x-1$$

(2) $$f'(x)=\lim_{h\to0}\frac{\frac{1}{\sqrt{x+h}}-\frac{1}{\sqrt{x}}}{h}=\lim_{h\to0}\frac{\sqrt{x}-\sqrt{x+h}}{h\sqrt{x}\sqrt{x+h}}=\frac{-1}{2x\sqrt{x}}$$

**11.** $$f'(-x)=\lim_{h\to0}\frac{f(-x+h)-f(-x)}{h}=\lim_{h\to0}\frac{-f(x-h)+f(x)}{h}$$

$$=\lim_{h\to0}\frac{f(x-h)-f(x)}{-h}=f'(x)$$

**12.** $x=1$ 에서 $f(x)$ 는 연속이어야 하므로 $\lim_{x\to1^+}f(x)=\lim_{x\to1^-}f(x)=f(1)$ 에서

$$a+b=0 \quad \therefore b=-a \quad \cdots ①$$

한편 $f'(x)=\begin{cases}2ax & (x\geq1)\\ 3x^2-1 & (x<1)\end{cases}$ 이므로 $\lim_{x\to1^+}f'(x)=\lim_{x\to1^-}f'(x)=f'(1)$ 에서

$$2a=2 \quad \therefore a=1$$

따라서 ①에서 $b=-1$

**13.** $$f'(0)=\lim_{h\to0}\frac{f(h)-f(0)}{h}=\lim_{h\to0}\frac{h^2\sin\frac{1}{h}}{h}=\lim_{h\to0}h\sin\frac{1}{h}=0$$

**14.** $f(3)=1,\ f'(3)=2$ 이고, $f'(x)=3x^2\cdot f(x)+(x^3-2)\cdot f'(x)$

$$\therefore f'(3)=3\cdot9\cdot f(3)+(27-2)\cdot f'(3)=27+50=77$$

**15.** (1) $F(x)=f(x)g(x)$ 일 때, $F'(1)=\lim_{h\to0}\frac{1}{h}\{f(1+h)g(1+h)-f(1)g(1)\}$ 을 의미한다.

$$\therefore F'(1)=f'(1)g(1)+f(1)g'(1)=10$$

(2) $F(x)=\frac{f(x)}{g(x)}$ 일 때, $F'(1)=\lim_{h\to0}\frac{1}{h}\left\{\frac{f(1+h)}{g(1+h)}-\frac{f(1)}{g(1)}\right\}$ 을 의미한다.

$$\therefore F'(1)=\frac{f'(1)g(1)-f(1)g'(1)}{g(1)^2}=\frac{2}{9}$$

**16.** $F(x)=\dfrac{f(x)}{g(x)}$ 로 놓으면

$$\lim_{h\to0}\frac{1}{h}\left\{\frac{f(4+h)}{g(4+h)}-\frac{f(4)}{g(4)}\right\}=\lim_{h\to0}\frac{F(4+h)-F(4)}{h}=F'(4)$$

이때, $F'(x)=\left(\dfrac{x^2-2x}{\sqrt{x}}\right)'=\dfrac{(2x-2)\sqrt{x}-(x^2-2x)\dfrac{1}{2\sqrt{x}}}{x}$ $\quad\therefore F'(4)=\dfrac{5}{2}$

**17.** $g'(x)=\dfrac{x'\{f(x)-1\}-x\{f(x)-1\}'}{\{f(x)-1\}^2}=\dfrac{f(x)-1-xf'(x)}{\{f(x)-1\}^2}$

$$\therefore g'(0)=\frac{f(0)-1}{\{f(0)-1\}^2}=\frac{1}{2}$$

**18.** $\dfrac{dF}{dr}=G\dfrac{-2mM}{(1.5\times10^{11})^3}$

**19.** 제품 $A$ 를 $x\,kg$ 생산할 때의 한계비용은 $C'(x)=2x+2$ 이고, 평균비용은

$$\frac{C(x)}{x}=x+2+\frac{100}{x}$$

이므로 이 회사에서 하루에 생산하는 제품 $A$ 의 양은

$$2x+2=x+2+\frac{100}{x},\ 2x^2+2x=x^2+2x+100,\ x^2=100\quad\therefore x=10(kg)$$

**20.** $F'(x)=f'(f(x))\cdot f'(x)$ 이므로

$$\therefore F'(0)=f'(f(0))\cdot f'(0)=f'(0)\cdot f'(0)=3\cdot3=9$$

**21.** $h(x)=(g\circ f)(x)=g(f(x))$ 이므로 $h'(x)=g'(f(x))f'(x)$ ……①

한편, $f'(x)=\dfrac{3-x^2}{(x^2+3)^2}$ $\quad\therefore f(1)=\dfrac{1}{4},\ f'(1)=\dfrac{1}{8}$

①에 $x=1$ 을 대입하면 $h'(1)=g'(f(1))f'(1),\ \dfrac{1}{8}g'\left(\dfrac{1}{4}\right)=\dfrac{1}{2}$ $\quad\therefore g'\left(\dfrac{1}{4}\right)=4$

**22.** $V=5000\left(1-\dfrac{t}{40}\right)^2$ 에서 $u=1-\dfrac{t}{40}$ 로 놓자.

$$\frac{dV}{dt}=\frac{dV}{du}\cdot\frac{du}{dt}=10000u\cdot\left(-\frac{1}{40}\right)=-250\left(1-\frac{t}{40}\right)$$

$$\therefore V'(20)=-250\cdot\left(\frac{1}{2}\right)=-125\ l/\text{min}$$

**23.** 공기를 넣기 시작한 지 $t$ 초 후의 반지름의 길이와 부피를 각각 $r(t), V(t)$ 라 놓으면 $r(t)=4+2t$ 이고 $V(t)=\frac{4}{3}\pi\{r(t)\}^3=\frac{4}{3}\pi(4+2t)^3$ 이다. 합성함수의 미분법에 의하여

$$V'(t)=\frac{4}{3}\pi\cdot 3(4+2t)^2\cdot 2=8\pi(4+2t)^2$$

$$\therefore\ V'(8)=8\pi(4+2\cdot 8)^2=3200\pi\,(cm^3/\text{초})$$

즉, 8 초 후의 풍선의 부피의 순간변화율은 $3200\pi\,(cm^3/\text{초})$ 이다.

## 9장 연습문제 풀이

**1.** (1) (준식)$=\int\frac{x^3-1}{x-1}dx=\int(x^2+x+1)\,dx=\frac{1}{3}x^3+\frac{1}{2}x^2+x+C$

(2) (준식)$=\int_0^1\frac{x^3}{x+1}dx-\int_1^0\frac{1}{x+1}dx=\int_0^1\frac{x^3}{x+1}dx+\int_0^1\frac{1}{x+1}dx$

$=\int_0^1\frac{x^3+1}{x+1}dx=\int_0^1\frac{(x+1)(x^2-x+1)}{x+1}dx$

$=\int_0^1(x^2-x+1)\,dx=\frac{5}{6}$

**2.** $F'(x)=f(x)=4x^2$ 이므로 $F(x)=\int 4x^2dx=\frac{4}{3}x^3+C$

곡선 $y=F(x)$ 는 좌표평면 위의 점 $(-1,3)$ 을 지나므로 $F(-1)=3$

$\therefore\ -\frac{4}{3}+C=3,\ C=\frac{13}{3}\qquad \therefore\ F(x)=\frac{4}{3}x^3+\frac{13}{3},\ F(1)=\frac{17}{3}$

**3.** $5-3f(x)=\{x(x^2-1)\}'=3x^2-1$ 이므로 $f(x)=-x^2+2$

**4.** $f'(-1)=\lim_{h\to 0}\frac{f(-1+h)-f(-1)}{h}=2$ 이므로 $f'(x)=x^2-3x+a$ 에서

$f'(-1)=1+3+a=2,\ a=-2\quad \therefore\ f'(x)=x^2-3x-2$

$f(x)=\int(x^2-3x-2)\,dx=\frac{1}{3}x^3-\frac{3}{2}x^2-2x+C$ 에서 $f(0)=1$ 이므로 $C=1$.

$\therefore\ f(x)=\frac{1}{3}x^3-\frac{3}{2}x^2-2x+1\quad \therefore\ f(-1)=\frac{7}{6}$

**5.** $\frac{d}{dx}f(x)g(x)=x^2-1$ 에서 $f(x)g(x)=\int(x^2-1)\,dx=\frac{1}{3}x^3-x+C$

이 식에 $x=0$ 을 대입하면 $f(0)g(0)=C=-1\cdot 2=-2$

$\therefore\ f(x)g(x)=\frac{1}{3}x^3-x-2\quad \therefore\ f(1)g(1)=\frac{1}{3}-1-2=-\frac{8}{3}$

**6.** $f'(x)=0.004x+500$ 이므로

$$f(x)=\int(0.004x+500)\,dx=0.002x^2+500x+C$$

이때, $f(0)=100{,}000$ 이므로 $C=100{,}000$

$$\therefore\ f(x)=0.002x^2+500x+100000$$

**7.** 반지름이 $r$인 원에 내접하는 정 $n$각형의 넓이를 $S_n$, 둘레의 길이를 $l_n$, $\triangle OAB$에서 밑변 $AB$에 대한 높이를 $h_n$라 하면 $\triangle OAB$의 넓이는 $\triangle OAB=\frac{1}{2}\overline{\mathrm{AB}}\cdot h_n$ 이므로

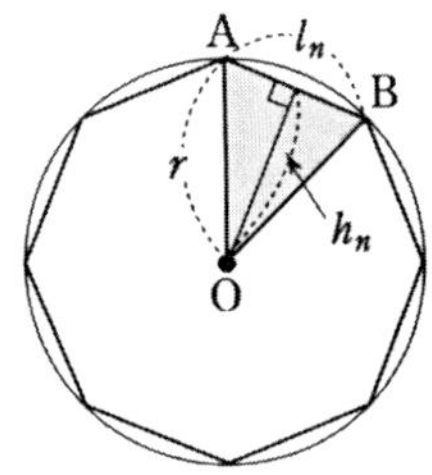


$$S_n=n\cdot\triangle\mathrm{OAB}=n\cdot\frac{1}{2}\overline{\mathrm{AB}}\cdot h_n$$

$$=\frac{1}{2}(n\cdot\overline{\mathrm{AB}})\cdot h_n=1\cdot\frac{1}{2}l_n\cdot h_n$$

또, $\lim\limits_{n\to\infty}l_n=2\pi r$, $\lim\limits_{n\to\infty}h_n=r$ 이므로

$$S=\lim_{n\to\infty}S_n=\lim_{n\to\infty}\frac{1}{2}l_n\cdot h_n=\frac{1}{2}(2\pi r)r=\pi r^2$$

**8.** (2) 그림에서 한 직사각형의 넓이는 $\left(1+\frac{2}{n}k\right)^3\cdot\frac{2}{n}$ 이므로

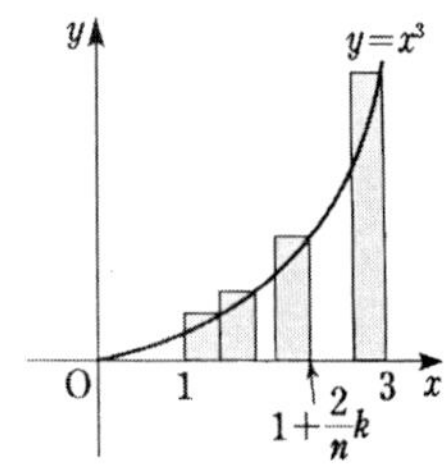


($n$개의 직사각형의 넓이의 합)$=\sum\limits_{k=1}^{n}\left(1+\frac{2}{n}k\right)^3\cdot\frac{2}{n}$

$\therefore$ (구하는 넓이)$=\lim\limits_{n\to\infty}\sum\limits_{k=1}^{n}\left(1+\frac{2}{n}k\right)^3\cdot\frac{2}{n}=\frac{13}{2}$

**9.** (준식)$=\lim\limits_{n\to\infty}\sum\limits_{k=1}^{n}f\left(1+\frac{2k}{n}\right)\cdot\frac{1}{n}=\lim\limits_{n\to\infty}\sum\limits_{k=1}^{n}f\left(1+\frac{2k}{n}\right)\cdot\frac{2}{n}\cdot\frac{1}{2}=\frac{1}{2}\int_1^3 f(x)\,dx$

**10.** $y=f(x)$의 부정적분을 $F(x)$라 하면 $F'(x)=f(x)$.

$S(x)=\int_a^x f(x)\,dx=F(x)-F(a)$ $\quad\therefore\ \lim\limits_{x\to a}\frac{F(x)-F(a)}{x-a}=F'(a)=f(a)=b$

**11.** $y=f(x)=\begin{cases}0 & (x\le 0)\\ -x & (0<x\le 1)\\ x-2 & (1<x\le 3)\\ 1 & (x>3)\end{cases}$ 이므로

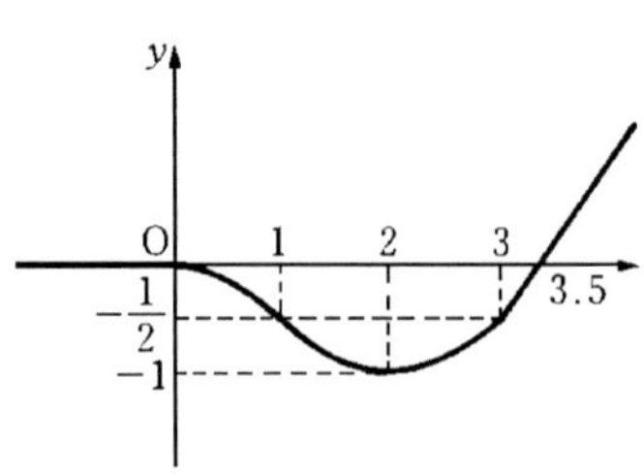


(i) $x\le 0$일 때, $F(x)=\int_0^x f(x)\,dx=0$

(ii) $0<x\le 1$일 때, $F(x)=\int_0^x(-x)\,dx=-\frac{1}{2}x^2$

(iii) $1 < x \leq 3$ 일 때, $F(x) = \int_0^1 (-x)\,dx + \int_1^x (x-2)\,dx = \frac{1}{2}x^2 - 2x + 1$

$$= \frac{1}{2}(x-2)^2 - 1$$

(iv) $x > 3$ 일 때, $F(x) = \int_0^1 (-x)\,dx + \int_1^3 (x-2)\,dx + \int_3^x 1\,dx = x - \frac{7}{2}$

따라서 $F(x)$ 의 그래프는 오른쪽과 같다.

**12.** (1) 임의의 실수 $x$ 에 대하여 성립하므로 양변에 $x = a$ 를 대입하면

$$\int_a^a f(t)\,dt = a^2 + 4a - 5,\ 0 = (a+5)(a-1) \quad \therefore\ a = -5 \text{ 또는 } a = 1$$

양변을 미분하여 함수 $f(x)$ 를 구하면

$$\frac{d}{dx}\int_a^x f(t)\,dt = \frac{d}{dx}(x^2 + 4x - 5) \quad \therefore\ f(x) = 2x + 4$$

(2) 준식에 $x = 1$ 을 대입하면 $0 = 1 + a + 1 - 1$ $\therefore\ a = -1$

$$\therefore\ \int_1^x (t-1)f(t)\,dt = x^3 - x^2 + x - 1$$

양변을 $x$ 에 관하여 미분하면 $(x-1)f(x) = (x^2+1)(x-1)$

임의의 $x$ 에 관하여 성립하므로 $f(x) = x^2 + 1$

**13.** (준식)$= \int_a^b \{x^2 - (a+b)x + ab\}\,dx = \left[\frac{1}{3}x^3 - \frac{a+b}{2}x^2 + abx\right]_a^b$

$$= \frac{1}{3}(b^3 - a^3) - \frac{a+b}{2}(b^2 - a^2) + ab(b-a)$$

$$= \frac{b-a}{6}\{-(b-a)^2\} = -\frac{1}{6}(b-a)^3$$

**14.** $\int_{-1}^0 f(x)\,dx = \int_1^1 f(x)\,dx + \int_1^4 f(x)\,dx + \int_4^0 f(x)\,dx = 2 + 5 - 3 = 4$

(준식)$= \int_1^0 f(x)\,dx - \int_{-1}^0 3x^2\,dx = \int_{-1}^0 f(x)\,dx - 1 - 4 - 1 = 3$

**15.** (1) $f(-x) = -f(x)$ 이면 함수 $y = f(x)$ 의 그래프는 원점에 대하여 대칭이므로

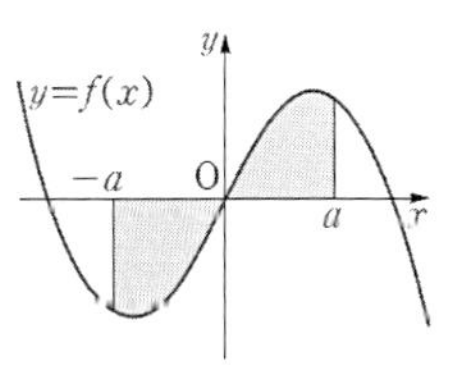


$$\int_{-a}^0 f(x)\,dx = -\int_0^a f(x)\,dx$$

이다. 따라서

$$\int_{-a}^a f(x)\,dx = \int_{-a}^0 f(x)\,dx + \int_0^a f(x)\,dx = 0$$

(2) $f(-x)=f(x)$ 이면 함수 $y=f(x)$ 의 그래프는 $y$ 축에 대하여 대칭이므로

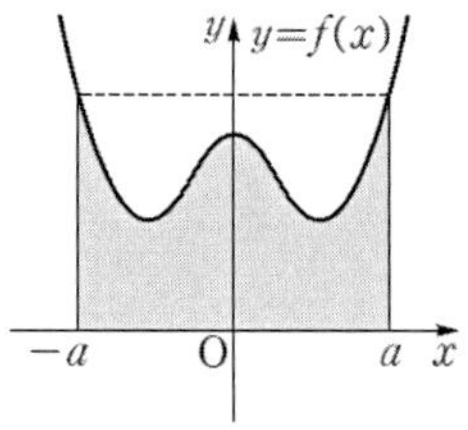


$$\int_{-a}^{0} f(x)\,dx=\int_{0}^{a} f(x)\,dx$$

$$\therefore \int_{-a}^{a} f(x)\,dx=\int_{-a}^{0} f(x)\,dx+\int_{0}^{a} f(x)\,dx=2\int_{0}^{a} f(x)\,dx$$

**16.** $g(x)=xf(x)$ 로 놓으면

$$g(-x)=-xf(-x)=-xf(x)=-g(x)$$

따라서 $g(x)=xf(x)$ 는 기함수이므로 $\int_{-3}^{3} xf(x)\,dx=0$

$$\therefore \int_{-3}^{3}(x-1)f(x)\,dx=\int_{-3}^{3} xf(x)\,dx-\int_{-3}^{3} f(x)\,dx$$

$$=-2\int_{0}^{3} f(x)\,dx=-2\cdot(-2)=4$$

**17.** (1) $(\text{준식})=-\int_{0}^{2}(x^2-2x)\,dx+\int_{2}^{3}(x^2-2x)\,dx$

$$=-\left[\frac{x^3}{3}-x^2\right]_0^2+\left[\frac{x^3}{3}-x^2\right]_2^3$$

$$=\frac{4}{3}+\frac{4}{3}=\frac{8}{3}$$

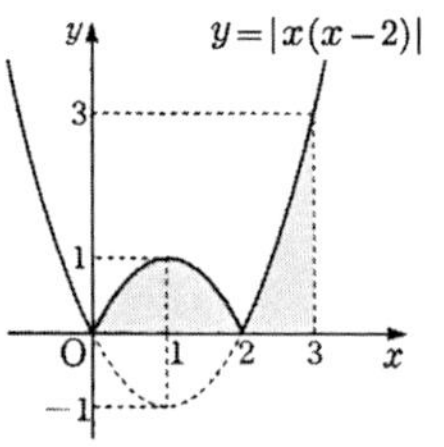


(2) $(\text{준식})=-\int_{0}^{1} x^2(x-1)\,dx+\int_{1}^{2} x^2(x-1)\,dx$

$$=\left[-\frac{1}{4}x^4+\frac{1}{3}x^3\right]_0^1+\left[\frac{1}{4}x^4-\frac{1}{3}x^2\right]_1^2$$

$$=\left(-\frac{1}{4}+\frac{1}{3}\right)+\left\{\frac{1}{4}(2^4-1^4)-\frac{1}{3}(2^3-1^3)\right\}=\frac{3}{2}$$

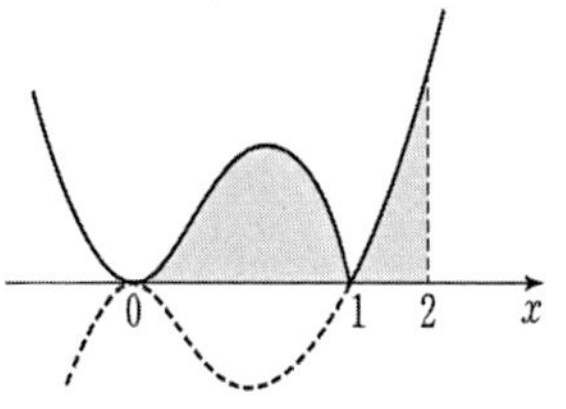


**18.** (1) 두 곡선의 교점의 $x$ 좌표는 $x^3-2x^2=-x^2+2x$ 에서 $x=-1,0,2$

$$\therefore S=\int_{-1}^{0}\{x^3-2x^2-(-x^2+2x)\}dx+\int_{0}^{2}\{-x^2+2x-(x^3-2x^2)\}\,dx$$

$$=\left[\frac{x^4}{4}-\frac{x^3}{3}-x^2\right]_{-1}^{0}+\left[-\frac{x^4}{4}+\frac{x^3}{3}+x^2\right]_0^2=\frac{37}{12}$$

(2) 두 곡선의 교점의 $x$ 좌표는 $x^3-x^2=x^2$ 에서 $x=0$, $x=2$

구간 $[0,2]$ 에서 $x^3-x^2\le x^2$ 이므로 구하는 넓이 $S$ 는

$$S=\int_{0}^{2}\{x^2-(x^3-x^2)\}\,dx=\int_{0}^{2}(-x^3+2x^2)\,dx$$

$$=\left[-\frac{1}{4}x^4+\frac{2}{3}x^3\right]_0^2=\frac{4}{3}$$

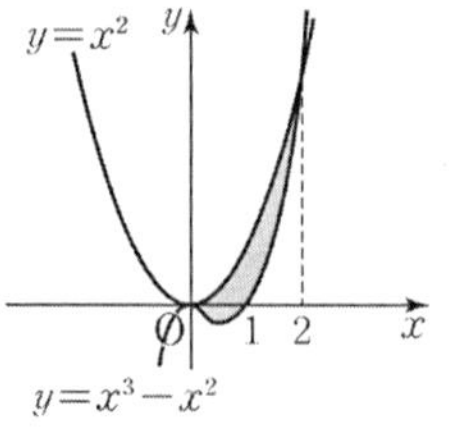

**19.** $y^2=y+2$ 에서 $y^2-y-2=0$

$\therefore y=-1$ 또는 $y=2$

따라서 구하는 영역의 넓이는

$$\int_{-1}^{2}(y+2-y^2)\,dy=\left[\frac{1}{2}y^2+2y-\frac{1}{3}y^3\right]_{-1}^{2}=\frac{9}{2}$$

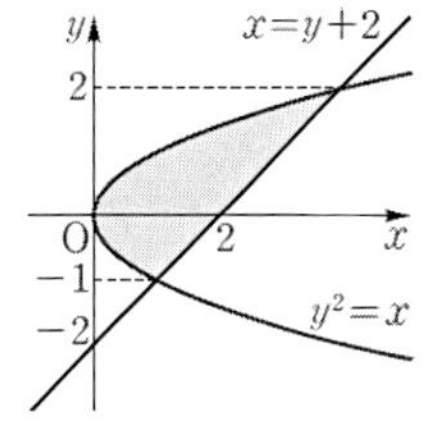


**20.** 함수 $f(x)=x^2\ (x\geq 0)$ 의 그래프와 그 역함수의 그래프는 직선 $y=x$ 에 대하여 대칭이므로 구하는 넓이는 곡선 $y=x^2$ 과 직선 $y=x$ 로 둘러싸인 도형의 넓이의 2 배와 같다.

곡선 $y=x^2$ 과 직선 $y=x$ 의 교점의 $x$ 좌표는

$x^2=x$ 에서 $x=0,\ x=1$

구간 $[0,1]$ 에서 $x\geq x^2$ 이므로 구하는 넓이 $S$ 는

$$S=2\int_{0}^{1}(x-x^2)\,dx=2\left[\frac{x^2}{2}-\frac{x^3}{3}\right]_{0}^{1}=\frac{1}{3}$$

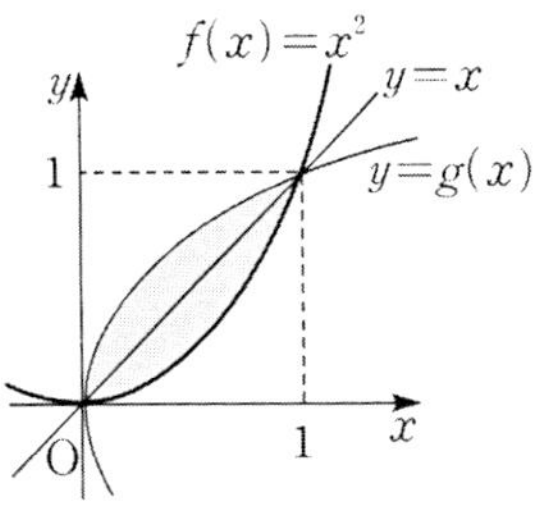


**21.** 두 영역의 넓이가 같고 부호가 다르므로

$$\int_{0}^{a}x(x-1)(x-a)\,dx=\left[\frac{1}{4}x^4-\frac{1}{3}(a+1)x^3+\frac{1}{2}ax^2\right]_{0}^{a}=\frac{1}{4}a^4-\frac{1}{3}(a+1)a^3+\frac{1}{2}a^3$$

$$=\frac{1}{12}a^3(-a+2)=0$$

$$\therefore a=2\ (\because a>1)$$

**22.** $S_2=\int_{0}^{1}x^2dx=\left[\frac{1}{3}x^3\right]_{0}^{1}=\frac{1}{3}$, $S_1=1-S_2=\frac{2}{3}$ $\quad\therefore S_1:S_2=2:1$

**23.** 곡선 $y=x^2$ 과 직선 $y=a^2$ 의 교점의 $x$ 좌표를 구하면 $x^2=a^2$ 에서 $x=a$ 또는 $x=-a$.
따라서 두 점 $A, B$ 의 $x$ 좌표는 각각 $a, a$ 이므로

$$\triangle\mathrm{AOB}=\frac{1}{2}\cdot 2a\cdot a^2=a^3$$

$$S(a)=\int_{a}^{a}(a^2-x^2)\,dx=\left[a^2x-\frac{1}{3}x^3\right]_{-a}^{a}=\frac{4}{3}a^3$$

$$\therefore \frac{\triangle\mathrm{AOB}}{S(a)}=\frac{a^3}{\frac{4}{3}a^3}=\frac{3}{4}$$

아르키메데스의 방법을 이용하면 $\frac{4}{3}\cdot\frac{1}{2}\cdot 2a\cdot a^2=\frac{4}{3}a^3$. 따라서 아르키메데스의 발견이 참임을 알 수 있다.

**24.** (1) $L(0.2)=\frac{5}{7}(0.2)^2+\frac{2}{7}(0.2)=\frac{3}{35}\fallingdotseq 0.086=8.6\%$

(2) $G=2\int_0^1\left[x-\left(\frac{5}{7}x^2+\frac{2}{7}x\right)\right]dx=2\int_0^1\left(-\frac{5}{7}x^2+\frac{5}{7}x\right)dx$

$=\frac{10}{7}\left[-\frac{1}{3}x^3+\frac{1}{2}x^2\right]_0^1=\frac{5}{21}\fallingdotseq 0.238$

**25.** 판매가격이 40달러일 때, 공급량(판매량)은 $40=85-4Q-Q^2$ 에서 $Q=5$ .
따라서 소비자 잉여금은

$$\int_0^5\{85-4Q-Q^2-40\}\,dQ=-2Q^2-\frac{1}{3}Q^3+45Q\Big]_0^5=\frac{400}{3}$$

# 찾아보기

저자소개

**박 춘 성**

가천대학교 수학정보학과 교수

**안 수 엽**

건국대, 서울과학기술대, 가천대 강사

개정판

**대학기초수학**

2012년 9월 5일 초판 발행
2024년 5월 10일 개정판 3쇄 발행

저 자 / 박춘성·안수엽
발행자 / 오판근
발행처 / 교우사

주 소 / 서울특별시 동대문구 약령시로 8 교우빌딩 2층
전 화 / 925-2861~2, 편집부 / 925-2825
팩 스 / 925-2860

E-mail / kyowoo@kyowoo.co.kr
http://www.kyowoo.co.kr

등록 / 1994. 3. 24 제6-0256호

ISBN 978-89-8172-924-0 (93410)

값 20,000 원